游戏设计

筑梦之路·万物肇始

网易互动娱乐事业群 | 编著

网易游戏学院 | 游戏研发入门系列丛书

清华大学出版社
北京

内容简介

本书为“网易游戏学院·游戏研发入门系列丛书”中的系列之一“游戏设计”单本。通过4篇（共10章）的篇幅，深入浅出地分享了入门级的游戏设计知识。其内容从“游戏开发者的责任”入手，从“速度－高效开发的流程和方法”“质量－高质量的策划设计”“差异化－提供多样的游戏体验”三方面逐步展开。全书以网易游戏内部新人培训大纲为框架体系，以网易多款经典热门游戏的设计研发经验为基础，内容充实，结构完整，行文轻松易读。对于初学者及非游戏专业的读者，可以快速浏览，领略游戏设计的魅力；对于专业从业者，可以按需品读，从其中的某一个片段中汲取灵感，碰撞思维的火花。

图书在版编目（CIP）数据

游戏设计：筑梦之路·万物肇始 / 网易互动娱乐事业群编著. —北京：清华大学出版社，2020.12（2023.3重印）

（网易游戏学院·游戏研发入门系列丛书）

ISBN 978-7-302-56817-9

Ⅰ.①游…　Ⅱ.①网…　Ⅲ.①游戏程序－程序设计　Ⅳ.①TP317.6

中国版本图书馆CIP数据核字（2020）第220028号

责任编辑：贾　斌

装帧设计：易修钦　庞　健　殷　琳　唐　荣

责任校对：徐俊伟

责任印制：沈　露

出版发行：清华大学出版社

网　　址：http://www.tup.com.cn，http://www.wqbook.com

地　　址：北京清华大学学研大厦A座　　邮　　编：100084

社 总 机：010-83470000　　邮　　购：010-62786544

投稿与读者服务：010-62776969，c-service@tup.tsinghua.edu.cn

质量反馈：010-62772015，zhiliang@tup.tsinghua.edu.cn

课件下载：http://www.tup.com.cn，010-83470236

印 装 者：小森印刷（北京）有限公司

经　　销：全国新华书店

开　　本：210mm×285mm　　印　张：15.25　　字　　数：462千字

印　　数：4501~5300

版　　次：2020年12月第1版　　印　　次：2023年3月第3次印刷

定　　价：128.00元

产品编号：085406-01

本书编委会

EDITORIAL BOARD INFORMATION

INTRODUCTION OF SERIES

丛书简介

“网易游戏学院 · 游戏研发入门系列丛书”是由网易游戏学院发起，网易游戏内部各领域专家联合执笔撰写的一套游戏研发入门教材。本套教材包含七册，涉及游戏设计、游戏开发、美术设计、美术画册、质量保障、用户体验、项目管理等内容，本套书以网易游戏内部新人培训大纲为体系框架，以网易游戏十多年的项目研发经验为基础，系统化地整理出游戏研发各领域的入门知识，旨在帮助新入门的游戏研发热爱者快速上手，全面获取游戏研发各环节的基础知识，在专业领域提高效率，在协作领域建立共识。

丛书全七册一览

01 **游戏设计** — 筑梦之路 · 万物肇始

02 **游戏开发** — 筑梦之路 · 造物工程

03 **美术设计** — 筑梦之路 · 妙手丹青

04 **质量保障** — 筑梦之路 · 臻于至善

05 **用户体验** — 筑梦之路 · 上善若水

06 **项目管理** — 筑梦之路 · 推演妙算

07 **美术画册** — 筑梦之路 · 游生绘梦

PREFACE

丛书序言

网易游戏的校招新人培训项目“新人培训－小号飞升，梦想起航”第一次是在 2008 年启动，刚毕业的大学生首先需要经历为期 3 个月的新人培训期：网易游戏所有高层和顶级专家首先进行专业技术培训和分享，新人再按照职业组成一个小型的 mini 开发团队，用 8 周时间做出一款具备可玩性的 mini 游戏，专家评审之后经过双选正式加入游戏研发工作室进行实际游戏产品研发。这一培训项目经过多年成功运营和持续迭代，为网易培养出六千多位优秀的游戏研发人才，帮助网易游戏打造出一个个游戏精品。“新人培训－小号飞升，梦想起航”这一项目更是被人才发展协会（Association for Talent Development，ATD）评选为 2020 年 ATD 最佳实践（ATD Excellence in Practice Awards）。

究竟是什么样的培训内容能够让新人快速学习并了解游戏研发的专业知识，并能够马上应用到具体的游戏研发中呢？网易游戏学院启动了一个项目，把新人培训的整套知识体系总结成书，以帮助新人更好地学习成长，也是游戏行业知识交流的一种探索。目前市面上游戏研发的相关书籍数量种类非常少，而且大多缺乏连贯性、系统性的思考，实乃整个行业之缺憾。网易游戏作为中国游戏行业的先驱者，一直秉承游戏热爱者之初心，对内坚持对每一位网易人进行培训，育之用之；对外，也愿意担起行业责任，更愿意下挖至行业核心，将有关游戏开发的精华知识通过一个个精巧的文字共享出来，传播出去。我们通过不断的积累沉淀，以十年磨一剑的精神砥砺前行，最终由内部各领域专家联合执笔，共同呈现出“网易游戏学院·游戏研发入门系列丛书”。

本系列丛书共有七册，涉及游戏设计、游戏开发、美术设计、质量保障、用户体验、项目管理等六大领域，另有一本网易游戏精美图集。丛书内容以新人培训大纲为框架，以网易游戏十多年项目研发经验为基础，系统化整理出游戏研发各领域的入门知识体系，希望帮助新入门的游戏研发热爱者快速上手，并全面获取游戏研发各环节的基础知识。与丛书配套面世的，还有我们在网易游戏学院 App 上陆续推出的系列视频课程，帮助大家进一步沉淀知识，加深收获。我们也希望能借此激发每位从业者，及每位游戏热爱者，唤起各位那精益求精的进取精神，从而大展宏图，实现自己的职业愿景，并达成独一无二的个人成就。

游戏，除了天然的娱乐价值外，还有很多附加的外部价值。譬如我们可以通过为游戏增添文化性、教育性，及社交性，来满足玩家的潜在需求。在现实生活中，好的游戏能将世界范围内，多元文化背景下的人们联系在一起，领步玩家进入其所构筑的虚拟世界，扎根在同一个相互理解、相互包容的文化语境中。在这里，我们不分肤色，不分地域，我们沟通交流，我们结伴而行，我们变成了同一个社会体系下生活着的人。更美妙的是，我们还将在这里产生碰撞，还将在这里书写故事，我们愿举起火把，点燃文化传播的猩红引信，让游戏世界外的人们也得以窥见烟花之绚烂，情感之涌动，文化之多元。终有一日，我们这些探路者，或说是学习者，不仅可以让海外的优秀文化走进来，也有能力让我们自己的文化走出去，甚至有能力让世界各国的玩家都领略到中华文化的魅力。我们相信这一天终会到来。到那时，我们便不再摆渡于广阔的海平面，将以“热爱”为桨，辅以知识，乘风破浪！

放眼望去，在当今的中国社会，在科技高速发展的今天，游戏早已成为一大热门行业，相信将来涉及电子游戏这个行业的人只多不少。在我们洋洋洒洒数百页的文字中，实际凝结了大量网易游戏研发者的实践经验，通过书本这种载体，将它们以清晰的结构展现出来，跃然纸上，非常适合游戏热爱者去深度阅读、潜心学习。我们愿以此道，使各位有所感悟，有所启发。此后，无论是投身于研发的专业人士，还是由行业衍生出的投资者、管理者等，这套游戏开发丛书都将是开启各位职业生涯的一把钥匙，带领各位有志之士走入上下求索的世界，大步前行。

文富俊
网易游戏学院院长、项目管理总裁

TABLE OF PREFACE

Game development is among the most challenging and competitive fields in which you can work. But it is also one of the most rewarding and meaningful. There are four reasons why this is so.

First, game development is collaborative. Creating a game brings people together, whether in small or large groups, in pursuit of a common goal. There are other forms of collaborative media, such as film or symphony, that require a group of people to work together in pursuit of creative expression. However, only games bring together widely diverse disciplines such as art, engineering, writing, acting, designing, audio, and more. As a developer in this collaborative medium, you will constantly learn and grow by encountering new and often surprisingly different viewpoints on the best way to solve problems. You will be constantly challenged to adapt and improve.

Second, game development is cutting edge. Games have driven many of the greatest technological innovations of the last decades. Those who work in games, even in creative roles, are part of a group who constantly push human achievement forward. In my career, I have sometimes asked, even pushed, engineers to give me a tool or a feature that seemed impossible. Eventually, due to their brilliance and hard work, they were able to discover and create something they had previously thought they could not. As a developer, you will be plugged in to the direction and shape of humanity's technological future. You will grapple with technological hurdles and limitations, finding creative ways around them, and enlarging your own personal knowledge and achievement.

Third, game development is culturally relevant. As a game developer, I can travel to any part of the world and meet people who have played games on which I've worked. There is so much that divides the world--borders, culture, politics, intolerance--but games blow right past these divides, giving people from incredibly varied backgrounds a common experience. As a developer, this means that you will be a key part of developing global communities, bringing people together, and hopefully making the world a slightly better place. A side effect of this, in terms of your personal growth, is that you will become far more aware of the wider world and foreign cultures, than most people. As a game developer on the global stage, you must learn to create experiences that will speak to all people through the filter of their culture.

Finally, games are powerful. When people watch a movie or listen to music, they enjoy the experience, and may even feel moved by it. But when they play an interactive game, they participate in it. You, the developer, are sharing this experience with the player. In fact, because the player is participating, they even share in the creation of the experience. This leads to a kind of power that other art forms rarely achieve. Players who feel powerless in their own lives can experience a sense of agency as they play. Those who feel ignored can find their own importance. Games are a powerful tool that allows people to take their played experiences and feelings back to their own lives. Games do not always touch people so profoundly, but when they do, it is incredibly powerful.

As a game developer, you have the ability to move people, and make their lives better.

Game design in particular deals with the last ingredient on the list. There are many kinds of designers: combat, systems, level, narrative, economy, writers, and the all-inclusive game designer. All of these disciplines create the rules in which a game world operates. They deal with how the game feels, which is impossible to quantify on a spreadsheet.

Is it fun? Does it move the player? Is it compelling? Is it tight? Is it fast? Does it leave the player wanting more? Will it bring people together? Will it give players a sense of accomplishment? These are the kinds of questions that never have clear answers at the start of a project, but are the currency of game designers.

When the designers of a game know their craft and are dedicated, that game will have limitless potential. To achieve that level of design takes work. A focus on the fundamentals, the willingness to collaborate with others, to understand that others have something to teach you, and to go back and do one task over and over until you've made it as good as it can be. To achieve the highest levels of game design, you must be willing to throw your favorite idea in the trash, and use the right idea.

All of those are just the start of the journey. The most important quality for a designer, or any creative professional, is the willingness to keep learning, no matter what. Maintain the humility to approach every project, regardless of how much experience you've acquired, with the idea that you have more to learn than ever before. This attitude will keep you sharp and constantly improving.

By simply reading a book on game design, you have taken the first step on a long journey. If you think you may want to be a game designer, congratulations! You are going to begin a career that is challenging, rewarding, and meaningful.

—— Brian T. Kindregan

网易游戏学院客座教授 / 前育碧剧情总监 / 前暴雪首席编剧 / 前 Epic Games 剧情总监

TABLE OF PREFACE

序二

几乎在任何领域，“设计”都不是件简单的事。

在电子游戏的设计中，优秀的编程固然不易，而新颖的玩法、狷狂的想象、跌宕的剧情、恢弘的景观、精美的角色、适宜的难度、平衡的对抗、丰富的策略、流畅的系统、稳定的架构、高效的营销……每一项都是十足的挑战。

如果，游戏项目定位的档次是 AAA 游戏，并且为此准备了巨大的投入，期望能获得极广泛的受众和超持久的营收，那么这些挑战的层次，说是达到了世界的巅峰也不为过。

然而半个世纪以来电子游戏界风起云涌，对于国内的游戏制造者们而言，却因为多种多样的原因，错失了许多发展的良机。如今玩家市场已具规模，政策管理正在企稳，盗版现象渐渐凋亡，文化自信逐步树立，开发引擎越发趁手，独立游戏的试探也开始有声有色，但关于游戏设计的理论基础以及相关的教育，在国内还有待加强。

是的，缺乏一部《圣经》。

而网易的同仁和同好们，在十多年的经验积累之后，正在做这样的尝试。

2018 年看到这套丛书的第一版时，已经很惊喜——“做游戏的终于也开始做文化啦！”。

而时隔一年，有幸预览到新版本的草稿，又有大篇章的改善。其中对于最难写的“游戏设计”这个领域，有了相当浓墨的描述。

这数百页的文字，大体是按游戏研发的岗位来组织的——策划、文案、核心玩法、数值、系统、用户体验、营销、运营，而且也详细讲述了网易在开放世界与沙盒、二次元、女性向等方面的探索和思考。

在此之前国内关于游戏设计的书籍，基本都是专注于游戏研发中的一项内容——本土所产的大多是讲程序、媒体、引擎，译本也有能讲些原则、创意、剧本、玩法机制之类的。而现在眼前这十几万字，除了用广阔的涵盖来引领丛书中的另外几本专题之外，更重要的是来自于实践。行文遣字的用心程度，让我隐隐能体会到网易出版这套书的用意和态度——哪怕培养了更多的竞争对手，也要努力去担当这一领域的旗手。

不论我是否猜错了，对于一个在大学里勉强开设了游戏类课程的老师来说，这无论如何也可以算是及时雨了。因为我们的学生中，将来涉及电子游戏这个行业的人绝不会少，不论是投身研发，还是相关的投资、管理、报道、教育。而我能感觉得到，他们在看了这些文字之后，对游戏设计这种玄而又玄的项目问题，能滋生更多亲身参与一般的体验，而相应地，在自己的领域做出更合理和有效的决策。

总之，如果有很多的人能够阅读一些文字而筑梦有成，那么有些书籍也就走在成为经典的路上了。

——陈江

北京大学信息与科学技术学院教授

2019年3月15日于燕东园

PREFACE

前言

游戏从十年前起被称为一种艺术，游戏设计就是艺术的创造：从世界观构建、剧情铺设到角色的塑造；由底层数值的框架逻辑到全体系的耦合设计；对关卡难易度、趣味的把控到玩法的变革与创新……每一个用热爱去创造的游戏都是一件艺术品。游戏设计是一个从无到有的过程，这个过程中需要多部门的通力协作，但游戏设计师是从头到尾每一个环节都不能缺席的人。

行业外有一种说法：游戏设计师是一个准入门槛较低的职位，因为会玩游戏就可以。用辩证的角度看待这类理解，也不失为一个好事，可以使得更多游戏热爱者愿意尝试进入这个行业。但仅有热爱是不够的，热爱是火种，火种如何得以燎原，需要配备专业技能和知识，助燃并传递这份热爱。

本书从“游戏开发者的责任”入手，从“速度－高效开发的流程和方法”“质量－高质量的策划设计”“差异化－提供多样的游戏体验”三方面逐步展开。

在第一篇围绕“游戏开发者的责任”，从端游的防沉迷系统，手游中的未成年人保护系统，电子竞技的文化趣味，游戏的文创意义以及文化价值等角度对游戏设计进行概述。

第二篇介绍了策划责任制的定义和指标，并对照 RPG（Role-Playing Game）游戏的游戏体验过程介绍了游戏研发制作过程。

第三篇分别从文案、玩法、数值和系统四个方面详细讲述了怎样进行游戏设计：文案方面主要是关于游戏剧情创作；玩法方面介绍了玩法设计的定义、元素，网络游戏的核心玩法机制，玩法设计的主要方式和理念；

数值方面从多个维度说明了怎样用数值确定体验；系统方面包含了长期目标的追求、社交关系的设计、以梦幻西游为例的道具投放流转和免费游戏的付费设计。

第四篇从题材、体验和价值角度谈如何实现差异化，其中题材角度囊括了 IP 合作、开放世界和新兴题材三个部分；体验角度分竞技游戏，非对称竞技以及沙盒游戏三种不同的类型进行了阐述；价值角度则重点介绍了二次元和女性向游戏；最后，简要介绍了手游出海发行和运营的全流程。

本书的主要内容均来自网易的资深策划们，他们是践行这些学问的一线人员，通过具体案例与经验总结，深入浅出地为读者分享入门级的游戏设计知识。感谢各位业务专家，在繁忙的工作中抽出时间对本书内容进行编写和校对，如果没有他们的全心投入，本书将很难顺利完成。感谢北京大学信息与科学技术学院教授陈江老师为本书作序，感谢网易游戏学院客座教授、前暴雪首席编剧、前 Epic Games 剧情总监 Brain T.Kindregan 为本书作序。感谢网易游戏学院 - 知识管理部的同事们在内容整理和校对上注入了极大的精力。感谢清华大学出版社的贾斌老师，柴文强老师以及其他幕后的编审人员为本书进行的细致的查漏补缺工作，保证了本书的质量。

希望这本书能够让大家对游戏设计有系统性的了解，给予这个岗位上的新人以指引，同时也希望能抛砖引玉，吸引更多对游戏策划设计感兴趣的同仁参与交流讨论。

最后，摘录一段网易互娱副总裁少云为《【创】天工开物——虚拟世界建构心得》所作的序言作结。

所以游戏设计是什么？是万灵的贤者之石，是 matrix 里的红色药丸，还是上善若水的“水善利万物而不争，处众人之所恶”。这时，每一个真正的坚定的理想主义者，并不会解释，只会用游戏本身做出回答。而设计是一座桥梁，这头是你所有的过往，那头是你所有的希望。

网易互娱 · 游戏设计书籍编委会

TABLE OF CONTENTS

目录

01 游戏开发者的责任

GAME DEVELOPER'S RESPONSIBILITY

02 速度

高效开发的流程和方法

SPEED-EFFICIENT DEVELOPMENT WORKFLOW AND METHODS

策划责任制与研发过程 / 02

03 质量

高质量的策划设计

QUALITY-HIGH QUALITY DESIGN

文案设计 / 03

玩法设计 / 04

数值设计 / 05

04 差异化

提供多样的游戏体验

DIFFERENTIATION-PROVIDING DIVERSE GAMING EXPERIENCES

GAME DEVELOPER'S RESPONSIBILITY

01

游戏开发者的责任

绪论

Introduction

/00

游戏开发者的责任

Game Developer's Responsibility

/01

00 绪论 Introduction

游戏是一个兼具文化和创意的娱乐产品。

在文化上，游戏依托于世界观、故事剧情、人物塑造和美术表现，营造了一个虚拟世界，在其中传达了对于艺术、美学和人文的追求与关怀。

比如《绘真 · 妙笔千山》，将中国传统绘画知识和青绿山水画融入游戏设计中，以中国传世名画《千里江山图》为设计蓝本，让玩家在游戏中欣赏画卷，体验“人在画中游”的意境。见图 0-1。

图 0-1　网易游戏《绘真 · 妙笔千山》

在创意上，游戏通过创造性的设计，给予玩法自我发挥的平台，通过游戏规则激发玩家自身创造力的展现和成长，对于创造力和智力培养都有积极的作用。

比如《我的世界》（见图 0-2），整个游戏世界是由各种各样的方块组成的，玩家可以根据自己的想象，在游戏中用方块搭建出自己想象中的世界，其中有许多让人叹为观止的玩家创意。

在娱乐上，游戏通过玩法趣味性的设计来带给玩家独特的游戏体验。但我们在设计娱乐性时也会有所取舍，我们会追求健康的、多元化的娱乐体验，规避低俗的、不合时宜的游戏内容。健康向上而不是哗众取宠。

而在制作和开发游戏产品的思路上，如图 0-3 所示，经历过以下几个阶段：

图 0-2 网易游戏代理《我的世界》

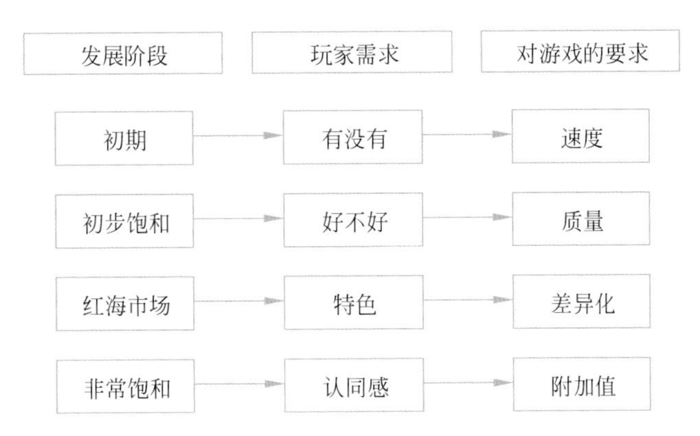

图 0-3 游戏市场逻辑

在市场早期，当某类产品缺失、玩家的需求没有得到满足时，玩家关注的是“有没有”。因此产品的开发速度就是决定生死的问题。拥有高效的流程和开发方式，才能占领市场先机，获得更高的成功率。

当市场已经初步饱和，玩家就不再关心“有没有”的问题，而更在意“好不好”，这时产品的质量就会成为决定成败的关键因素，游戏内容也往往倾向于做得又大又全。

当市场进一步发展，高质量的产品也比比皆是，玩家对常见的游戏类型或题材都已觉得司空见惯。这时产品的独有特色或体验，就会成为最尖锐的刀尖切入市场，吸引玩家的关注和使用。而之前又大又全的游戏内容，则需要抓住一个最有价值的局部设计做突破，通过追求极致的设计，将这个局部化作“刀尖”，斩开“红海”。

当市场深度发展，游戏产品已经变得非常多元化，差异化的特色也难以实现时，产品在游戏内容之外的附加价值就会成为决定性因素。附加价值指的是玩家基于文化、社区、圈层、情感、人设、品牌、赛事等产生的对游戏的认同感，这种认同感往往凌驾于游戏玩法或内容之上，同时游戏的生态也不再拘泥于游戏内，形成从游戏内到游戏外、从线上到线下的一体化的游戏体验。

针对游戏整体市场或某个品类的细分市场时，都可以沿用以上逻辑进行分析。

本书接下来会从游戏开发者的责任入手，从速度，质量，差异化三个方面逐步展开。

第一，游戏开发者的责任，文娱工作者在社会责任承担的价值和意义；

第二，速度，掌握高效开发的流程和方法；

第三，质量，高质量的策划设计；

第四，差异化，提供多样的游戏体验。

绪论
Introduction
/00

游戏开发者的责任
Game Developer's Responsibility
/01

01 游戏开发者的责任
Game Developer's Responsibility

1.1 概述

作为一名游戏开发者，有优秀的设计和研发能力，能够用心做出精品游戏固然很重要。但更重要的是，要能意识到自己作为文娱产业的一员，在社会责任中承担的价值和意义。

游戏不能只考虑玩起来开心、好玩、吸引人，还要考虑以下这些方面：

1.1.1 国家的法律法规

游戏的设计必须满足国家法律法规的要求。

例如，很多游戏中都有“随机抽取”的设计，适当的随机性本身是游戏乐趣的一部分，但是这种随机性需要被控制在法律法规的要求之内，要符合要求地做好三点：

1）限定投入方式不得为法定货币或者网络游戏虚拟货币；

2）需要公示可能抽取到的全部虚拟道具，包含抽取或者合成的概率，以及结果；

3）要同时给玩家提供获取同样性能的虚拟道具或增值服务的其他途径。

也就是说，要让用户明明白白消费，理性预估结果，在保留随机抽取趣味性和偶然性的同时，消除涉嫌宣扬赌博与诱导用户消费的风险，回归游戏乐趣的本质。

1.1.2 社会的正向价值观

游戏设计的玩法内容、故事背景等需要符合社会的公序良俗和社会正向的价值观。例如：

在游戏的 PVP 玩法里，不能去宣扬暴力、仇杀，而应该引导玩家去进行竞技和挑战；

在角色的美术设计上，不能低俗媚俗，而应该着重在角色自身的个性塑造，而且要去传达正面积极的人物形象；

在背景故事上，不能随意改编历史人物、不能宣扬封建迷信的陋习等。

1.1.3 未成年的保护

未成年人也有娱乐和游戏的需要。

但是作为从业者，我们需要引导未成年人有良好的游戏习惯和健康的生活，不能放任未成年人沉迷游戏影响正常的学习。

而未成年人游戏问题主要集中体现在以下几方面：包括时间上的不合理分配、消费观念不健全、和家长缺乏沟通等，而网易正是从这几个重点方向上着手，经过多年的实践，在未成年人保护方面已经建立起相对完整的闭环。

在后面的章节中，将对未成年人的保护机制、防沉迷措施、家长关爱平台的设计理念和具体案例做详细的阐述。

1.1.4 竞技精神

电子竞技（Electronic Sports）就是电子游戏比赛达到“竞技”层面的体育项目，利用电子设备作为运动器械进行的、人与人之间的智力对抗运动。

在游戏产业越来越发达的今天，电子竞技已经被越来越多的人认可，和常规的体育竞技项目一样成为了一种职业。

2003年11月18日，国家体育总局正式批准，将电子竞技列为第99个正式体育竞赛项；

2008年，国家体育总局将电子竞技改批为第78号正式体育竞赛项；

2017年，国际奥委会第六届峰会上，代表们对当前电子竞技产业的快速发展进行了讨论，最终同意将其视为一项“运动”；

2018年，雅加达第18届亚运会将电子竞技纳为表演项目。

随着移动电竞行业更加成熟，无论是从传统体育赛事学习先进赛事机制还是在海外推广上均获得了优秀的成绩。

而游戏设计者通过开发电竞游戏，激发玩家的竞技体育精神，也有助于发挥正向的社会价值，具有积极意义。

1.1.5 文创意义

我国是有着悠久历史和优秀文化的国家，随着当前中国的经济和国际地位在逐步提升，我们自己优秀的文化也应该随着新的文化内容进行升华和传播，输出到海外，游戏也是其中重要的一环。

游戏产品的内容属性，使得它在面对不同国家、不同文化的用户人群，有了更直接的交流途径，因为哪怕语言不通，文化不同，玩家们还能通过游戏玩法获得一样的快乐。

网易在这个方面进行了积极的探索。一方面，我们依托中国传统文化的精髓，研发了很多例如《绘真·妙笔千山》的优秀独立作品；另一方面，我们深耕海外发行，使中国的优秀文化“出海”走出去。

在下面的章节中，会通过具体的案例，来逐步讲述我们在未成年保护、防沉迷、电子竞技、文创方面等方面研发的设计方案，分享我们如何去落实游戏开发者责任的相关经验。

1.1.6 文化价值

游戏的文化价值来源于游戏自身的题材，美术风格和情感主旨。游戏可以将世界各地的玩家聚集在一起，通过游戏构建的虚拟世界将不同文化背景但有相同喜好的玩家构建在同一个文化体系当中，这种多元化的背景在游戏中碰撞，产生文化传播的火花。游戏可以让国外的优秀文化走进来，也能让中国的文化走出去，在文化出海的过程中，游戏是一种具备全球化天赋的文化传播媒介。图1-1为网易游戏《绘真·妙笔千山》场景原画赏析。

图 1-1　网易游戏《绘真·妙笔千山》场景原画赏析

1.2　防沉迷系统（端游）

1.2.1　防沉迷系统的意义

随着互联网和智能手机的普及，越来越多的中国青少年接触到网络游戏，由于世界观和价值观尚未成熟，他们更容易沉迷游戏，深陷其中，给家庭、学习、生活乃至整个社会都带来消极负面的影响。如何为中国青少年创造健康绿色的游戏环境，是整个社会关注的问题，也是网易游戏肩负的重要责任。

适度游戏益脑，沉迷游戏伤身。其实，不止青少年，即使是心智健全的成年人，也会出现不少沉迷游戏的极端情况。为了帮助所有的玩家适度娱乐，合理安排游戏时间，网易游戏在“网络游戏未成年人家长监护工程”之外，还做了更多的“防沉迷”设计。

作为一款拥有十六年历史的网络游戏，《梦幻西游》电脑版一直是防沉迷的支持者和先行者，下面将重点介绍《梦幻西游》电脑版实行的一些防沉迷措施。

1.2.2 防沉迷系统的实施

/ 实名认证方案

《网络游戏防沉迷系统实名认证方案》由注册系统、验证系统、查询系统三部分组成。所有通过实名认证确定为未成年人身份的、实名身份信息不规范的和验证未通过的用户均纳入网络游戏防沉迷系统范围。

（1）注册系统

注册系统是指用户向运营商提交实名身份信息后，运营商对其提交的信息资料进行识别分类，根据识别分类的结果初步确定该用户是否纳入网络游戏防沉迷系统。

（2）验证系统

验证系统是指运营商定期将经识别分类后初步判定为成年人的实名身份信息提交公安部门进行验证，由公安部门判定该信息是否真实，验证未通过的用户纳入网络游戏防沉迷系统。认证流程示意图如图 1-2 所示。

（3）查询系统

查询系统主要面向家长，便于家长了解未成年子女是否在使用某一款网络游戏或者查询本人的身份信息是否被他人使用。查询系统示意图如图 1-3 所示。

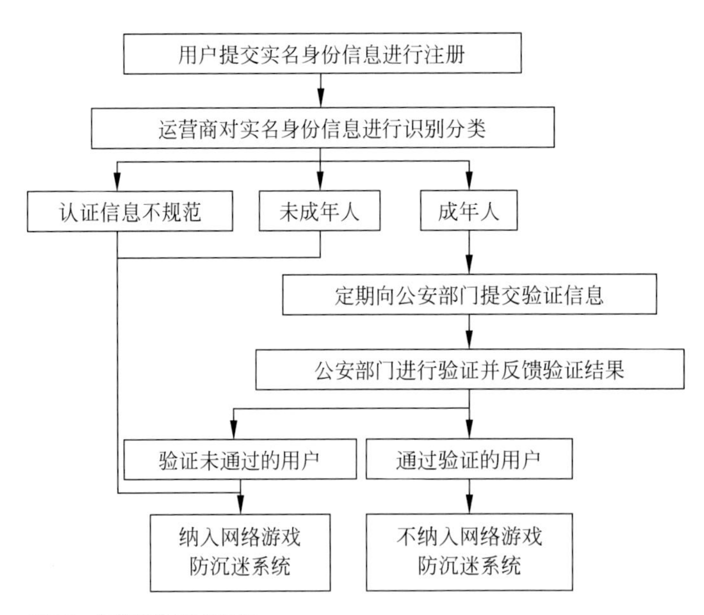

图 1-2　防沉迷系统认证流程

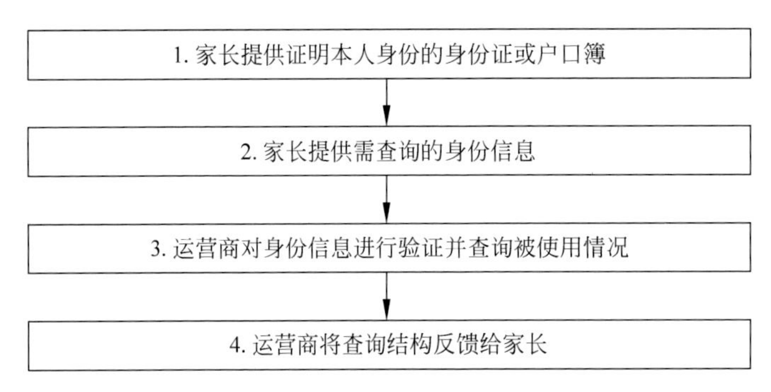

图 1-3　查询系统

《梦幻西游》电脑版对实名认证方案的执行一直是最严厉的，对于未进行实名认证以及实名认证未通过验证的玩家，一律禁止登录游戏，从根本上杜绝了逃避防沉迷规则限制的情况出现。

/ 防沉迷系统细则

2019 年 11 月 6 日，国家新闻出版署发布《关于防止未成年人沉迷网络游戏的通知》，以下简称《通知》。从实行网络游戏用户账号实名注册制度；严格控制未成年人使用网络游戏时段、时长；规范向未成年人提供付费服务；切实加强行业监管；探索实施适龄提示制度；积极引导家长、学校等社会各界力量履行未成年人监护守护责任，帮助未成年人树立正确的网络游戏消费观念和行为习惯等六个方面提出了关于防止未成年人沉迷网络游戏的工作事项和具体安排。

基于以上《通知》的要求，《梦幻西游》电脑版的防沉迷系统在原有规则的基础上进行了全面升级，新的防沉迷系统实施细则如下：

一、实名注册实施细则：

（1）新注册用户要求实名注册；

（2）2 个月内完成已有用户实名注册，对未完成实名注册的用户，停止提供游戏服务；

（3）未实名注册的用户均可视为游客，游客体验游戏累计不能超过 1 小时；不能给游客进行充值；同一硬件用户，15 天内不得重复提供游客模式。

二、控制未成年人游戏时段和时长：

（1）未成年人每日游戏时间限制：法定节假日不超过 3 小时，其他时间不超过 1.5 小时；

（2）未成年人用户施行宵禁：晚上 22:00 ~ 第二天早上 8:00。

三、对未成年人实行消费限制：

（1）8 周岁以下不得提供充值和消费；

（2）8 周岁至 16 周岁：单次不超过 50 元，每月不超过 200 元；

（3）16 周岁至 18 周岁：单次不超过 100 元，每月累计不超过 400 元。

四、适龄提示：

（1）在游戏登录界面的显著位置标注适龄提示；

（2）《梦幻西游》电脑版的适龄提示为：本游戏适合年满 14 岁的玩家。

基于以上防沉迷实施细则，《梦幻西游》电脑版的新防沉迷系统于 2020 年 1 月 2 日正式上线。

/ 限时区设定

《梦幻西游》电脑版除了要求所有玩家进行实名认证并对未成年人进行防沉迷限制外，还特意开设了“限时区”的概念，如图 1-4 所示的“时光—花样年华”：

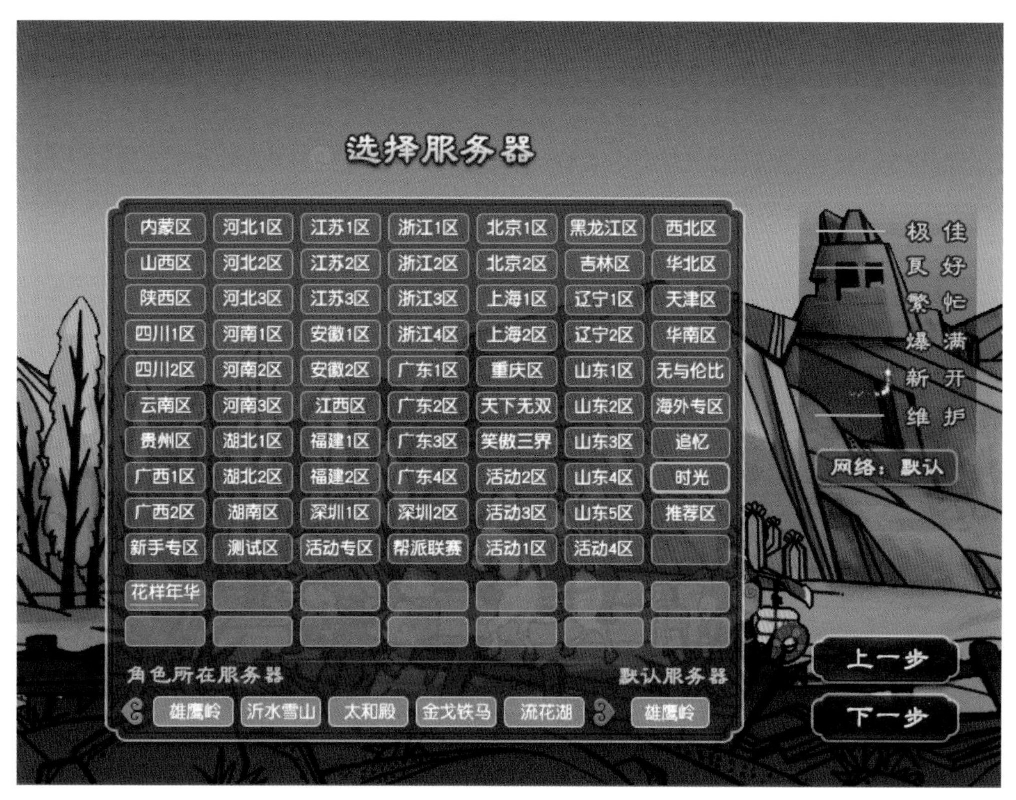

图 1-4 《梦幻西游》电脑版 限时区

“花样年华”服务器开服时间是 2005 年 1 月 1 日，是网络游戏历史上第一个进行限时体验探索的服务器，并一直稳定地运行到现在。限时服务器的主要目的是为了让所有玩家（不仅仅是未成年玩家，所有玩家都受到防沉迷限制）都在健康合理的游戏时间内进行游戏体验，并保证所有玩家在线时间收益的公平性。

限时服务器是指玩家每周仅可进入该服务器进行游戏一定时间。基准时间为：30 小时 / 周（即周二 0:00~ 下周一 24:00）。计算思路为：3×5+7.5×2=30（周一 ~ 周五每天限时 3 小时，周末每天限时 7.5 小时）。

由于限时服务器情况特殊，需要在标准设置下返还一定量的时间，方便玩家游乐。返还标准如图 1-5 所示。

返还时间玩法	返还时间标准
帮战返还	从进入帮战场景，到离开帮战场景计算，时间返还率为 70%
比武大会返还	从进入帮战场景，到离开帮战场景计算，时间返还率为 70%
切磋返还	从开始切磋到切磋结束，时间返还率为 70%
闲游返还	从进入特殊场景到离开或者下线，时间返还率为 90%
副本返还	从进入副本虚拟场景，到离开虚拟场景计算，时间返还率为 70%
群英会返还	从进入比赛虚拟场景，到离开比赛场景计算，时间返还率为 70%
摆摊返还	从摆摊开始到摆摊结束，时间返还率为 70%

图 1-5　返还时间

另外，由于限时服务器的经济环境完全不同于其他所有服务器，所以需要禁止限时区的转服功能和跨服交易功能，将限时区隔离保护起来，以保证其可以长期稳定的运行下去。

/ 家长监护工程

“网络游戏未成年人家长监护工程”是一项由文化部指导，广州网易计算机系统有限公司、深圳市腾讯计算机系统有限公司等六家网络游戏企业共同发起并参与实施，旨在加强家长对未成年人参与网络游戏的监护，引导未成年人健康、绿色参与网络游戏，和谐家庭关系的社会性公益行动。“工程”提供了一种切实可行的方法，为家长提供一种实施监护的渠道，使家长纠正部分未成年子女沉迷网络游戏的行为成为可能。

家长监护服务流程如图 1-6 所示。

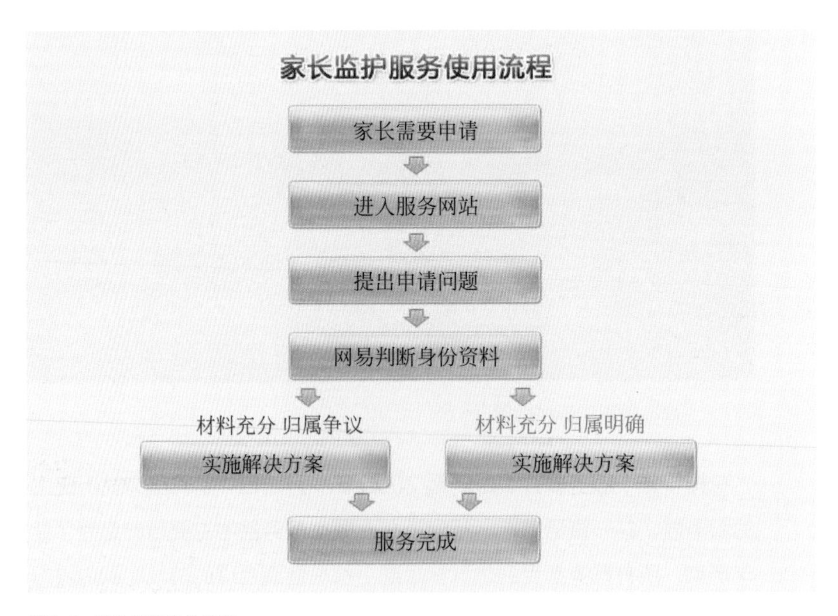

图 1-6　家长监护服务流程

家长监护服务具体内容如下:

在通过了监护关系判断、账号归属判断后，依据资料证明的充分和可信程度，可以获得以下全部或部分的帮助和服务:

（1）每周获取被监护人账号的游戏记录;

（2）将被监护人账号纳入防沉迷限制;

（3）冻结被监护人账号，直至被监护人成年;

（4）取消获取被监护人账号游戏记录;

（5）取消冻结被监护人账号。

网易游戏家长监护服务于 2010 年 2 月 5 日正式上线，一直坚持执行至今，每个季度都会依照惯例对网易旗下所有游戏的家长监护工程数据进行总结和上报。2020 年 1 月 2 日，在新的防沉迷系统上线后，家长监护工程正式升级为家长关爱平台，以便为家长提供更好的监护服务。

1.3 未成年人保护系统（手游）

1.3.1 未成年人保护的意义和目的

随着移动互联网的快速发展以及智能手机的普及，手游获得了快速的发展，同时未成年人手游用户数量呈现迅猛增长的趋势，由此相关的未成年人沉迷手游的现象也逐渐增多，社会各界越来越呼吁对未成年人玩手游进行相关限制，未成年人保护也日益成为政府相关部门的监管重点。而无论是基于社会责任，还是响应政府相关部门的号召，我们游戏公司都应该积极推进未成年人手游防沉迷这一块的内容，在手游内同样去尝试构建未成年保护体系。同政府、社会一起营造一个良好的未成年人健康成长的网络环境，也是我们目前非常迫切的需求。

因此，网易公司对于未成年人手游防沉迷保护机制进行了积极的探索，借鉴了端游未成年人防沉迷保护的优质经验，推出了未成年人手游防沉迷保护的相关措施，并在第一批共计 15 款手游中率先推行；另外一方面构建了网易家长关爱平台，为家长提供孩子游戏时间、游戏消费的查询和管理通道，形成社会、企业、家长共同监管的模式，一起引导未成人健康成长!

同时，网易公司也密切关注着有关部门关于移动网络游戏防沉迷的相关政策动态，2019 年 11 月 6 日，国家新闻出版署发布了《关于防止未成年人沉迷网络游戏的通知》，网易公司在通知发布后立即开展了行动，组织技术、计费等相关部门对照通知内容对当前手游防沉迷系统进行了梳理，然后针对通知内容对系统进行了更新、调整。网易公司今后也将密切跟进防沉迷的相关政策，不断完善未成年人保护机制。

1.3.2 未成年人保护在手游方面的主要方案

基于上述意义和目的，在我们的游戏中，未成年人保护方案目前主要体现在三个方面：

（1）手游防沉迷措施；

（2）家长关爱平台；

（3）正向价值观引导和其他辅助措施。

网易游戏手游防沉迷机制始终严格按照相关法律法规和政策的要求执行，具体未成年人保护机制均以网易当下最新的具体实践为准。

/ 手游防沉迷措施

这里主要提供了两个功能：**区分出未成年人，进行时长和部分行为限制。**

首先，在区分未成年人方面，我们可以在原有的实名制基础上，对玩家进行年龄区分，所以前提是对所有玩家进行强制实名，**每个通行证账号都需要实名登记，但允许未实名的玩家可暂时体验游戏，但无法进行充值，并且限制了游戏的体验时间最多为 1 小时（所有网易系游戏共享体验时间，同一硬件 15 天后重新累计时间）。**

其次，针对在实名制基础上已经筛选出来的未成年玩家，我们可以设定具体的游戏时长与充值限制来进行防沉迷，具体方案就是：

（1）夜间禁止游戏：在晚上 10:00:00~ 次日早上 8:00，未成年玩家无法登录游戏，以此让未成年人有良好的作息时间，保障基本的睡眠。

（2）每天时长限制：规定每天游戏时长，例如工作日不得超过 1.5 小时，法定节假日不得超过 3 小时（普通周末不计入法定节假日），来防止未成年人长时间停留在电子设备上，一方面是防沉迷，另外一方面也是响应国家号召，保护未成年人的视力。

（3）充值限制：8 岁以下的玩家不允许充值；8~16 岁（不含 16 岁）的玩家单笔最高充值 50 元，每月最高充值 200 元；16~18 岁（不含 18 岁）的玩家单笔最高充值 100 元，每月最高充值 400 元。这一限制能有效解决未成年人由于缺乏自制力而在游戏中无节制消费的问题，帮助未成年人建立理性消费的消费观。

/ 家长关爱平台

家长关爱平台主要是帮助家长对孩子游戏行为进行管理和限制。主要逻辑包括表 1–1 的内容。

表 1–1 家长关爱平台逻辑

1. 家长－小孩账号绑定	通过网页绑定或网易手游管家 app 中绑定
2. 查询游戏资料	可查询孩子的游戏资料，包括游戏名称、登录和消费情况
3. 游戏时长管理	限制账号登录时长、限制账号登录时间段等
4. 游戏消费管理	管理孩子游戏账号的消费、限制账号充值消费、当超过额度时将会收到提醒
5. 附加监管功能	包含家长反馈平台等

/ 正向价值观引导和其他辅助措施

除了监督和限制未成年人游戏行为外，在游戏内我们还可以做一些辅助措施，例如我们《梦幻西游》手游和陕西历史博物馆开展的修复壁画、探寻国宝等主题活动，向未成年人传播我国优秀的传统文化，以及《荒野行动》手游的国防教育活动等，向未成年传递正确的世界观和价值观，突出我们网易游戏的社会正向价值。

1.3.3 具体案例展示

下面主要以《梦幻西游》手游中针对未成年人保护措施来进行说明（注意：手游防沉迷具体措施将根据相关法律法规和政策要求进行不断调整、完善，请读者以《梦幻西游》手游当下的最新措施为准）：

/ 防沉迷

首先，是基于公司防沉迷的统一标准设置游戏内的防沉迷措施，当然具体某些细节会根据游戏自身专属情况进行一些微调，一定要保证正常玩家在防沉迷实施过程中不受影响。

其次，针对实施范围内的玩家，我们需要玩家判断是否属于未成年人，那对于一些未进行过实名登记的玩家，我们需要进行强制实名登记，对此我们做了一些优化：

- **福利引导：** 登录游戏后，未实名登记的玩家，在福利界面中一直可以看到登记奖励，只要玩家进行登记，就可以获得游戏额外给与的奖励。
- **游戏中实名提醒：** 在线状态时，累计游戏时间达到 30 分钟，50 分钟，55 分钟，57 分钟，59 分钟时，进行冒泡框飘字、系统消息、系统频道三处进行提示，系统消息后面附带【实名认证】链接，在不打断游戏进程的情况下，提醒玩家进行实名认证。
- **充值实名提醒：** 未实名的玩家，进入商城 - 充值界面，点击要充值的仙玉数量，则提醒玩家进行实名认证。
- **强制实名后置：** 我们在游戏累积 1 小时的时候设置了强制实名登记开关，这样的目的是为了较为流畅的新手体验。

然后，游戏会按照平台和计费反馈的不同类型玩家，进行不同的操作（如表 1–2）：

表 1–2 防沉迷限制操作

类型	判定标准	限制内容
1	已实名且≥ 18 岁	无限制
2	已实名，小于 18 岁（不含 18）	宵禁（晚上 10:00- 次日早上 8:00）；每天 1.5 小时（工作日）/ 3 小时（法定节假日，周末不计入法定节假日）
3	未实名	全部累计 1 小时；同一硬件 15 天后重新累计时间

最后，我们需要做好一些提示工作和预防突发状况的内容：

提示工作主要分为弹出框确认以及系统邮件内容。弹出框主要是强提醒作用，让玩家无法忽视这个消息，而系统邮件是为了可追溯，并附带玩家有修改自己误填实名信息的机会。

而突发预防主要是针对故障情况，例如游戏内需做几个热更新的便捷开关，以便在出现误判等情况下，可以迅速应对，防止正常玩家受到影响。

/ 家长关爱平台

家长关爱平台主要是帮助家长一起管理好未成年孩子的游戏行为和消费行为。例如未成年人每天玩游戏的时间控制，那么家长设置每天可游戏时长之后，系统就会进行时长计算，并在达到限制条件后直接进行限制账号登录等内容。

/ 正向价值观引导

由于我们《梦幻西游》手游在宣传传统优秀文化方面有较大优势和积累了一些经验，所以在引导未成年人正向价值观方面，也主要基于传统文化这一块展开，一方面和陕西历史博物馆合作，在游戏内增加“千年瑰宝”“国宝守护”等活动，不仅让成年人，还可以让玩我们游戏的未成年人了解到我国悠久的历史文化，形成自信的民族认同感。同时，也和外部一些动画或视频公司共同打造《指尖上的梦幻》《梦幻书院》等优秀作品，特别是《梦幻书院》中不仅可以丰富未成年玩家的历史知识，更可以让未成年玩家形成一些良好的行为习惯。

1.4 电子竞技

1.4.1 什么是电子竞技

电子竞技（Electronic Sports）就是电子游戏比赛达到“竞技”层面的体育项目。电子竞技运动就是利用电子设备作为运动器械进行的、人与人之间的智力对抗运动。

在游戏产业越来越发达的今天，电子竞技已经被越来越多的人认可，和常规的体育竞技项目一样成为了一种职业。

2003 年 11 月 18 日，国家体育总局正式批准，将电子竞技列为第 99 个正式体育竞赛项；

2008 年，国家体育总局将电子竞技改批为第 78 号正式体育竞赛项；

2017 年，国际奥委会第六届峰会上，代表们对当前电子竞技产业的快速发展进行了讨论，最终同意将其视为一项“运动”；

2018 年，雅加达第 18 届亚运会将电子竞技纳为表演项目。

2018 年移动电竞行业更加成熟，无论是对传统体育赛事先进赛事机制的学习还是海外推广均获得了优秀的成绩。此外，短视频媒体的出现帮助移动电竞内容加速传播。未来移动电竞市场将会在职业化、商业化的道路上持续发展。

1.4.2 竞技性游戏设计

什么样的游戏可以称之为竞技游戏?

有两个基本要素。首先，竞技游戏强调公平性，所以竞技游戏是不能 pay to win 的，也就是非数值向付费。其次，竞技包含了人与人的对抗，这个很好理解，合作打副本是不叫竞技的。

简单总结，竞技游戏就是公平的对抗游戏。因此竞技游戏包含很多种类：射击类，即时策略类，MOBA 类等。虽然同为竞技游戏，不同种类的观赏性有很大的差别，一般来讲：团队竞技的游戏观赏性要优于个人竞技的游戏，更偏操作的游戏观赏性要优于更偏策略向的游戏。下面就以电竞影响力比较大的 MOBA 游戏为例，简单介绍一下竞技游戏如何提升观赏性。

首先，英雄技能的观赏性和选手的精彩操作是很多玩家津津乐道的，因此英雄的技能设计是 MOBA 游戏的基石之一。最基本的要求是合理：一个英雄的设计要符合自身的定位，比如一般不会给一个射手设计很强的控制技能，也不会给一个刺客设计很多的持续输出技能；其次是玩家基于英雄形象的认知，一个看起来很笨重的角色就不大可能给他设计类似瞬移的位移技能；一些有 IP 的产品还需要还原玩家对 IP 原有的核心记忆点。在合理的基础之上，做的出彩的一些技能设计都是比较独特的，乃至是有趣的。还有一个比较重要的点就是给玩家的操作空间，一般不同选手能玩出很大差异的英雄都是上下限差距比较大的。

其次，精彩的团战会给玩家和观众带来深刻的印象。而团战的精彩程度就跟团战持续的时间，拉扯的空间，双方的阵型有很大的关联。这些要素背后是基础的数值设定，比如血量和伤害输出的比例直接影响了战斗的时长，控制技能的持续时间和位移技能的距离在很大程度上决定了团战可以拉扯的空间等。

最后，更具观赏性的 MOBA 一定是在节奏上会有变化，有起伏，有冲突，有翻盘。举个极端的例子：如果拿个一血就决定了整场的走势，这种比赛玩家很快就会看腻的。而节奏的变化就比较依赖一个个节奏点的设计：常见的野怪和一些 BOSS 的设计，就是在特定的时间给了双方冲突的理由和额外的资源投放，是一种比较直接的改变节奏的方式；而一些隐性的设定也在影响着每一局的节奏，比如经验的投放速度决定了关键等级到来的时间；经济的投放曲线决定了不同时期不同英雄在团队中的重要性等。

1.4.3 如何形成良好的电子竞技生态

随着电竞产业的快速发展，形成良好的电子竞技生态显得尤为重要。目前移动电竞产业生态基本成熟，基本上形成了如图 1-7 所示的电竞生态环境。为了促进电子竞技生态更良好的发展，应该从这改善这赛事生态、用户生态、传播平台生态、商业生态等方面布局。

/ 赛事生态布局：走职业化道路

随着电竞行业的发展，与之相关的产业链也在逐步完善中。而赛事内容依旧是产业链中的重中之重，因为电竞赛事是电竞产业繁荣与否的一个重要的评判标准，只有赛事得到用户的支持，即拥有一定数量级的竞赛者和观众量，才能让电竞产业拥有实现更多价值的可能性。

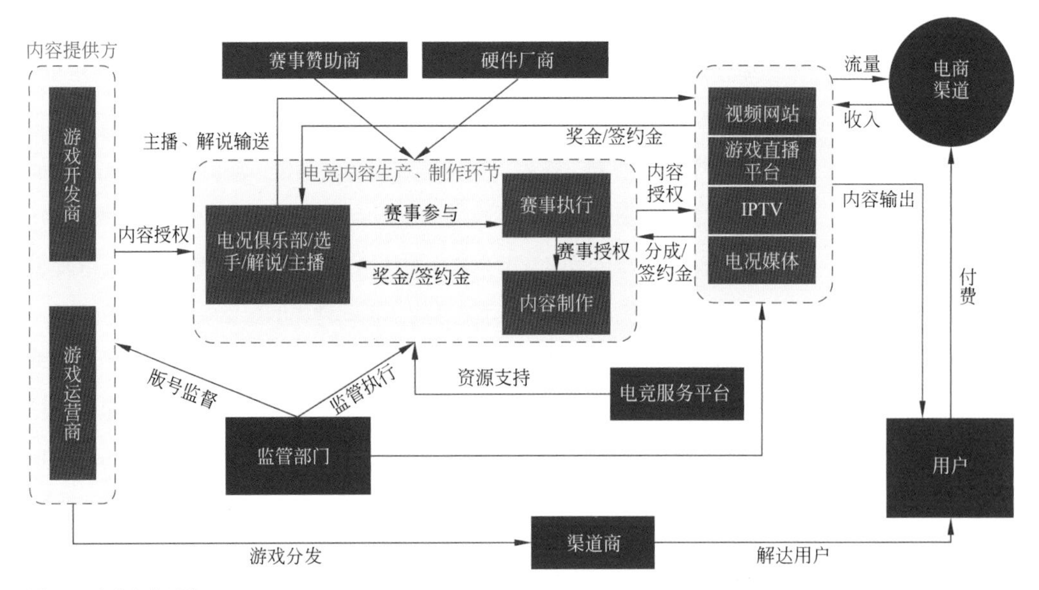

图 1-7 电竞生态环境

如今在国内，已经有了越来越多的专业化赛事体系，跟以前零散的各种小比赛相比，这种职业化的赛事不仅能让更多用户参与进来，更能提升电竞赛事的口碑（见图 1–8）。

图 1-8 OPL《决战！平安京》职业联赛

除了赛事内容之外，电竞产业中对赛事有关的衍生内容开发也是一个趋势，比如直播平台里制作的参赛者访谈节目，和以电竞用户为基础开发的娱乐节目都是目前内容衍生的开发方向。

/ 用户生态布局：转换潜在用户，电竞需要更多的观众

有报告指出，中国已经有了超过 1.7 亿的电竞用户，然而实际上我们不难发现，真正会参与到电竞产业中的用户并没有那么多，这说明更多的用户并非电竞“发烧友”，更多的是潜在用户，或者是所谓的“云玩家”。那么如何完成潜在用户群的布局，是目前需要考虑的问题。赛事在很大的程度上会得到用户的支持，所以举办更多更专业、权威的赛事，是可以得到用户的：赛事不仅可以巩固现有用户，精彩的赛事也有转换更多潜在用户的可能。

为此，网易设立了 NEXT 专业电竞赛事（见图 1-9），通过线上预选和线下决赛的形式，为网易游戏爱好者提供参与、观赏和沉浸式体验游戏文化的电竞赛事活动。

图 1-9　网易 NEXT 电竞 2019 春季赛现场

/ 直播平台生态布局：游戏直播如何破局

如何让更多的用户看到电竞赛事，播出平台的布局就显得尤为重要。除了竞技现场，国内的电竞产业播放主要依赖直播平台。尤其是近几年，直播平台大大加速了电竞行业的发展，除了传统的电竞赛事可以在直播平台进行传播之外，与赛事有关的衍生节目也在各大直播平台上相继开发，并得到了平稳发展。我们目前面临的一个困境是主要的直播平台已经全部被竞争对手布局，我们的竞技类产品面临激烈的竞争，如何破局成为了一个急需解决的课题。

首先，培养自己的平台是一个方向，如网易的 CC 直播（见图 1-10）。不过我们应该看到目前跟竞争对手的差距非常之大，短期内想要扭转不太现实，需要有突破性的产品来带动。

其次，近两年兴起的短视频平台，正在逐渐成为新的游戏传播阵地。我们应该尽早布局，更早地进行合作洽谈。

图 1-10　网易 CC 直播

/ 商业生态布局：合作共赢，把蛋糕做大

随着电竞职业化进程的展开，电竞产业商业化进程也在飞速前进，尤其是一些顶级的职业联赛，动辄上千万的直转播费用、赞助或者冠名费用等，足以说明电竞的影响力在被越来越多的得到各行业的认可（见图 1-11）。放眼海外，也有很多传统体育行业的投资者开始陆续进入电竞领域。资本注入快速地推进了电竞职业化的进程，但是目前电竞商业化也还面临着一些问题，比如非顶级职业联赛商业化进程困难重重，很难找到合适的合作伙伴，这是电竞商业化长期发展过程中需要去探索和解决的问题。

图 1-11　2019OPL 春季赛总冠军 -OG

1.4.4　电竞精神

关于电竞精神现在没有统一的说法，但是随着电竞成为第 99 个正式体育赛项以及成为亚运会的表演项目，笔者认为电竞已经成为一种体育项目，所以体育精神如：公平公正公开、坚持、永不言弃等在电竞精神上也完全适用。由于基本不依赖裁判等一些人为因素的约束，所以电竞在公平性上更具优势。因此电子竞技也形成了一些自己独特的风格。比如电子竞技菜是原罪，电子竞技没有亚军。虽然有一些玩笑的成分在里面，但是也体现了电竞选手勇争第一的决心。

1.5　文创意义

1.5.1　在游戏中体现文化价值

2017 年 9 月，北宋王希孟创作的传世名画《千里江山图》（见图 1-12）在北京故宫博物院面向全社会展出，这是千里江山图百年之内的第五次展览，更是新中国成立后史无前例的全卷展出。

展览甫一开始便引起了极大的轰动，每日游人接踵，不分男女老幼都对《千里江山图》这一历史瑰宝赞不绝口。一时间，这幅来自北宋的古画成为了社会舆论聚光灯下的焦点。

图 1-12　在故宫展出的《千里江山图》

然而，由于古画本身材质和颜料的脆弱，不宜过长时间暴露在空气之中，在结束了本次展览之后，《千里江山图》就进入长达数年的封闭收藏阶段，短期之内无缘再与广大民众见面，这不得不说是一种遗憾。同年播出的央视文创综艺节目《国家宝藏》进一步激发了人们对《千里江山图》的关注，但是短短 20 分钟的节目环节并不足以让人们充分体会《千里江山图》的魅力。

从一个热爱中国传统文化的游戏设计者的角度来看，游戏对于文化传播有着天然优势。不论是哪一种文化媒介，其最终的目的都是使自己的受众达到“共感”，即达成情感的互动。相比起通过视听元素来让观众共感的影视媒介，真正能让玩家去切身体验的游戏具有着不可比拟的优势。当然这并不意味着游戏可以轻而易举地传播文化并让玩家共感，为达成这一目标需要更加深入的了解和思考。

在开发完成《惊梦》之后，我们便思考如何进一步在游戏之中还原中国的传统美术风格，并且能更好地与游戏的玩法相结合。2017 年初，我们开始从《千里江山图》出发对中国传统绘画中的青绿山水风格进行研究和美术风格预研。2017 年 7 月，在取得前期预研的阶段性成果后，《绘真 · 妙笔千山》正式立项。

设计一款基于文化土壤的风格化游戏，切忌在一开始就抱有功利心和过强的目的性。要时刻牢记，我们设计的终究是一款游戏，它首先需要对玩家的体验负责，而所谓的教育意义和弘扬文化只是在游戏体验完善的基础上，与题材风格叠加产生的效应。若是一开始就抱着“使命感”去设计游戏，反而不会制作出优秀的作品，只有优秀的游戏作品才具有成为文创品牌的价值。

在研发的初期，我们同步进行着风格还原和玩法设计的工作。因为青绿山水风格是一切的发端，所以一切工作也是围绕这一核心进行着，这意味着玩法的设计受到一定的风格限制。例如独立游戏中常见的战斗体验，平台动作体验，机制化解谜体验等都不适合我们所选的风格。经过考量，我们最终选取了互动叙事作为游戏的核心体验，通过精巧但不困难的场景互动和婉转动人的叙事剧情来彰显青绿山水的艺术风格，从而在上线之后打动每一个玩家。

项目研发的过程也是我们不断充实和学习的过程，随着项目的不断推进，对于青绿山水更深入的学习已经成为了愈发迫切的需求。为此，我们努力尝试获得故宫博物院的帮助，以便让故宫的书画专家们给予我们最权威的意见。幸运的是，我们展示的版本获得了包括时任故宫博物院院长单霁翔先生在内的故宫专家的一致认可，他们不但愿意给予我们专业性的指导意见，更是愿意与我们合作一起在游戏中细致重现一个 3D 化可交互的千里江山图（见图 1-13）。在向专家们学习的过程中，我们了解了更多有关青绿山水和千里江山图的知识，如青绿山水各种颜料的来源和制法，千里江山图中各个景别的背景故事。专家们讲述的历史和细节让我们叹为观止，深深为王希孟的才华和巧思所震撼。这些细节也帮助我们在游戏中不仅仅从视觉上重现了千里江山图的瑰丽气质，也恰到好处地添加了经得起考究的互动环节。

图 1-13　游戏中基于《千里江山图》的互动环节

与故宫专家的沟通学习确立了我们游戏的灵魂和风骨，但是仅仅如此并不足以将游戏打造成一个广为传播的文化产品。换句话说，如果只是追求在游戏中细致入微的还原古画，那么就又拉远了和广大用户的距离，断绝了广泛传播的土壤。例如故宫数字部门自己研发的若干旨在传播文化的媒体产品，因为大都缺乏在互动性和流行性上的打磨，而未能获得大众的广泛关注。

基于这一点，我们对游戏内容进行了进一步的打磨，试图让游戏在不失却风骨的同时，更加符合当前流行文化的审美。首先，我们在角色的风格上进行了一些大胆的突破，在原有的古风基础上结合当前流行的国风元素进行迭代创作，最终设计出了既符合青绿山水的艺术气质，又贴合当前审美的角色风格（见图 1-14）。设计完成后，我们立刻通过 UE 用户测试寻求玩家的第一手建议，确实也收获了较为积极的反馈。

图 1-14　角色风格演进示意

除了角色之外，我们还关注到作为游戏目标群体的古风圈用户经过多年的产品驯化，对于游戏中的声音也是非常敏感的，一个优秀声优诠释的角色，或是一首精致的古风主题曲，都能够引爆产品在这些用户中的口碑，当然前提是产品有着足以匹配这些声音的品质和风格。所以，为了从声音的角度更好的诠释游戏，我们与知名配音演员夏磊老师的团队合作，邀请包括了夏磊，沈达威，醋醋等国内知名 CV 为游戏中的主要角色配音，让游戏中的角色“活”了过来，尽管我们并没有给角色们设计很多的台词，但是这些鲜活的声音仍然给玩家留下了足够的印象。此外，我们还与知名古风原创音乐人银临合作，创作了游戏的主题宣传曲《妙笔浮生》，配合游戏一同发布，刚刚上线就在 B 站这一目标用户的主要聚集地收获了极高的热度。

2019 年 1 月 1 日，《绘真 · 妙笔千山》在故宫召开发布会，正式在 App Store 上架并获得首页推荐，一个月后游戏的 Android 版本也顺利发布，时至今日游戏的总下载量已经达到了近 600 万份，远远超出了我们在立项时的预期。究其根本，主要在于我们选择了在当前较受关注传统文化题材，并且在打磨游戏体验的同时，贴合流行审美进行了若干不破坏整体气质的二次创作，让我们的游戏成为了传统文化和大众娱乐之间的桥梁，引用单霁翔先生的话就是做到了“人在画中游”。

当然，顺利上线并不意味着《绘真 · 妙笔千山》的研发和传播告一段落，反而是我们将其当做一个新的文化产品进行维护和传播工作的开始。游戏上线后，随着知名度的提升，我们也在不断尝试与其他类型的文化产品进行合作，扩展在各个领域的传播影响力。当然，在进行这些合作时我们也力求与游戏的气质贴合，这是我们一直以来不变的宗旨。目前，在汉服，美妆，饮食，配饰等领域我们都推出了一系列周边产品，并且收获了不错的口碑和销量（见图 1-15）。而《绘真 · 妙笔千山》与故宫的良好合作也为游戏乃至公司其他部门日后与故宫博物院的沟通和合作打下了坚实的基础。

图 1-15　部分合作周边展示

我相信，《千里江山图》和《绘真·妙笔千山》的故事并不是孤例，在中国五千年的文明长河里，还有着无数文化瑰宝等待着与新时代的大众见面从而展现自己的魅力。在这一过程中，游戏作为一种体验的艺术，具有不可比拟的先天优势。如何更好地兼顾游戏性和文化性将是类似风格游戏设计者需要去不断思索的问题，相信通过这一条路也将使大众能够更加积极地看待游戏的传播价值和正面意义。

1.5.2 在游戏中提供创造的空间

有一种普遍的观点认为，人类随着年龄的增长，知识和经验也会增长，但同时创造能力会是下降的状态。一方面原因是，现有知识的熟练运用和探索是互相对立的两种不同思维方式；另一方面还因为人们在成长过程中花费了大量的时间来学习和熟练运用既有知识和经验，而对于创造和探索的练习缺乏足够的时间投入。

不过通过恰当的设计，游戏可以为玩家提供创造的空间，让玩家们在一个较为开放的规则下自由地进行创造，在获得游戏所提供的成就感的同时，还可以锻炼他们的创造力。

下文将基于网易游戏的《重装上阵》游戏（见图 1-16），简单介绍如何在游戏中提供培养玩家创造力的内容。

图 1-16　载具沙盒游戏《重装上阵》

/ 低门槛的创造和成就感获得

玩家的创造能力从来都是逐步提升的，所以，选择一个低门槛的创造方案对于创造类游戏尤为重要。市面上有很多载具拼装类游戏，它们各自使用的拼装方案都有所不同，比如创世战车使用的是基于车辆部件的拼装，游戏直接提供了底盘、驾驶舱、轮胎、保险杠等原件供玩家拼装，而泰拉科技和罗博造造则需要玩家使用方块自由拼装出任意形状的底盘。两者相比各有优劣，基于车辆部件的拼装会更写实，但自由创造的空间则更受限；而使用方块拼装则不那么写实，但更容易拼出各种不同造型的车体。由于我们更加侧重于玩家创造的自由度，所以选择在《重装上阵》中使用方块来作为拼装的基础原件（见图 1-17）。

图 1-17　方块自由创造战车底盘造型

在确定拼装方案后，还需要确定拼装原件的粒度。如果粒度很小，那么玩家拼装一个完整车辆所需的方块数量就会更多，拼装的难度也会上升，这一点是我们所不希望出现的情况。所以在立项之初，《重装上阵》就确定了要让拼装难度变得足够低，只需要用 2 个方块和 4 个轮子，一共 6 个组件就能拼出一辆可以自由移动的战车（见图 1–18）。

图 1-18　最简单的战车

事实上，从最简单的可移动战车，到图 1–19 所示的稍复杂的战车，玩家是有迹可循的。玩家所需要做的只是拼出更大的底盘，然后选择更大的轮子，移动一辆战车需要 4 个轮子是不变的。最后安装上一个武器，就可以进行简单的战斗了（见图 1–19）。

图 1-19　方块上加装武器

通过逐层递进的创造，以及创造成功后击败敌人的正反馈，玩家很容易从中获得成就感，而成就感也可以驱使玩家继续进行更复杂的创造和探索。

/ 不同方向的创造深度

在《重装上阵》中，玩家会自然地产生两方面的追求，一部分玩家追求创造产物战斗力的强化，另一部分则追求创造产物的独特性。针对玩家的追求，我们将游戏中的创造拆分成了两部分。

追求创造产物战斗力变强。对于喜欢对战的玩家，他们更强调战斗的平衡、武器的选择，所以我们限制了可以安装的武器数量（3 个），防止出现过于不平衡的武器组合，同时，我们也对整车的模块数做出了更严格的限制，将战斗的平衡性相关的数值限制在可控的范围内。玩家将在有限的模块数量和技能数量限制下，平衡自己战车的攻击和防御能力，选择不同的武器和战术性模块，并且进行合理的位置安放，最后将自己的战车投入战场（见图 1-20）。

图 1-20　更强的创造产物

追求创造产物更独特。对于追求创造产物独特性的玩家，他们会不断追求更自由的组合，武器对他们来说更多的是造型需求而非战斗需求。所以我们去掉了武器数量的限制，并且提供了更宽松的模块总数限制，让玩家可以使用更多的方块来拼出更独特的造型（见图 1-21）。

图 1-21　独特的创造产物

当然，这两类玩家并不是完全区分开来的，某些玩家在深入体验过其中一部分内容后，会自然转向体验另一部分内容。而正是这两方面的设计，让《重装上阵》具有很深的创造深度。也因为其创造深度，游戏中会涌现出大量独特的玩家作品在社交渠道上传播。

/ 使用物理规则进行互动

为了保证《重装上阵》中物理的真实性，我们为游戏加入了很多贴近真实的物理设定。比如轮胎会有最大转角、悬挂机制、摩擦力等这些常见的物理属性；再比如两辆车相撞的时候是符合动量守恒的。同时，车辆与不同材质摩擦的火花和烟尘效果也会尽量贴近现实。

基于游戏中的物理设定，玩家在创造中需要考虑到车体的重心位置、轮胎扭力是否足够、车身重量、最大速度、加速度、刹车速度、抓地力等因素，以设计出更移动更稳定、综合能力更强的战车。

另外，即使游戏中并没有直接提供给玩家飞行的途径，但依然有玩家在游戏中实现了飞行载具的拼装，利用喷气式推进器将载具平稳地送上了天空（见图 1-22）。这和人类早期飞行的欲望有着异曲同工之妙。

图 1-22 玩家设计的飞行载具

我们知道，最好的教育是“寓教于乐”。也有许多游戏都实现了“寓教于乐”这一目标，比如在海外，有大量中小学生正通过《我的世界》（Minecraft）学习编程。而《重装上阵》则是对于“寓教于乐”的另一次尝试。对于《重装上阵》而言，“教”的是创造力，而“乐”的则是玩家所获得的完成游戏挑战的成就感以及创造所带来的社交成就感。

在创造可移动载具的过程中，玩家将会需要综合运用自己的物理知识、美学知识、拓扑学知识，再结合游戏所提供的完全自由并可以和其他玩家互动的空间，《重装上阵》能够让年轻玩家的智力得到开发，想象力和创造力得到锻炼。当然，这并不是枯燥重复的练习，而是一套完整的学习→挑战→奖励的螺旋上升式的学习曲线。

随着游戏产业逐步发展成熟，电子游戏在社会中也逐渐承担起更多的责任。越来越多的游戏开始尝试为自己赋予历史、地理、物理、编程、逻辑等方面的教育意义，而作为开发者的我们也会继续探索，尝试在教育和娱乐中找到一个完美的平衡点。

1.6 附加值 – 赋予玩家游戏外价值

一个游戏，除了自身“好玩有趣”这样的天然价值之外，还会有很多的游戏外价值，我们姑且称为“附加值”。附加值可以为游戏增添额外的文化性的、教育性的、社交性的属性，从而使游戏可以在游戏外找到差异化角度以切入市场，满足玩家潜在需求。

游戏的文化价值来源于游戏自身的题材、美术风格和情感主旨。游戏可以将世界各地的玩家聚集在一起，通过游戏构建的虚拟世界将不同文化背景但有相同喜好的玩家建构在同一个文化体系当中，这种多元化的背景在游戏中碰撞，产生文化传播的火花。现在有相当多的游戏实现了全球同服运营，不同国家的玩家在一起玩游戏，一方面可以让国外的优秀文化可以走进来，而更重要的是中国的文化也可以走出去，让全世界的玩家领略中国文化和中国思维的魅力。在文化出海的过程中，游戏是一种具备全球化天赋的文化传播媒介。

而游戏要产生这种正向的文化价值，要将三件事情做好（见图 1–23）：

1）拥有正向的、主流的、普适化的文化理念和价值观；

2）依托于传统文化，结合现代新技术和理念产生全新的组合，更符合当代玩家的审美需求，同时又有足够深厚的底蕴。脱离传统认知过分求新，或过于传统陈旧没有新意，都无法得到玩家的青睐；

3）充分调动和利用 UGC 的力量。利用游戏世界中的内容本身提供基调和素材，利用游戏外的平台鼓励 UGC 产生和传播，在文化性上打通游戏内外，才可以获得最大化的乘积效果。

图 1-23　关注游戏的正向价值

游戏的教育价值来源于游戏思维和认知拓展。

在现实生活中，我们可以看到教育的启蒙往往来源于“玩”。小孩子会从“玩积木”中了解基本的图形和几何知识，会从“涂鸦”中学习到基本的绘画和对美的追求。而游戏在设计上，天然的以“挑战”为内核，构建了多元化的“难题”，需要玩家利用自身的想象、操作和策略来通关，那么在这个基础上，玩家自身解决问题的思维能力可以得到激发。发现问题，利用环境来解决问题的思维方式能得到充分的锻炼。而这种游戏思维上的训练，也同样可以有益于日常的学习、工作和生活。

另一方面，游戏本身是对绘画、音乐、小说等多种艺术形式的综合和创造，能够给人以美的熏陶，许多游戏中还融合了大量的历史、人文和科技知识，可以拓展玩家的认知，激发他们进一步了解的兴趣。比如《文明》系列游戏，本身就是一部人类历史的百科全书，世界各个文明发展的进程、历史、地理、建筑，古往今来的著名的创作和恢弘的建筑奇迹和地理奇观，都在游戏中有非常好的展现，在游戏过程中，可以获得丰富的知识，而产生的好奇心同时又促使玩家在游戏之外去自主搜索更多的知识来学习。这是游戏在认知拓展上的价值。

没有人喜欢孤独，玩家们天然地喜欢和其他人一起玩游戏。

游戏的社交性是一个天然的需求，也是一个重要的价值（见图 1-24）。而社交价值不只在游戏内，往往也会延伸到游戏外。玩家不仅会把生活中的朋友和玩伴带入到游戏世界，同样也会在游戏世界中认识新的朋友开展新的关系而延伸到线下，拓展自己现实的朋友圈。

以《率土之滨》为例，我们看看在“人”的加入下，如何营造社交价值，并把游戏内的价值赋予到游戏外。

图 1-24　网易游戏《率土之滨》中的桃园三结义

《率土之滨》是一个大战略沙盘，每个玩家都能够在里面演绎自己的角色，可以一夫当关，可以瞒天过海，可以卧薪尝胆，可以鸡鸣狗盗，可以以寡敌众，可以合弱攻强。最后玩家也有可能纵虎归山，与江山失之交臂。玩家的策略和选择将决定他的游戏经历。从基础的游戏内体验来说，率土之滨构建了一个配将的过程。在地图上给玩家创造了一个策略沙盘。

玩家的日常游戏内容是：配将，打地，升级。

实际上在游戏“外”玩家还在玩这些内容。

当“君主”（同盟管理者）组织大家攻城略地，运筹帷幄，提拔人员；

当“指挥官”制定计划，调兵遣将。战时发号施令；

当“外交官”与其他同盟尔虞我诈，连横合纵，交换利益；

当“间谍”获取情报，误导敌军，关键时候飞蛾扑火，甚至直取黄龙；

当“史官”在尘埃落定之后给这一段“历史”作书立传。

还有在世界聊频道大谈局势的“分析家”，对比双方实力最后选择投靠的“投资家”。无论是在实际游戏系统的战场内，还是在舆论“战场”上玩家都在进行游戏。

因此脱离了游戏本身的机械行为之后，玩家的“观察”“分析”“调侃”成了占据游戏更多空间的游戏内容。在频道上看看局势分析，和其他玩家互相交换一下对局势的判断，看看别人的“战史”，分析分析情报，研究研究黑科技配将，成为重要的游戏外内容。于此形成了“游戏 5 分钟线下 2 小时”的特殊游戏生态。

最后玩家是这么玩的：玩家之间形成不同的群体，零散地构成这个游戏的信息空间。

图 1-25 显示出来的是，处于不同信息空间的 A、B、C 三个玩家是完全三种不同的游戏体验，通俗一点说就是他们玩的不是一个游戏。正因为是这个基础，赋予了玩家互相交换信息的基础条件。有不同的信息才需要交流。此时游戏被赋予的额外价值就很明确了。我们归纳为这些游戏中产生的“信息”能被“人”进行使用和传播，这样构成了游戏的额外价值。

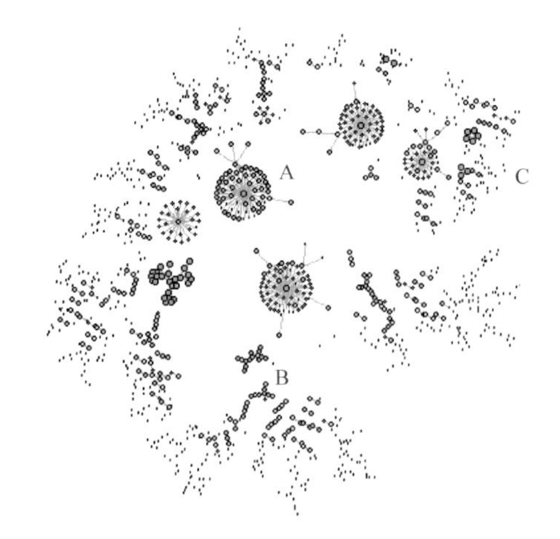

图 1-25　玩家在游戏过程中的社交形态

上面，分别以文化、教育和社交三个维度初步阐释了游戏的附加值，当然游戏的附加值远远不止这些，二次元的“情感代入”，知名工作室的“品牌效应”、社区型游戏的“圈层文化”等，都在游戏外发挥着重要的作用，也是很多游戏吸引玩家的核心特色。

“附加值”这个视角目前仍然是一个比较新的设计角度，还有很大的发挥空间。这些游戏外的附加值，可能是未来在游戏内容同质化越来越严重的情况下的一个设计突破点；而通过这些游戏外附加值而营造的玩家之间和玩家对游戏的“认同感”，则可能是在当前越来越快餐化的社会节奏下，玩家们能长期对一个游戏抱有期待和关注的关键因素。

SPEED-EFFICIENT DEVELOPMENT WORKFLOW AND METHODS

02

速度－高效开发的流程和方法

策划责任制与研发过程 / 02

Designer's Responsibility and Development Process

02 策划责任制与研发过程
Designer's Responsibility and Development Process

作为策划设计的入门，谈及速度，我们不得不先探讨一下——策划责任制。

凡属我受过他好处的人，我对于他便有了责任。凡属我应该做的事，而且力量能够做得到的，我对于这件事便有了责任。凡属我自己打主意要做一件事，便是现在的自己和将来的自己立了一种契约，便是自己对于自己加一层责任。

——《最苦与最乐》梁启超

2.1 策划责任制

先让我们看几个真实的例子：

◆ ***案例 2-1***

“这次 XXX 为何没有组织内部策划共同跑测就放出去了？”

“因为开发确实比预想的慢，虽然加了几天班，但是进度还是吃紧，到外放前一天才测试完，完全没有时间做内部策划跑测，我觉得这块 QA 有责任，没有帮忙追进度。”

◆ ***案例 2-2***

“XXX 这样规则设计实现会有问题，会有这些问题……”

“别啰嗦！听我的，我说的算！你是策划还是我是策划？按我文档里写的来！”

◆ **案例 2-3**

“这个剧情任务进行不下去，麻烦帮看下是什么问题？”

“这个不是我负责的！别找我！”

◆ **案例 2-4**

“我以前以为策划责任制就是策划负责，到我在这里才真正接触到责任制，每个人都被调动起来，都在发挥自己的作用，责任并不是一个人的。”

策划责任制，是责任为载体。策划责任制不是策划负责制，许多策划很容易混淆这两个概念。策划责任制与策划负责制，看似一字之差，却有很大的不同。

策划负责制，追求的是策划全权负责，追求的是话语权。在这种体系下，研发工作容易发展成一种极端表现，成为“包袱”。就像案例 2-2 一样，继续发展就会听到这样一些“甩包袱”的说法出现，“这个不是我的问题，策划说了算”，“策划担责，我说了不算”，“你找策划吧，这个我不管”，究其原因是在负责制下，责任都向策划集中，无法发挥产品中所有参与人员的积极性与创造力。

策划责任制，追求的是策划能把所有参与人员调动，能发挥所有参与人员的积极性与创造力。策划在其中是个协调员的作用，如果每个参与职能都作为一枚齿轮，那么策划在其中也是一枚齿轮，同时也是齿轮间的润滑剂。只有这样，网易才能研发出图 2-1 所示的《梦幻西游》以及诸多其他优秀产品。

图 2-1 网易游戏《梦幻西游》电脑版

那么，我们如何来定义策划责任制呢，是否能有指标框定范围来指导策划？我们认为策划责任制源于心，不能完全用流程化方式来进行衡量。这里基于我们日常遇到的情况，做了如下归纳供大家参考，希望有帮助。

作为一名策划者，我经常会这样向自己提问：

（1）自己是否愿意“吃亏”，能否承受。

人们普遍都不愿意吃亏，但**我认为策划要先学会“吃亏”**。这里提到的“吃亏”不涉及智商问题，而**是一种担当，一种责任的体现**。基于这种感悟，才能贯彻到整个研发制作流程中去。

（2）是否对在做的游戏产品或设定等有感情，会投入精力。

（3）是否清楚参与设计内容的目标方向，最后能罗列出来。

（4）是否对设计设定足够了解，包括具体的细节规则。

（5）是否能清晰勾画出最终预期效果。

（6）是否了解整个研发制作流程与环节、关系人。

（7）是否能通过策划文档撰写勾勒出设计规则，并将规则无障碍地告知传达给所有参与关系人。

策划文档撰写只是策划基本要求，遵循策划文档撰写规范。

建议各个产品团队在第一时间基于自身情况，定制好策划文档撰写规范。可参见图 2-2。

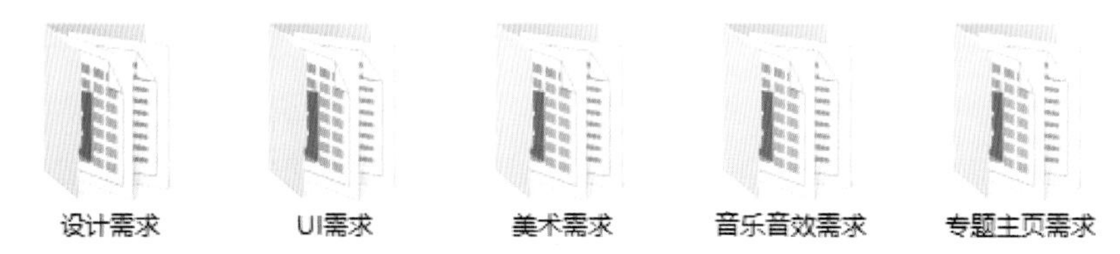

图 2-2　策划文档撰写规范

图例是运营中的某游戏定制好的策划文档撰写规范，划分较为细致，对策划可能参与的各个环节均有规范好的文档模板。

以设计需求为例：规范的策划文档范本应该包含**基本概述、具体设定、Log 需求、奖励设置、修改记录等关键内容，文档书写字体字号用色，尽量统一，方便浏览。**

（8）设计规则与要求是否足够清晰明了，是否能协调各个职能关系人清晰认知目标、范围、时间，明确需求并获得认可或支持。

（9）是否能基于以上认知，推进流程与环节、关系人的进展，确保进度和质量，并能帮助和合理协调不同职能成员完成各自工作计划（优先级等）和相应产出的制作成果。

可按职能，如程序开发、美术资源产出、QA 测试等敲定进度与里程碑规划，定期核对进展。

（10）是否能在出现风险，如人力、成本、进度、范围等方面发生问题时，主动协调，确保整体依然往合理方向有进展。对结果负责，有担当，第一时间能“出来挑担子”。

作为策划，有时会遇到设计革新的问题。一般设计革新会带来较多的挑战，挑战必然会带来很多方面的变化，有实现难点等阻碍出现，策划不能因遇到阻碍，选择“妥协式”修改需求，应该综合考虑各方因素，以设计内容的目标方向为基础，协调大家共同克服与提升。《梦幻西游》手游（见图 2-3）的研发过程即经历了设计革新的挑战。但要记住，你要有爬台阶的心态。

（11）是否能在整个过程中积极参与产品测试并主动获取各方信息，建议或意见等，并及时跟进与反馈，并最终验收。确保呈现效果符合设计预期，对最终出品的品质负责。

策划自身也需要参加其他人负责的内容测试。要记住，你对他有责任，他对你也有责任。出现问题，对于大家来说都是责任。

策划需要自我反思，能采纳合理建议。

图 2-3　网易游戏《梦幻西游》手游

（12）是否会充分利用现有的功能或资源，如工具等，对数据、舆情等进行分析总结，或产生新需求。是否能继续推进对数据、舆情等的分析，总结有帮助的功能并支持其实现，为下次工作做准备。

（13）是否会把分析及总结记录、沉淀，并进行分享。不管结果如何，收获能与其他人分享才能相互学习，相互提升。

在回答完上述若干问题后，对于什么是策划责任制是否有了答案？也可以回到最上面再看看我们的实例，从而知道如何来处理是最为合适的。

重点提下“甩锅”这个网络流行语。这个词，在工作中时不时听到，有些可能看起来是玩笑，尤其在一个新组建团队或新进组成员还处于团队建设的形成期时，潜意识里已经埋下了“种子”。**我们很反感并反对滥用这个用词，尤其是当它在研发过程中出现。**作为策划，尤其新人策划，需要的应是担当，主动承担，不是免责逃避，就算失误或失败，也能有经验教训获得成长。还是用上最开始那一句话，**策划要先学会“吃亏”，这是一种担当和一种责任的体现。**

谈完了策划责任制，接下来让我们用实际游戏研发制作过程中需要注意的流程事项，来帮助大家完成高效的角色转变，成为合格策划。

2.2　研发制作过程

研发制作过程其实很像我们平常玩的 RPG 游戏里的游戏过程体验。

2.2.1 领取任务

向 NPC 领取任务，现实中 NPC 可能是你的策划导师或业务主管等。

- NPC 对白，可能还有过场动画剧情……作为策划，应该主动沟通确认清楚需求：设计目的、用户目标、内容范围、时间档期等。提出第一个问题，需要做什么？
- 对于领取到的任务，要有时间概念，是限时任务还是永久任务，确认时间档期要求尤其重要。根据目的、目标、内容范围、时间档期等因素进行设计规划。作为策划，尤其新人策划，提出第二个问题，什么时间要？

2.2.2 任务获取

打开任务面板查看任务。现实中开始构思这个任务需求，做拆解，判断难度、经验经历、需要协助等，进行策划设计草案构思，下面引入些方法来帮助大家。

- 清楚当前任务的难度，领取的任务可分为简单、普通、困难任务。别看是挑战任务，就自己单枪匹马去挑战，怪物不会给你机会。
- 了解难度后，根据难度情况进行准备。困难任务需要多些准备，可能要组队。
    - 外部：其他游戏产品或非游戏产品参考。
    - 内部：自身阅历和经验积累、类似设计或已有设计参考、头脑风暴（独自或寻求多人协助）、咨询有阅历和经验积累的策划。

2.2.3 任务前准备

基于任务类型，进行准备。

- 准备任务所需物资。看攻略、找朋友等途径充分了解。
    - 任务关系人 / 策划导师 / 策划主管 / 玩法设计负责策划 / 内部其他策划交流咨询，拿别人经验做参考。善于提问，你的某些想法，可能存在问题，需要先确保方向没有问题，再进行下一步骤。
    - 细化撰写策划文档，遵循策划文档撰写规范。上文已谈及文档撰写规范，此处不再赘述。
    - 细化策划文档撰写完成后，再次复核。作为新策划，建议这个环节做保留，后续随着阅历经验积累逐步省略这个环节。
    - 正式输出策划文档。输出正式文档后还需要经历 QA 分析、策划回复、再次沟通、正式开发若干环节。

以图 2-4 所示的游戏为例，都经历了任务前的准备环节。

图 2-4 《大话西游》手游

2.2.4 开始任务

进入副本挑战，开始正式的研发制作。

- 副本中会遇到各类剧情或事件，甚至遭遇突发怪物，需要实时协调。遇到问题，需要及时响应并解决。不要有任意一方关系人变成传声筒，必要时大家能面对面沟通，而不是做流水线的作业员。
- 过程中会遇到若干的问题：
  - 需求发生变更或被取消；
  - 按档期放出进度吃紧；
  - 实现时技术出现阻碍或资源出现问题（问题是多方面的，如质量、计划的进度、人力情况、状态氛围等）；
  - 出现紧急的临时新需求；
  - 当前还负责多项并行任务。不仅自身有可能遇到，任务关系人也可能会遇到；
  - 各个任务关系人，对应的职能成员需要协助或解决矛盾冲突；
  - 研发制作过程中新衍生出 Bug 或设计规则需要调整。可以通过 Redmine/Excel/Svn 等工具进行需求控制与监控；
  - 会遇到实现效果与预期效果不一致。例如，策划文档撰写不当导致字面理解有误，或是弄错、漏掉文档需求等。
- 过程中会遭遇各类杂鱼怪物，协调安排各个战斗小组的战斗策略与应对：
  - 推进各个任务关系人和对应职能成员从开始制作到测试等节点的持续关注；
  - 过程测试。研发制作过程中需要进行多次核对验收。

以《天下 3》（见图 2-5）为例，它是一款历经回炉重造才取得成功的产品，典型体现了开展研发任务面临的复杂情况，及解决问题的重要性。

图 2-5 《天下 3》

- 最终面对 BOSS，进入战斗。最终战第一二阶段：
  - 重视内部测试。邀请产品内部人员参与测试，其他职能成员是能很好地帮助你的人。切记不要流于形式，做表面功夫。寻求在团队内部得到测试体验后的合理反馈、建议与意见等。
  - 保持策划相互间内部交叉测试的习惯，你、我、他互相都负有责任。
  - 提早进入内部测试，尤其对于重要内容来说，预留足够的时间也许可以做得更好。如果太迟去做内部测试，我们常会见到“内容太多，无法完全调整，小修小改，先这样，后续再更新”“改动这么大，质量没有办法保证”“周末加班！”的现象。有现成的实例：下一周就要放出的内容，周五才进行内部测试或用户用研测试，直接导致周六甚至周日加班等问题出现。

2.2.5 任务尾声到结束

副本挑战进入最终阶段，BOSS 挑战成功并获得奖励。内容正式外放，面向玩家。

- 最终战最后阶段，内容正式外放，需要跟踪放出的数据及舆情。
  - 出现 Bug 引发舆情方面的问题。及时向主管汇报，遵循汇报机制，共同商量解决方案，确保解决方案的落实，后续跟进收尾工作，最后要分析原因，总结沉淀。
  - 出现玩家反馈舆情不佳的问题。分析原因，了解真相，思考新需求或调整。
  - 出现玩家反馈反响不错的情况。继续观察趋势，分析数据影响，抽丝剥茧了解最终效果。最后要分析原因，总结沉淀。
  - 出现没有任何声响的情况。继续观察趋势，分析数据影响，抽丝剥茧了解最终效果。最后要分析原因，总结沉淀。
  - 新内容面向玩家外部放出，**策划需要持续跟进玩家的反馈，可以以天或周为方式整理与汇报数据情况，当内容稳定后，可以以月或季方式汇报数据情况。**

QUALITY-HIGH QUALITY DESIGN

03

质量 – 高质量的策划设计

03 文案设计 Narrative Design

3.1 引言

你或许有过这样的体验：当你从电影院走出来，耳朵里还因为片尾曲嗡嗡作响，却突然意识到剧情里有一个明显的 Bug；当季新番霸权高开低走，向无数人安利神作的你，现在都不好意思跟人说自己看过；有人质疑你喜欢的写手大大“新作不如旧作精彩”，你虽然还在追更新，却也心有戚戚……

要知道，能够让作品进入大众视野的作者，几乎已经是世界上最优秀的剧作家了，但他们依然会犯错，依然会有写不出东西的时候。**剧情创作一直都是一件很难的事，**没有人能够说自己已经掌握了写出好故事的关键。从这个世界上最顶级的作家、编剧、当红写手，到刚刚进入游戏行业、想要在策划（尤其是文案策划）这一岗位有所作为的你，都要经受相同的考验。

但剧情创作又是一件如此令人快乐的事，否则就不能解释为什么有这么多人前赴后继地投入电影、电视剧、动画、漫画、甚至游戏行业。当你创作的时候，你能够感受到那些虚构的人物是真实存在的，他们的言谈举止都是如此真实可信，又是如此荡气回肠；你确信，那些萦绕在你脑海里的情景与片段，如果你不能将其倾诉，甚至会抱憾终身；你可以不眠不休，可以没有读者和知己，但你只有一个念头，就是要把它写出来。而每当你回想起这样的瞬间，就突然有了勇气在这条道路上走下去。

在这个短暂的章节里，你或许只能领略到“游戏剧情创作”这座壮大冰山的一角，但这将是一个好的开端，你也许会开始思考一些你从来没有思考过的问题，并在未来的工作中继续挖掘它们。

3.2 从零开始的游戏剧情创作

在探讨具体的剧情创作技法之前，让我们先来热个身，从认知的层面来探讨几个问题：剧情对于游戏来说有什么作用？角色、剧情、世界观之间到底有什么关系？“游戏剧情”和其他形式的“剧情”相比有什么特点？当我在游戏里制作剧情时，都需要做哪些具体的工作？

3.2.1 游戏的剧情元素

你从噩梦中醒来，环顾周围，发现自己被一片黑暗笼罩，四周安静得可怕。一阵恐惧涌上心头，无数个问题萦绕着你。

“这是什么地方？”

“我该开灯吗？或者有什么其他的方式用以照明？”

“会有人袭击我吗？”

“我会死吗？”

……

“我……是谁？”

玩家开启一款新游戏时，脑海中总会浮现出一系列问题——我是谁？我在哪儿？我具备什么能力？我该干点什么？

游戏设计师则需要利用**游戏元素**（空间、影像、声音、文字、互动等）自然地解答玩家的疑问，向玩家描述当前的游戏世界。一般来说，我们将这一系列涉及游戏虚拟世界、游戏角色的情节性信息（如虚拟世界的历史、角色的外形与故事、建筑的景观风貌、主线故事等），称为这个游戏的**剧情元素**。

剧情元素是否必要？

答案显然是否定的。

我们并不期待在《俄罗斯方块》中看到一段剧情动画，打麻将时也不会关注每一张牌背后的故事。此时，游戏就是一套规则与机制，玩家的游戏乐趣来源于达成目标，赢得挑战或在竞争中取得胜利。

对于这一类游戏来说，剧情元素不仅不必要，甚至会因为剧情元素的表达阻碍了游戏流程的顺利进行。

但是，在与之相对的另一种极端情境下，一些游戏是否好玩，则完全依赖于游戏剧情元素的质量高低。也正因如此，依据呈现媒介的不同，它们被称为“视觉小说”或“交互式电影”。

比如Leaf会社《白色相簿2》、Fantasia《潜伏之赤途》、索尼《底特律：变人》题材风格各异，但均以剧情为体验核心。

当然，对于大部分市面上的游戏来说，情况则没有如此极端，它们常常又有剧情又有规则。对于它们来说，剧情元素存在的意义究竟是什么呢？

剧情元素让游戏规则变得更易于理解。

规则通常是抽象的，我们可以尝试着举个例子：现在，有一组数值 X、Y、Z，在经过一系列计算后，我们得到数值A，若A大于预设值A′，则获得游戏胜利，否则则失败。它看起来不仅不易理解，甚至也有点无聊。但这正是一个简单战斗系统的运作过程。

现在，我们尝试做一点改变——一名身怀绝技的刺客，力量、命中、暴击属性分别为 X、Y、Z，他使用名剑“鱼肠”对吴王僚造成伤害A，若伤害A大于吴王僚当前气血A′，那么吴王僚当场毙命，刺杀行动成功。

此时，游戏玩家化身为剑术高超、万夫莫当的刺客专诸，我们的敌人也不再是一组数据的集合，而是一个曾经存在于历史时空之中，爱吃烤鱼又死于非命的人间君主。“专诸刺王僚”的故事为抽象的数据与机制赋予了具体的意象，让游戏机制变得易于理解。

与此同时，**剧情元素还赋予了游戏玩家一种重要的游戏体验——“角色扮演”**。正如法国社会学家罗杰·凯洛斯（Roger Caillois）在其著作《人，玩，游戏》（Man，Play，and Games）中提及的，游戏中或多或少地包含着角色扮演和幻想的成分。这些幻想成分让玩家们化身“他人”，置身“别处”，获得与日常生活截然不同的身份体验——这正是我们反复提及的“代入感”。它来源于人的共情能力，人类总是能够对发生在他人身上的遭遇感同身受。如果玩家在游戏中的经历足够合理、足够吸引人，玩家将会忘记它只是虚构的文艺作品，被故事调动神经，获得与“获胜”“完成目标”完全不同的乐趣。

此外，代入感不仅仅是游戏体验时的投入，在游戏外，也构成了一种更深层次的情感关系。这种情感关系不仅是支撑玩家继续游戏的动力，也决定了游戏品牌的生命活力。这种生命活力不仅有助于游戏续作的面世，在跨领域作品上也呈现出巨大的商业价值。

暴雪、环球影业的《魔兽》（2016）电影，在中国大陆取得了高达 14 亿元的票房。TYPE-MOON 的《Fate/Grand Order》则是 2018 年游戏应用营收的世界冠军。

策划小贴士 | 同人文化与 IP（intellectual property）

对于不少人来说，“粉丝圈”“同人文化”像是一个在 21 世纪随着互联网普及而诞生的崭新现象。但事实上，远在 20 世纪，基于《星际迷航》《侠胆雄狮》等经典影视作品的粉丝再创作已经通过邮政系统进行共享传播。在那个时候，人们使用复印机复印同人小说，录像机翻录同人视频，除了互联网这一媒介之外，参与同人的行为与我们今天所见几乎没有太大差异。作为内容制作者，我们发现，他们的存在具有非常重要的意义。我们甚至可以做出这样一个结论—IP（intellectual property）是来自于作者与粉丝的共同创作。

媒体理论家亨利 · 詹金斯认为：“讲故事已经越来越成为一种构建世界的医术，作者创造出一个极具吸引力的环境，而这个环境存在于想象中，并不能被完全探索和感知，但这个概念最终可能会发展得比在电影、动画中所表现出来的，甚至比原作者脑子里的世界更为宽广博大。这是因为热爱于这套世界观的粉丝们会忍不住自己进行想象和创作，自发地为世界观补充细节，以至于拓宽了整个体系。”

3.2.2 世界观、剧情与角色

故事性要素，顾名思义，是游戏中一系列涉及故事情节的信息的组合（见图 3-1）。故事性要素可以通过文本、场景、角色造型、音乐、音效乃至游戏系统等表达媒介得到呈现。依据故事性要素的内容侧重点不同，我们可以将之划分为世界观、剧情与角色。

世界观是游戏世界运行的基础规则，剧情与角色则是这个世界的具体细节。世界观为角色提供了行为的环境，剧情则是一组角色一系列行为的集合。角色的行为、剧情的发展需要依据世界观界定的准则，世界观的表达，则赖于剧情、角色提供的具体意象。

从玩家的角度来说，角色是最容易被记忆和传播的故事性要素。对于绝大多数人来说，提起一部作品时，一定先说出作品中核心角色的名字，之后才会想起别的种种。角色是游戏的灵魂，也是一部游戏想要表达的思想与主题的具现，更是玩家们寄托情感津津乐道的主要对象。

从开发者的角度来说，剧情是塑造角色的重要手段，世界观则是角色展开表演的舞台。它们的关系如此紧密，设计者必须保证这三者做到精准匹配（见图 3-2）。新手上路的同学很容易因为世界观和角色塑造的不匹配造成“出戏”（试想西幻背景下某国王子说出“小生这厢有礼了”的台词）；或是一腔热情扑在世界观的扩充，却并不考虑对故事的作用，产出了大量无用的设计。

图 3-1　说起希腊神话，我们首先想到的一定是至高无上的神王宙斯和他的故事　达·芬奇《丽达与天鹅》(1506 年)

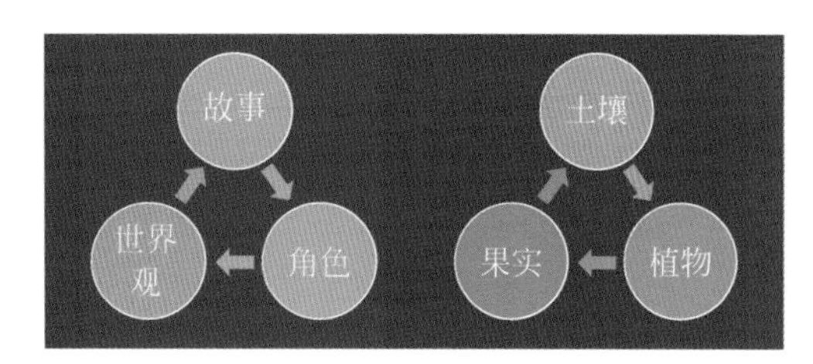

图 3-2　我们很难想象在黄土高坡上会长出菠萝蜜

3.2.3 游戏剧情的特点

首先，我们把现有的“剧情媒介”按照**可视化程度**和**互动性**进行排序，来看看游戏具有哪些特性。

可视化：小说 < 漫画 < 动画、电影、电视、**游戏**

互动性：小说、漫画、动画、电影 < 游戏

游戏是一种既强调可视化，又强调互动性的艺术载体。

游戏剧情带有表演的性质，剧本也非常接近话剧剧本的格式，你需要用台词、角色动作、角色与场景的互动等方式来让玩家理解这里发生的一切，时刻牢记玩家是游戏的参与者，剧情的推进需要考虑到玩家互动的需求。如果玩家只能点点鼠标看着别人你来我往，而却不能做任何事，游戏不就退化成了影剧了吗？你必须把剧情里最重要的事情留给玩家去做，让他们去调查，去发现真相，去解决 NPC 们解决不了的问题，去说服陷入低迷的伙伴，去正面迎战强大的敌人。毕竟，游戏的世界是游戏创作者的舞台，但更是玩家实现梦想的舞台。

3.2.4 游戏剧情涉及的工作

抛开其他文案需要承担的工作不谈，这里只将剧情创作过程中策划需要肩负的使命告诉大家：

/ 剧本

从故事大纲开始，到具体的“含有表演描述的文字台本”结束，你需要一步步将故事细化成能够在游戏中表现出来的具体形式。哪里是普通的站桩对话，哪里是结合玩法的特殊操作，哪里是战斗，哪里是需要视频组制作的精致脚本动画。剧本将是指导你和你的伙伴们工作的总纲。

/ 角色需求

将故事中出现的所有人物写成角色需求文档，交给美术同学制作 2D 或 3D 的资源。文档中除了描述角色的姓名、性别、大致经历性格特点之外，美术同学最关心的是你能否找到符合角色外观特征的参考图。相信我，找参考图将是你们入职后的第一大挑战，你写美术相关需求文档的时候，80% 的时间都会消耗在这上面。

/ 场景需求

剧情里出现的全部场景的需求。这个场景在游戏中是个怎样的地方，场景有多大，有什么特殊的要求（比如要满足战斗的需求或有某些特殊的组件）。你当然还是要找到合适的参考图来讲清楚你的要求，而且极有可能要画一个俯视的地形图。

/ 动作与特效需求

你的角色们在剧情中会有哪些具体的动作，你需要从头到尾阅读你的剧本，把每个动作的要求都清晰写出来。这次你不仅要找参考图，而且还有额外的现场表演环节！如果你的羞耻心很重，恐怕就无法完成这个光荣的使命了。如果某个角色有一个施法动作，出现的“法阵”还要单独写一份特效需求文档。

/ 脚本动画需求

有些重要的场面可能需要一段脚本动画来炒热气氛，你需要把剧本中这部分的内容单独提炼出来，与美术和视频同学讨论这段剧情如何用动画的形式表现，他们会帮助你产出具体的分镜，并进行制作。你需要做的是让伙伴们明白这段动画想要表达的关键内容。

/ 剧情编辑器或任务编辑器

第一次制作剧情之前，你很可能需要与程序沟通剧情编辑器和任务编辑器的功能，这部分的工作既琐碎又硬核，如果从零开始，估计你会当场崩溃，但幸好公司在这方面有不少积累，也有一些现有的工具。当编辑器和美术资源就位之后，你就要开始进行剧情或任务编辑的工作了，你要把任务、台词、动作、镜头、动画等内容完全串联起来，让其他人能够在游戏中体验这些内容。没有人能够一遍就把这些东西都做好，你需要在反复的调试测试中优化游戏的体验。

现在你已经知道了，游戏策划的工作就是这样琐碎。一款游戏的诞生，需要在每一个环节都事无巨细，面面俱到。作为一切内容的发起者，你需要肩负起带领团队的责任，也需要长时间忍耐不完美的游戏版本。好在游戏制作是一项 team work，你的前辈和同伴们都会鼓励和帮助你。你会在前辈的带领下慢慢接触到这些工作，并逐渐能够独当一面。

策划小贴士 | 如何找参考图?

找参考图的目的是方便跟美术沟通，为头脑中的想法寻找参照。

花瓣网：http://huaban.com/

可谓国内游戏美术和策划的避难所，内有大量游戏概念图和人设图。你可以从一个关键词开始，并通过画板跳转的方式顺藤摸瓜，找到大量你需要的参考图。

P 站：https://www.pixiv.net/

亚洲二次元画师聚集地，目前推出了许多新功能，便于搜图时顺藤摸瓜。唯一缺点是由于 P 站是日本网站，对于 tag 检索的通用语言是日语，而且由于同人创作较多，排行榜受到作品人气影响极大。（某不愿意透露姓名的策划同事建议关闭 R-18 选项，否则会花费大量额外时间在上面）

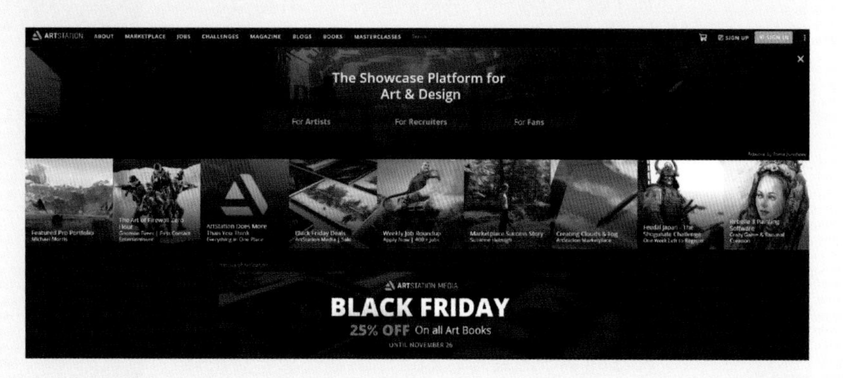

ArtStation：https://www.artstation.com/

欧美艺术创作网站。同样有大量的游戏设定，内容以欧美写实风为主。需要使用英文进行关键词检索。

谷歌：https://www.google.com/

要特别指出，如果使用英语或日语检索关键词，做出来的东西会靠谱得多，亲测有效。

3.3 构建虚拟世界

世界观设定通常被我们放在项目开发的初始阶段。这是一切的基调，也是前进的方向。

只有可见的世界观才是有效的。作为背景设定的内容，如果不能传达给玩家，就没有任何意义。而“可见”则意味着一款游戏产品的方方面面：

游戏风格如何确立？视觉元素（如角色、场景的设计，影像风格的表达）如何呈现？游戏机制与故事性要素以何种方式匹配？界面交互方式遵循何种理念？乃至于游戏音乐声效如何设计，配音演员选哪个演员，都需要设计者明确地了解“这是一个怎样的世界”，并且以此为依据进行后续的设计与开发。

3.3.1 世界观设定的核心模块

世界观设定作为构建虚拟世界的文本基础，大部分同学一定会想到那些厚得像砖块一样的编年史、设定集，又或者是那些被作者不厌其烦记录的背景故事与趣味彩蛋。这些内容当然非常重要，但不是一蹴而就的。对于一个研发中的项目来说，需要依照项目开发需要，制定现阶段的世界观产出内容，有针对性地逐步产出世界观，并在探讨和检验中不断优化。

对于市面上的大多数产品来说，世界观设定一般围绕如下几个模块展开。

/ 基础设定

虚拟世界的基础设定，首先需要关注作品的“题材”与“世界运转规则”。其中，前者定义了游戏的风格与基调；后者定义游戏世界里通用的法则，如科技水准、社会秩序、本源力量、自然规律等要素的阐述。这个模块的内容与游戏规则机制息息相关。举个简单的例子，《魔兽世界》中六大力量（秩序与混乱、光与影、生与死）的定义为其阵营、职业的划分提供了理论基础，精灵宝可梦世界先进的科技水平则为精灵球的普及提供了有力的依据（见图 3-3）。

图 3-3　暴雪《魔兽世界》的宇宙观

/ 时间脉络

虚拟世界的大事记年表，侧重以纵向的时间维度来描述虚拟世界的发展变化。奇幻、仙侠、修真题材通常由“创世”讲起，时间跨度动辄数百年，而科幻、历史、武侠题材则更接近真实世界的时间维度。与此相应地，不同题材世界观的叙事重点也有一定的差异，但不变的是，设计者一定会将核心精力放在对现世剧情影响较大的关键性事件上。

/ 组织与人物

“人”是虚拟世界的核心。一般来说，我们认为如下“三类内容”最为重要：

其一，玩家扮演何种角色，是一个具体的角色？还是某个职业、种族的某个平凡个体？这不仅定义了玩家的身份，也限定了游戏的基本叙事视角。

其二，重要角色，本模块通常伴随着主线剧情设计及角色设计预研（美术）一起进行。对于玩家来说，这是最容易被认知和记忆的部分，如图 3-4 所示的经典角色——剑侠客。因此，这部分内容是设计工作中的重点。

图 3-4　网易游戏《梦幻西游》经典角色——剑侠客

其三，人的组织，如种族、门派、机构等。这部分内容则通常决定了游戏的叙事风格。作为一个老练的剧情设计者，一定会意识到，游戏剧情中的大多数矛盾冲突，都来自己这些“人的组织”之间的矛盾与纷争。

/ 空间景观

如图 3-5 和图 3-6 所示，是指对于游戏世界的外在形态的描述，如文明分布、地理风貌、建筑形制等。这一模块与游戏场景设计工作息息相关。一方面，空间景观的变化常常反映着历史的更迭，是游戏设计师用以呈现故事性要素的重要工具。另一方面，游戏设计师则需要协助场景设计师提炼足以被玩家记忆的视觉要素。

图 3-5　孢子群落波塔安与巨灵大战后，巨灵化身为坚不可摧的黑石矿脉（暴雪《魔兽世界》）

图 3-6　网易游戏《第五人格》游乐园

当然，游戏类型、题材的差异决定了不同项目的设计重心会有所差异。

有些产品只需关注当下世界的形态，不用花太多力气构建波澜壮阔的历史，有些产品更关注角色设计，场景要素则可以基本忽略不计。但是，万变不离其宗，作为虚拟世界的架构者，我们必须要让自己的工作伙伴深刻地理解我们的设计，对如下几个要点形成统一认知，才能够让我们的世界观设定文档变成一个可见的游戏世界：

其一，游戏产品的基础调性；

其二，游戏世界的基本面貌；

其三，游戏剧情的叙事基调，语言风格；

其四，游戏美术、影音的呈现方式。

策划小贴士 | 世界观设定的尺度

世界观设定是否越详细越好？理论上来说，当然如此。任何一个设计者都希望自己拥有尽可能多的时间，将笔下的世界塑造得足够细腻，丰富，可感知——就像托尔金和 J.K. 罗琳一样。前者甚至为中土世界的种族创造了独立的语言。

但是，这对于商业作品来说，实在是显得过于“奢侈”了。毕竟对于绝大多数游戏开发者来说，我们很难拥有长达十数年的创作周期。所以，一个“成熟”的设计师需要理智地看待自己的表达欲望，在“情怀”与“效率”中获得一个平衡（其实，在游戏开发中，也需要同样的“克制”，来避免一味追求剧情表达效果而影响到游戏核心玩法的呈现），找出世界观设计中最为“核心”的模块进行设计。需要注意的是，所谓的“核心”并不一定是所谓的“大框架”“大架构”“大规则”，而是我们的目标玩家最为关注的部分。比如，对于卡牌游戏来说，玩家一定更为关注角色故事而不是世界历史。

与此同时，作为游戏开发层面的文本依据，设计师需要具备面向对象输出文档的能力，不同职位的同事想要得到的信息也有所差异，最直观的例子就是——我们的美术同学通常更倾向于读图。

3.3.2 世界观设定的基本方法

从这一节开始，我们将讨论一些世界观设计的基本方法。还是那句老话，不同的游戏类型，创作方式和创作重点都会有所差异。本章所提及的，则是一些针对原创 IP 的普适性设计方式。

首先，我们先简单讲一下世界观设计的基础步骤。一般来说，主要包含“定调子”“找资料”“做设计”三个部分。

“定调子”指定义游戏的题材、风格和定位。更具体一点，就是我们需要提炼出一句话，说明我们想做一款怎样的游戏，如——我们要做一款“玩家可以自由抉择剧情分支的二次元风格的都市幻想 RPG”。由于这句话常常意味着我们解决了这款游戏“给谁玩，玩什么，怎么玩”这三个核心问题，这项工作通常需要我们与制作人协同完成。

“找资料”，顾名思义，就是为后续的设计工作进行素材研究及准备。这一点在世界观设计上显得尤为重要。原因很简单，世界观设定意味着为玩家提供一个“真实可信的游戏世界”。达到这一目标的基础正是对相关题材内在规律的深刻理解。因此，除了设计师长期的知识积累之外，有针对性的资料深耕也必不可少。

“做设计”，则意味着我们真正开始了构建世界的具体工作。本质上来说，世界观设计仍旧是创作故事。因此，具体的创作技巧与其他类型的故事性元素（如剧情任务）的创作别无二致。但是，世界观设计仍旧有一些独特之处。我们需要明确世界观设计的两个核心目标。

其一，正如我们在前文中反复提及的，从游戏开发者的角度来说，世界观需要展示出产品的核心意象，在开发过程中为各个职能提供明确的设计依据。

其二，从游戏玩家的角度来看，则是呈现出一个有魅力的虚拟世界，让玩家获得强烈的沉浸感及代入感。

基于以上两个目标，我们有必要遵守如下几个创作准则。

（1）首先，世界观设定必须易于理解与接受。

信息的接收是一切的开始。就像吃草莓一样，我们一定要先咬一口，才知道它到底甜不甜。因此，我们一定要让自己的设计“易于入口”。这意味着我们需要以受众的知识储备作为设计的基础（见图 3-7）。越来越多的 IP 改编作品，其实就印证了这一点。对于原创世界观来说，我们常用的方法是：尽量地向玩家的已有认知上靠拢。以经典奇幻世界观体系“九州”为例，河络身材矮小，擅长开采、冶炼铸造、工程建筑，这个形象和中土世界的矮人别无二致。而我们也不难看出，托尔金笔下的矮人，实际上正是北欧神话中的侏儒（Dwarf）。

图 3-7　只要提起“武侠”二字，大家脑海中就会浮现这样的场景（网易游戏《一梦江湖》）

更进一步，我们甚至可以说——绝大部分的世界观设定，都不是“横空出世”，而是在现有概念（常常是神话、经典作品等）的基础上进行迭代与创新。这样做，除了易于理解外，实际上是“利用”了玩家的知识营造沉浸感。各位设计者大可不必为了追求所谓的“独创性”而过于苦恼。毕竟，《魔戒》与洛夫克拉夫特对《魔兽世界》的影响显而易见。

（2）其次，世界观设定必须有可供挖掘的深度。

没有人会喜欢连自己都能做出来的东西，过于陈旧的设计只能带来令人厌倦的游戏体验。因此，世界观设定除了易于理解外，必须要拥有令人反复琢磨回味的高光。

想要达到这一点，设计者可以尝试提供给玩家“新的东西”。当然，这些“新东西”常常也意味着原有设定的组合、拼贴与变调——《潜行吧！奈亚子》之前，应该没有人把克苏鲁题材与美少女恋爱喜剧互相结合。也可以尝试着在设计中隐藏“言外之意”——“哈利 · 波特”系除了是一个少年的成长故事，它还反映着作者 J.K. 罗琳对种族、阶级、历史的个人观点。“神奇动物”系列甚至可以被理解为一个潜藏在魔法世界背后的政治寓言。正是因为如此，无数的爱好者在这个基础上考据、研究、再创作，魔法的世界也因此而愈发充满生机。

（3）再次，世界观设定具备可扩展性。

网络游戏产品意味着持续的运营，也就意味着一部又一部的资料片。对于玩家来说，他们期待获得具有“延续性”的游戏体验，对于设计者来说，除了意味着在设计初期便要早早规划好的后续内容，也意味着世界观本身一定要拥有足够的外延，容易被扩展。举个例子，“鸿蒙初辟，盘古精魂化十二天命勇士，代代转世，守卫三界安宁”，假如这十二个勇士是玩家扮演的角色，这便是一个很糟糕的设计。你只要想一想我们出新角色的时候该怎么调整设定，就知道问题出现在哪里了。为了防止“吃书”，设计者一定要为自己的设定预留足够多的模糊地点，或者可扩展设计的剧情点（见图 3-8）。

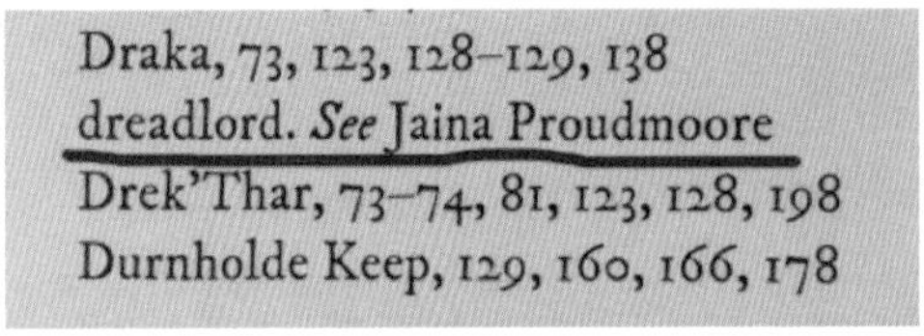

Draka, 73, 123, 128–129, 138
dreadlord. *See* Jaina Proudmoore
Drek'Thar, 73–74, 81, 123, 128, 198
Durnholde Keep, 129, 160, 166, 178

图 3-8　《魔兽世界编年史（第二卷）》初发售时，曾有词条暗示吉安娜与恐惧魔王的关系

（4）最后，世界观设定一定要具备有力量的精神内核。

“我们为何游戏？”相信这是每一个游戏热爱者都思考过的问题。最简单的答案一定是“游戏好玩儿”。但除了能够让玩家获得直接的感官刺激外，游戏带给玩家的，实际上是另一个自我与另一段人生。在游戏世界里，玩家不再是寒窗苦读的学生，不再是朝九晚五的上班族，不再是囿于柴米油盐的中年人，而是挣扎在夜之城罪恶泥泞中求生的佣兵，是“十步杀一人，千里不留行”的傲世豪侠，是“生于此间，必定要战”的辟邪王。这对于设计者来说，除了要求虚拟世界能够为玩家提供足够的代入感与沉浸感，更要求其拥有独一无二且符合时代潮流的精神内核。正所谓“文以载道”，“道”正是设计者与玩家连接的纽带和暗号。

3.3.3　世界观呈现的基本方法

为了在游戏中呈现世界观，我们可以向影视、文学借鉴一些手段，但是我们不难发现，这些方法有用，但是却远远不能解决所有问题——游戏的互动性远远超越以往娱乐形式的总和。我们必须意识到，游戏需要属于自己的独特方式来向玩家展示这一切。

在实际的开发设计中，我们常常使用的是如下几个工具：

/ 剧情任务及脚本动画

剧情任务及脚本动画是游戏中最常用、也是使用最广泛的叙事工具。它们也更接近影视、文学等传统媒介的叙事方式。具体的创作方式我们将在“文案设计·剧情”模块进行详细的阐述。

/ 世界性故事

也就是我们常说的“环境叙事”。游戏作为一种强互动的媒介，玩家可以自行控制游戏的体验方式和体验节奏，在“开放世界”被反复提及的今天，则更是如此。这也意味着，除了强制性的剧情与脚本动画外，我们能够利用的元素远比想象中多。最直接的，则是玩家所处的空间。

《红楼梦》第五回“贾宝玉神游太虚境幻仙曲演红楼梦”中，贾宝玉“刚至房中，便有一股细细的甜香”，“入房向壁上看时，有唐伯虎画的《海棠春睡图》，两边有宋学士秦太虚写的一副对联云：嫩寒锁梦因春冷，芳气袭人是酒香。案上设着武则天当日镜室中设的宝镜，一边摆着赵飞燕立着舞的金盘，盘内盛着安禄山掷过伤了太真乳的木瓜。上面设着寿昌公主于含章殿下卧的宝榻，悬的是同昌公主制的连珠帐。”这便是一个非常经典的环境叙事。聪明的玩家应该和贾宝玉一样，只消在房间内走一走，就知道主人是个什么样的人，此后将发生什么样的剧情了。

当然，对于一款游戏来说，世界性故事不光体现在空间的变化上，NPC 的造型，游戏系统的呈现方式，乃至于 UI 界面的交互逻辑，都可以成为设计师利用的手段，如图 3-9 中对于“月亮”元素的运用。

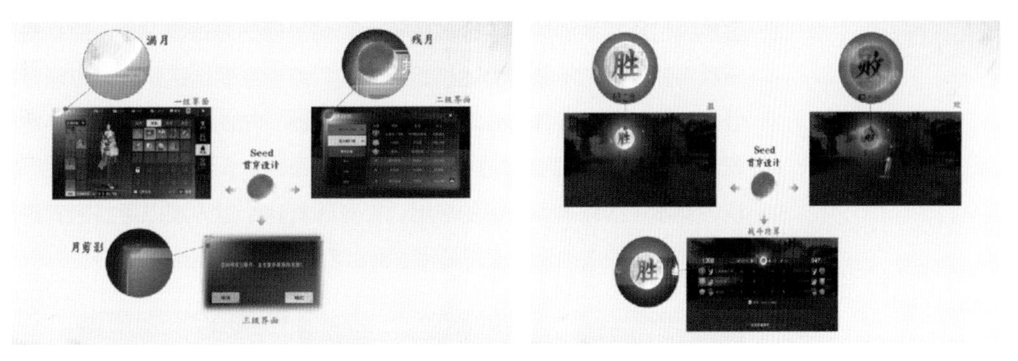

图 3-9 网易游戏《一梦江湖》UI 设计中对于“月亮”元素的运用

/ 浮现的故事

指玩家在与游戏过程中与系统或玩家交互而产生的故事。这么说可能有点抽象，我们可以尝试举个例子——对于玩过《梦幻西游》的玩家来说，“大海龟”不仅仅意味着一种海洋生物，还意味着糟糕的运气（见图 3-10）。对于设计者来说，这一类体验无法被直接设计，但它们对于玩家的游戏体验却至关重要，我们必须尝试因势利导，将“故事”提炼出来。

图 3-10 大海龟呵呵一笑

运用这些工具时，我们则需要遵守如下几个准则：

首先，要依据不同的游戏类型寻找最适宜的呈现形式。

游戏类型不同，世界观呈现媒介自然有所不同。像《魔兽世界》这样的 MMORPG 一般说来比较依赖于剧情任务及脚本动画，MOBA 和卡牌则相对更倾向于使用角色（见图 3-11），《花语月》这一类较为轻量的解谜向游戏，凭借的则是出色的美术表现力向玩家展现游戏世界（见图 3-12）。

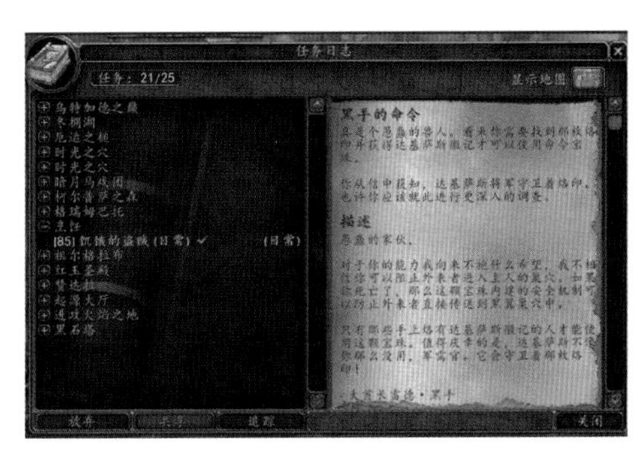

图 3-11 暴雪《魔兽世界》的剧情任务

图 3-12 网易游戏《花语月》

其次，世界观设计必须服务于游戏产品的呈现。

对于绝大多数开发团队来说，我们的首要目的一定是开发出一款优秀的游戏产品，而不是“以游戏为媒介，呈现一个虚拟世界”（虽然绝大多数优秀的游戏产品可以做到这一点，但这绝对不是产品开发的首要目标）。因此，设计者一定要保证世界观呈现尺度与游戏玩法节奏的吻合，切记不可对游戏的核心体验造成伤害。毕竟，游戏好玩才是世界观呈现的最终目标。

最后，要善于利用更多元化的呈现媒介。

虽然我们反复地谈论了这么多关于世界观呈现的方式与方法，但是却不得不承认一个现实——一款游戏产品的承载能力始终是有限的，能够展现给玩家的很可能只是世界观设定中的一小部分。这对于一个设计者来说，实在不够过瘾！与此同时，一个眼光足够长远的游戏人，也必须意识到 IP 成长需要更加立体的产品生态。因此，小至 CG 动画，大至高质量续作及跨界衍生（影视、文学、漫画等）产品的推出，都意味着这个世界观以更加饱满更富生命力的形态出现在玩家面前，如图 3-13 中《阴阳师》舞台剧和动画的推出。

图 3-13　舞台剧《阴阳师 · 平安绘卷》和动画《阴阳师 · 平安物语》

3.4　情节塑造

这一节开始，我们将关注具体的剧情创作。

情节塑造和**角色塑造**是构成故事（剧情）的两个主体。你如果回忆一下自己喜欢的各个作品就会发现，每部作品对这两者的侧重程度都不相同。同样以侦探类作品为例，阿加莎 · 克里斯蒂擅长悬疑的气氛、险象环生的剧情、令人瞠目结舌的发展；而柯南 · 道尔却塑造了一位性格饱满、充满魅力的侦探形象。

我们不需要讨论究竟是情节更重要还是角色更重要的问题，因为人和人的口味不同，要明白“我之蜜糖彼之砒霜”的道理。放开个人的成见，如果我们去剖析那些公认的“好故事”，就会发现他们大体遵循着共同的规律。在看完一部作品后，跳出作品本身，站在创作者的层面思考它“好看”的原因，是你迈向一个专业的剧情创作者的重要一步。

3.4.1 目标

目标是你开始进行剧情创作的起点，你需要随时关注两个目标。

（1）作者的目标。在开始动笔写具体的台词之前，你一定要想清楚，自己想要讲一个怎样的故事，这个故事想要传达怎样的主题。建议你在真正动笔写台词之前，先准备一份剧情提纲，这有利于你审视剧情是否围绕着目标进行。提纲修改起来要比台本要简单得多，你可以很快地定位到问题，并减轻沉没成本的包袱。

（2）玩家的目标。在游戏剧情中，玩家的行动往往以任务串联，玩家需要很强的目标感，来时刻提醒他们接下来要做的事。如果他们丧失了目标，也就距离流失不远了。在剧情中的任何一个节点，你的玩家都应该能准确地说出**“我是谁，我在哪，我在干什么，我为什么要干这件事。”**

例如在 *Fate/Grand Order* 里，一开始就告知了玩家“修复特异点”的使命，虽然每个章节都是一个独立的单元剧，但你的目标始终是一致的；在《逆转裁判》系列里，你的目标就是为委托人打赢官司，为此你需要搜集到足够多的证据；玩《塞尔达传说：荒野之息》的时候，你只要随便在地图上跑几步就会被各种东西吸引注意力，或许正因为此，它的主线剧情特别简单粗暴，你的任务就是击败加农解救公主；在《荒野大镖客 2》里，你可能要去劫火车，抢银行，在小岛上艰难求生，但角色们最底层的目标，就是拿到足够的钱，到没有警察追捕的地方展开新的生活。

RPG 类游戏由于剧情长、内容多，特别容易出现玩家目标缺失的现象。我至今还能记得自己玩 *Tales of Vesperia*（宵星传说）时的崩溃心情，虽然整体来说这是一部角色塑造相当不错的作品，但故事开始时角色并没有明确的目标，前期有好几章结尾都是主角们讨论“接下来去干什么”，让我对后续的展开一片迷茫。与之相比，《空之轨迹 FC》虽然也是前期剧情稍显松散，但好歹主角们的目标就是环游国家一圈（还告诉了你整个国家有多少个区域，让你能够对整体剧情进度有把握），在单元剧当中对主线的插入也算优秀。

在网游剧情中，策划们为了凑出足够的长度，经常会有意让玩家绕一些弯路：修桥、采药、杀怪、买素材……这一系列单纯为了延长流程的“注水”内容，有一个通俗形象的名称，叫做：尝百草，杀全家。并不是说在剧情中你不能让玩家绕个远，但你要特别注意，不要让你的角色目标不停转换，例如：

我需要到桥的对岸去，但桥坏了，我必须先把桥修好；

为了把桥修好，我去找木匠帮忙，但木匠说他的斧子坏了；

为了把斧子修好，我去找铁匠帮忙，但铁匠说，他的炉子没有燃料了；

为了搞到足够的燃料，我到矿山去碰碰运气，但矿山工人们无法采矿，因为矿洞里有一只怪物。

为了让工人们能够正常采矿，我要干掉这只怪物……

当你的玩家干掉这只该死的怪物，他早就忘了自己最开始的目的！这种任务目标层层嵌套的模式很容易让玩家失去兴趣。

策划小贴士 | 从电影剧本学习关注目标

好莱坞电影能够帮助你学习这一基本的编剧技能，因为成功的商业片都遵循浅显易懂的法则。例如 007、碟中谍系列，从主角接受任务开始，到完成任务结束，角色的目的始终如一，并在过程中被多次提及。这类电影中角色完成任务的过程与游戏流程也非常相似。

有时候，你的主角可能会根据个人的成长需求改变最终目标，但数量不会超过一次。例如《奇异博士》里，斯特兰奇博士一开始只想治好双手，但治好双手后，他的目标变成了保护世界；《无敌破坏王 2》的主角目标是得到一个方向盘，但中途他们不得不对抗可能会毁灭一切的蠕虫病毒。

你可以试着把类似的电影的提纲都列下来，看看角色们在故事中的目标是什么，不同阶段都具体完成了哪些事，事情与事情之间是用怎样的逻辑串联起来的。

3.4.2 变化

“小明是一位平凡的初中二年级的学生。今天，小明早上七点起床去上学，晚上六点放学回了家。写完作业之后，小明十一点上床睡觉了。”

没有人会认为上面这段话是一个故事。这一刻你读完了它，内心一片平静，正像我写出它的时候一样。这段文字的主人公，在一天时间内经历了种种不同的事，但这些事对于读者来说，都是正常的发展——而谁要浪费时间看自己已经知道的事？！

戏剧性来源于变化。故事开始于打破常规的一刻。

“小明是一位平凡的初中二年级的学生。今天，小明本应该七点起床去上学，可醒来的时候却发现，闹钟停了。”

你估计和我一样有睡过头的经历，而当你回想起被班主任老师支配的恐惧，估计此时已经开始想象小明悲惨的一天了。虽然对于一个平凡的初中生来说，迟到并不算一件大事，可至少他风平浪静的小日子里出现了一点波澜。

因为变化的产生，你对小明接下来可能遇到的事情产生了一丝兴趣，但依旧非常寡淡。如何让变化来得更加有趣？下面我们可以分别见识一下几种常见的手段，并来剖析一下为什么。

/ 手段 1：把事情搞大

“小明是一位平凡的初中二年级的学生。今天，小明本应该七点起床去上学，可醒来的时候却发现，闹钟停了。但这一天正好是期末考试的日子。”

你的读者们已经经历了众多剧情类作品的洗礼，大家兴奋的阈值越来越高，如果麻烦只停留在被老师训一顿的程度，是不会满足的，你要努力让读者感觉到的刺激强一些。这也就是为什么很多游戏和文学作品一上来就出现了诸如“出门车祸”“灭门惨案”“天降巨锅”等桥段。对于死亡的终极恐惧、仇恨、社会关系的破碎等，是每个人都可能经受的巨大威胁，这些事对于人的精神冲击是持续存在的。

/ 手段 2：超常性的变化

“小明是一位平凡的初中二年级的学生。今天，小明早上七点起床去上学，可到了学校却发现那里变成了一片废墟。”

与迟到或错过考试比起来，学校变成废墟似乎会显得更加有趣，因为这件事是任何人都始料未及的，你无法猜到接下来会有什么样的发展。意想不到的神展开为故事带来了新的可能性，读者的好奇心也被调动了起来。

/ 手段 3：变化与角色命运密切相关

“小明是一位平凡的初中二年级的学生。今天，小明早上七点起床去上学，可当他来到学校门口的时候，却发现了一个跟他长得一模一样的人。”

如果我们类比“学校变成废墟”和“发现一个与自己长相相同的人”就会发现，后者更让人感到紧张。同样是超乎常理的变化，目前你并没有感觉到“学校变成废墟”和自身有什么关系；但出现了“一个和自己长相相同的人”，就没有人会觉得这件事与自己无关了。在剧情中发生的变化，如果与主角本人息息相关，会极大地增加剧情的紧张程度。

/ 手段 4：压力

“小明是一位平凡的初中二年级的学生。今天，小明本应该七点起床去上学，可醒来的时候却发现，闹钟停了。但这一天正好是期末考试的日子。现在，他只有 10 分钟时间赶去学校。”

每当你看到电影或电视剧里的拆弹剧情，或者是坏人快要进入房间可主角还不知道要如何躲藏时，即使你知道最后总能化险为夷，可还是忍不住感到心跳加速。当人们面临着两种显而易见的可能性，而它们之间存在巨大的落差时，就会感受到这种压力。在这种时候，我们还往往会为它加上一个时间限制，来迫使你一定要做出行动，而不是站在分岔口的中央。

3.4.3 伏笔与转折

你的故事一开始就吸引了读者的注意，这是一件好事，而要长期地吊住他们的胃口，就要靠伏笔与转折的配合运用了。我们可以把这两部分看作解谜游戏，伏笔的存在是为了收集线索，转折则是验证猜想。

侦探小说里的凶手不能是从未出现过的人，否则调查中的怀疑和猜测就都没有了意义；动画《高达：铁血的奥尔芬斯》临近结尾，主角奥尔加在剧情毫无铺垫的情况下突然被暗杀，这样发便当的方式让观者完全无法接受；而即使是用剧情收获口碑的《底特律：变人》，玩家们也同样对康纳在马库斯的一顿嘴炮下成为 deviant 的那场戏极为不满；《海猫鸣泣之时》的最终章几乎让我的每个朋友都掀桌了……你的读者可能会猜中你的想法，这并不是一件坏事；但故意打读者们的脸，这就是你的不对了。

剧情的“转”，应该是故事在内在力量作用下，由量变发生质变的过程，而不应是作者到了最后关头，依靠随便施加的外力促成的结果。为了让你的剧情转折自然，你需要在前期就不断地铺设伏笔。

“我打完这场仗就回老家结婚！”“爸爸，今天下班一定要早点回来啊。”“你们先走，我随后就跟上！”都是让人听了就头皮发麻的 flag 名言。但很多时候，受众对于你的铺垫其实并不如你想象敏感。因此，**你的伏笔需要有足够的分量，逐段多次地提示他们，坐实他们的预感。**

在美剧 *The Crown* 中，第一场戏就是早晨起床的乔治六世的猛烈咳嗽，阴暗的画面，面盆里的血迹斑斑，演员面部表现出的忧虑和茫然，都让人产生不好的预感。而剧情在几分钟后，又通过乔治六世和侍从们的对话再次提起咳血的细节，“您应该只是天气变凉受了风寒”，立下了妥妥的 flag。

《异形：契约》中，观众并没有看到相貌相同的大卫和沃尔特战斗的结果。回到飞船的那个穿着沃尔特衣服的仿生人，究竟是一心保护人类的沃尔特，还是疯狂的、想要传播异形的大卫？导演故意给了角色许多特写的镜头，角色脸上捉摸不透的表情，把怀疑的种子种在了每个观众的心中。直到电影的最后两分钟，真相才被揭晓，观众们早已在之前的过程中积累了足够的怀疑，大卫的跳反让所有人的期待得到了充分的满足。

《我不是药神》是一部无论结构和人物刻画都非常科班出身、稳中求胜的作品。电影中几乎所有的前置剧情，都成为了后续剧情的燃料，没有任何冗余，伏笔的结果再次为后续剧情成为伏笔。

程勇在患者吕受益的唆使下开始药品走私，但在认识了身份各异却同样受到病痛折磨的患者后，程勇对他们产生了同情，角色萌生了正义感，走私成为了半谋财半救人的性质。程勇的同情心与正义感，致使他在得知张长林售卖假药谋财害命后，对张长林大打出手。张长林也因此得知了程勇就是真药的走私者，以告发为要挟，要求程勇将药品的“走私权”交给自己，程勇畏惧惹上麻烦，答应了张长林的请求。而实现程勇真正成为“药神”的助燃剂，是吕受益的命运，全篇大概一共有如下这些铺垫：

（1）在有了程勇带回来的药后，吕受益告诉程勇，自己想过死，但现在有了活下去的勇气；

（2）吕受益当了爸爸，这是他之前从未奢求过的事情；

（3）吕受益和妻子请程勇到家里吃饭，感谢程勇救了他们一家三口；

（4）由于程勇退出药品走私，吕受益无法继续服药，病情恶化；

（5）吕受益的妻子请求程勇救救他们；

（6）吕受益不堪病痛折磨自杀。

在看到第三条那一幕时，敏锐的观众就已经能够从中嗅到悲剧的味道，而角色提到的“自杀”成为了他的谢幕方式，也正实现了圆满的戏剧性。吕受益的死，使得原本决心洗手不干的程勇受到极大的撼动，他倾尽家产，开始为病人免费提供药品。

想要熟练地运用伏笔和转折，需要经过长时间的磨炼。一位同事传授给我了一个简单粗暴的办法，或许可以给你们一些启发：当你想要在剧情中实现转折时，之前至少要让明显的伏笔出现三次。把故事开始到转折到来的剧情拆分为四段，在每 1/4 篇幅里，你都要设置一次伏笔。虽然这个方法可能会让你的故事显得有些机械，但如果你是一个剧情新手，不妨先将它牢记于心。

3.5 角色塑造

剧情的一大作用是塑造角色，如果玩家能够记住你的角色，他们就能记住你的游戏。况且还有那么多游戏就是为了“贩卖人设”，如果角色不够出彩，玩家又怎么肯买单呢？

不同的受众群体在评判喜爱的角色时，标准也并不相同。MMORPG 的剧情用户更注重一个角色的“过往”，角色们曾经的经历、性格的成因、人际关系都是用户津津乐道的内容，角色的个性更多是他们成长的印证，说起这些游戏中的剧情，大家往往会想到“狗血悲虐”四个字，角色们充满戏剧性的经历给玩家留下了深刻的印象，成就了他们饱满的现在；二次元用户是重标签化的群体，角色的性格经过夸张的演绎，成为一个个鲜明的“萌属性”，用户并不太关注这些属性的成因，但看这些性格各异的角色如何与自己交互，如何在剧情中彰显魅力就相当有趣了。

我们可以从下面几个方面来探讨如何创造一个令人喜欢的角色。

你可以简单认为价值观标签就是龙与地下城的阵营九宫格，同样性格的人如果立场不同，做事会不一样，而立场相同性格不同的人，也会有很大差异。加上角色们所处的世界观不同，角色们的经历不同，在这些因素的共同作用下，他们各自的特点会变得更加鲜明。

你可以试着玩这样的游戏：对你的角色们说同样的话，在脑海中揣测他们会有怎样的反应，如果你能够轻松说出他们不同的表现，这说明他们的特征足够明显，而身为作者的你也已经足够了解他们了。在剧情中，你要有意识时刻对照标签，判断自己有没有把角色写得 OOC（out of character）了，因为不仅仅是剧情创作的新手，老手们也经常一不小心就把大家的台词都写成一个味道。

3.5.1 标签

在这个快节奏的时代，你不能指望玩家会听你讲两小时一个看似普通的角色到底有多么丰富的内心，如果他们一开始没有对角色感兴趣，你的表演就到此为止了。你的角色必须一开始就有能够吸引他们的地方，标签化就是一个很好的方法。

标签总结了每个角色身上最容易被人记住的部分，你可以迅速地在玩家心里建立起对角色的第一印象。比如动画《青春猪头少年不会梦到兔女郎学姐》，女主角一上来就是“兔女郎”这种吸引人眼球的标签，虽然学姐好像就只有跟主角相遇那一次是真正的兔女郎模式出镜，但已经足够给人留下深刻的印象了。

除了外观上的标签，剧情中你还需要角色的性格标签和价值观标签。简单的性格标签，诸如“开朗外向”“内向寡言”等，会直接影响角色的台词风格。二次元作品和流行作品也经过长期的积累，形成了一系列更能吸引用户的性格标签，例如“傲娇”“三无”“斯文败类”等，这些标签指代的气质就要复杂有趣得多了。

3.5.2 深度

作品里的配角们，只要有标签让玩家记住他们就足够了，但对于你要深入刻画的核心角色来说，你要用更多的笔墨去深挖他们超越标签的部分。角色们真实的性格要比一开始你所接触到的更复杂。一个狡诈小气的人，可能在大是大非的选择面前，有着强烈的正义感，令人肃然起敬；严厉刻薄的师父，可能只是不善于表达自己的温柔，却会在徒弟受伤时徒步几十里山路采药。

角色的性格与价值观可能有复杂的成因，探讨角色变化的历程，让许多作者和读者乐此不疲（对于笔者来说，这简直是世界上最有趣的事情没有之一了！）。

尤其在游戏中，反派作为已经成长完毕的角色，往往代表一类独特的价值观。我们常说 Boss 的逼格决定了作品的逼格，如果你的反派只是个脑残杀人狂，相信很多玩家到最后都会觉得自己浪费了时间。而如果反派的经历和他们的理念形成是无法摆脱的“宿命”，他们是在挣扎中选择了属于自己的邪道，你就会对他们产生同情，也感觉他们并不像想象中那么面目可憎了。

阿尔萨斯是如何落下英雄的神坛？复联 3 里为什么要专门有一场灭霸将养女推下悬崖的戏？我现在还记得非常清楚，在《空之轨迹 FC》里，剑帝对女王说“您没有怜悯我的资格”，一句话里包含了多少信息量，而且逼格简直刷得飞起！在我入职的时候，体验作业是端游版的《天下 3》（见图 3-14），剧情中对玉玑子的刻画也给我留下了非常深刻的印象。在看似光鲜的世界里，名门正派却正是藏污纳垢之处，而玉玑子从小就经历了种种磨难，看透了这一切丑恶与虚伪。他人生中最重要的两个人，恰恰都是他没有能力保护的，因此他决定攀上这个世界的顶峰，来推翻世界的秩序，哪怕这一过程将会带来无数牺牲。

图 3-14 网易游戏《天下 3》

即使是在现在去反观，这样饱满的反派也是不多见的。尤其是当你回忆他的人生历程，如果将自己放在同样的位置，也不一定能比对方做得更好。当你的作品从单纯的“扫黑除恶”，上升到了主角价值观与反派价值观的对抗时，作品的深度自然就提升了。

3.5.3 成长

反派的成长是你要挖的“黑历史”，主角的成长则是你要达成的目标，赞颂的对象，也往往是与反派的对照。如果你的作品是以塑造人物为核心的，塑造角色成长就是你的必修课。

首先你要记住，在游戏中，你所扮演的那个人不一定是真正的主角，谁是在故事的过程中发生转变并起到决定性作用的人，谁就是真正的主角。角色的成长也并不一定都是大彻大悟、天翻地覆，哪怕是明白了一个简单的道理，都可以作为一种成长。为了让角色能够有所蜕变，你将要为他们设置不少难关，当他们跨越了过去无法跨越的障碍时，角色就得到了成长。在你努力让他们解决问题时，角色的形象被树立了起来，你的剧情走向也有了明确的方向。

在超级英雄电影和迪士尼电影里（这些电影都非常主旋律），你都能很清晰地感觉到角色的变化，不妨看看这些编剧们是怎么做的。

3.5.4 情感引导

玩家从接触角色到爱上他们，就像我们在现实生活中认识一个新朋友或结识伴侣一样。图 3-15 中列出了玩家对角色情感的五个变化阶段。

吸引关注	尝试接触	深入交流	长期交互	极端事件
心动	友好	信任	可以表白了	升华
角色出场	初步交互	展开心扉	继续交互	点爆情感

图 3-15 玩家对角色情感的五个变化阶段

/ 第一阶段

在这个阶段，角色鲜明的标签、不同凡响的出场方式显得尤为重要。比如《魔道祖师》小说开篇一上来主角就死了，而且还被定义为十恶不赦的大反派，死得大快人心。到底主角都干了什么丧心病狂的事情，弄到人人喊打？这种不按常理出牌的开篇极大地调动了读者对角色的兴趣。

/ 第二阶段

在这个阶段，玩家会和角色一起经历一些事情，就像你跟一个新朋友去吃饭看电影，大家总要一起做一些事情，才能更加深入地了解对方。虽然现在角色展现的还大多是标签性格，但往往已经能从中看出一些角色深层性格的端倪。

/ 第三阶段

角色在玩家面前展露出了不一样的一面，性格变得更饱满了。而如果这一幕恰巧是你们两个人一起经历的，你就会像是知道了他的小秘密一样心动不已。一起共享秘密的感觉，就像是你抓住了对方的软肋，你感觉与角色的关系程度超出了其他人。

/ 第四阶段

在这个阶段，玩家会变得想要更多地看到角色，想要了解对方更多的事情。应该说，从这里开始，玩家已经真正爱上了角色。

/ 第五阶段

到了这个阶段，你几乎可以把玩家的小心脏玩弄于股掌之上了。角色的最终命运究竟会如何，他会平安无事还是被你发便当？但要注意，你的抉择应该是尊重角色、尊重玩家、尊重情节走向的，故事的结局是角色性格与时局互相作用的必然，在故事中，你只是一个记录者。

3.6 实用创作方法

这一节会总结一些创作中的小经验，希望能够帮到大家。

3.6.1 控制信息量，同一时间只关注一件事

玩家玩游戏是来放松的，他们希望在愉快的心情中体验故事，你要尽量让故事对于玩家来说是简单的，防止他们一不小心没看懂而失去兴趣。不要一次性告诉玩家太多东西，如果有很多信息都需要传达给他们，尽量按照认知的顺序慢慢来。

3.6.2 删掉冗余信息，别丢伏笔

如果一些信息对于剧情的推进没有帮助，就果断地删掉他们，否则他们就会影响玩家的判断，他们可能会把仅有的一点注意力放在了别的东西上，而你真正想让他们关注的内容，他们一点都没得到。所有看起来像伏笔的东西，一定要准确回收！最好能在纸上列出来你有多少伏笔，都在哪里回收了，便于你审查有没有丢东西，伏笔回收的位置是否合理。如果你收伏笔的时候还同时发生了别的一大堆事，信息量就爆了。

3.6.3 多角度叙事

在揭开背景的谜团时，一不小心就会变成一个角色滔滔不绝说 20 分钟的情况。这个时候，你真是太想把这些重要的事情告诉玩家了，但却忽略了他们的感受。你可以尝试让不同人、用不同的形式、拆开时间点，来把事情告诉玩家，减少枯燥感。

3.6.4 他们都知道什么

你的故事可能会涉及到一些阴谋，角色们各有立场，各自知道一些事。有些故事里，玩家能够用上帝视角看到各个阵营的行动，但角色们不能！你一定要把角色们知道的关键信息都列出来，因为想掌控复杂的架构和关系网真的太难了，很容易写糊涂。

3.6.5 主动性

审视一下你的剧情，不要让反派帮你把所有事情都做了。反派们应该是剧情中主动性第二强的团体，主角们才是主动性最强的。反派可以为主角设置障碍，但主角们一定要在这个对抗过程中得到成果，并主动到达对决战场。如果你的主角一事无成，还是 boss 主动跳到面前求蹂躏，真的是……挺提不起劲的。

策划小贴士 | 如何提升故事性要素的创作能力

此前的剧情设计课程中，常常有同学提出这一类问题：我该如何讲一个有趣的故事？为什么我的脑中并没有那么多有趣的情节？明明我已经按照老师说的做了，为什么还是写不出动人心弦的剧情？

其实，这些问题本质上就是一个：如何提升故事性要素的创作能力？

这个问题的答案并不复杂，无非“多积累”“多练习”“保持创作欲”三个要点。

“多积累”意味着多打游戏，多阅读，多观影，意味着对经典元素的深入了解，对流行趋势的准确把握。而最重要的，则是对某一领域的深耕，及吸纳内容后的思考。只有做好积累，在创作时我们才能做到“家中有粮，心里不慌”，而不是“巧妇难为无米之炊”。

故事的创作，本质上是一门技艺。提升技艺的最直接方式，就是“反复的实践”。除了工作上的实践外，我们还需要为自己制定针对性的练习。短则可进行自我命题的情节设计，长则可进行“大部头”的创作实践。当然，与积累一样，实践时不仅要用手，也同样要用脑，这个时候，那些讲方法的专业书籍则开始派上用场。

前两者，是行动上的方法，第三点“保持创作欲”则是心态上的追求。毕竟，创作能力的提升是一个漫长的过程，无法立竿见影，只能以大量的积累和练习作为基础。只有旺盛的表达欲，强烈的“爱”，才足以支持我们“以我手写我心”。

04 玩法设计
Gameplay Design

4.1 玩法设计概述

Gameplay 一词有很多种含义，其中最重要的一个含义就是指“玩法”。玩法是构成一款游戏的核心要素，这也是游戏这一载体区别于传统的小说、绘画、戏剧、电影等载体的主要原因。玩法不但决定了玩家怎么“玩”这部游戏，定义了玩家和环境以及其他玩家在游戏中有哪些可互动的内容，同时玩法还与世界观的设计相互影响，进而影响游戏中对故事的表达和情感的传达，乃至影响到玩家在游戏中的目的。

比如在典型的棋类游戏中，玩家们通过自己的计算和策略，演绎出一场场惊心动魄的大战，并且在一局局的对弈中不断提升自己的技艺。而在桌面游戏中，玩家们往往通过角色扮演，来经历一场声情并茂、充满想象力而又惊险刺激的冒险，等等。而在电子游戏中，玩法的可能性被进一步扩展，光从玩法涉及的元素，我们就有一大把的专业词汇，比如：即时的 & 回合的、合作的 & 竞争的、零和的博弈 & 非零和的博弈、确定的 & 随机的、低自由度的 & 高自由度的、内容导向的 & 规则导向的、深度养成的 & 横向收集的、动作的、射击的、模拟、建筑的、经营的、策略的、生存的、音乐的、体育的，等等。

而每个可能的元素下，往往包含更多细节的、具体的和非常丰富的可能性。比如拿自由度来举例，既可以有《我的世界》这种一砖一瓦皆由玩家来创造的玩法（据说有的玩家可以利用其中简单的二元机制搭建一台简单的计算机出来，甚至有玩家说可以进一步的，让玩家在搭建出来的这个计算机中玩我的世界～）、又有《方舟：生存进化》《流放者柯南》等带有较强生存经营元素和冒险元素的玩法，游戏提供了广阔的空间供玩家探索，玩家可以使用各种模块搭建自己心仪的建筑，在方舟中驯养恐龙，或者在柯南的世界中抓捕奴隶来为自己工作，等等。此外还有《GTA5》《巫师 3》《塞尔达：荒野之息》《刺客信条：奥德赛》《荒野大镖客 2》等经典大作，他们在自由度上可能无法比肩上述作品，但是它们往往在其他的方面更为突出和具有竞争力。比如在《巫师 3》中关于道德选择的自由度为人津津乐道，而《荒野之息》中那贴近生活而又有趣的物理规则和化学规则，解决迷宫难题的多样性，让玩家们沉迷其中不能自已。抑或者在《奥德赛》中，你可以非常自由的选择如何进行你的冒险旅程，是帮助雅典还是帮助斯巴达？你可以自由选择削弱一个城邦的方式，例如杀掉守城的士兵、破坏城市补给、偷取城邦的宝藏等，甚至可以选择直接去偷袭他们的将领，将该城市拖入脆弱状态，然后这个城邦可能会在晚些时候遭到敌对阵营的进攻。

而这只是游戏中的部分方式，实际的可能性和丰富度远远超过上述文字能表达的范围。如果我们要针对其中一个元素进行深入的分析和讨论的话，那可能就需要单独列出一个章来了。

实际上，这些可能的元素不但内涵极其丰富，甚至不同的元素之间还可能发生非常多的奇妙的关联，从而创造出更为独特的游戏类型。比如最近火爆的“战术竞技”类游戏，将射击元素、多人竞技生存元素和 Roguelike 的部分元素巧妙地融合在了一起，成功的还原了战术竞技式的体验，取得了巨大的成功。再比如本人最喜爱的《骑马与砍杀》，作为一款小众游戏该产品能够持续十几年获得用户的认可，也正是因为它巧妙地将 RPG 元素和 SLG 元素高度地融合在了一起，你扮演一个在中世纪大陆中游荡的冒险者，你可以定义自己的游戏目标，比如成为一个著名的商人，成为一位国王的封臣或者女婿，成为著名的英雄或者打家劫舍的强盗，甚至立志建立自己的国家继而统一卡拉迪亚大陆，总之在你有了目标后你就可以通过大量的冒险和策略去追求你的理想。相比《全面战争》系列，它有更丰富和高自由度的角色扮演部分，而相比其他角色扮演游戏，它又具有类似《全面战争》系列的策略沙盘元素和战役元素。正是这种奇妙的联合所创作的富有独特魅力的玩法，牢牢地把我吸引在了这片神奇的大陆上。

因此，由于玩法设计所涉及到的元素种类非常丰富，以及不同元素之间的结合可能产生出更具创意的玩法，导致没有人能够给玩法的设计下一个确切的边界。这一边界在游戏从业者和玩家们的共同努力下不断扩展，因此上面这个清单会不断地更新，永远具有无限的可能性。这也正是游戏设计师这一职业如此富有魅力的主要原因之一，想到你的设计永远具有无限的可能性，永不枯竭，这实在是一件值得兴奋和庆祝的事情。不过这也要求一个游戏设计师，要永远怀揣一颗年轻开放的心，以动态和辩证的视角看待玩法设计，积极拥抱新鲜事物。

兴奋之后，我们需要冷静一下。我们要意识到有的游戏很好玩，让人痴迷，有的却无人问津。有的游戏产品获得了巨大的成功，而有的产品却遭遇滑铁卢。在这其中，游戏玩法设计的优劣往往起到了至关重要的作用。

比如在 IGN（Imagine Games Network）评分体系中，包含了表现力、画面、音效、玩法、吸引力等要素。图 4-1 为知名游戏《黑暗之魂》的 IGN 评分，该游戏在玩法设计上获得了 10 分的评价。而黑魂系列也正是因为其独特而优秀的玩法设计和极强的代入感（得益于其优秀的世界观设计，以及其中满溢出来的浓烈的哥特风格和克鲁苏元素），让无数玩家为之痴迷，包括作者本人也曾为了通关奋斗过数个昼夜。

IGN RATINGS FOR DARK SOULS (PREPARE TO DIE EDITION) (PC)

Rating	Description
out of 10	Click here for ratings guide
9	**Presentation** Minimalist design conceals a well of creativity. Behind every closed door are talented writers, voice actors and artists to bringing their imaginations to bear.
8	**Graphics** At the PC's higher resolutions, Dark Souls has plenty of jaw-dropping vistas. Mostly, though, you'll be ogling the art direction.
8	**Sound** Dark Souls' audio works smarter, not harder. Creature groans and ambient SFX are all slightly skewed and unsettling, and you live in fear of the music kicking in.
10	**Gameplay** An expedition into the heart of darkness that teaches tactics, practicality and forward-planning, but most hearteningly, teaches at all.
9	**Lasting Appeal** In just the game itself and bonus content, you're looking at 50 hours. Want to get every weapon, or become an online champion? Double that.

图 4-1 FROM SOFTWARE 开发的《黑暗之魂》的 IGN 评分

成功的游戏往往是千差万别的，而不成功的游戏往往都有一个相似的特质：不好玩！比如我们常常从玩家口中听到的评价：很无聊，没有新意，千篇一律，战斗体验糟糕，关卡非常无聊，玩得想睡觉，太复杂，太肝，玩不懂，玩不动，满级后目标不明确，每天搬砖……。其实这些都是玩家在针对这款游戏的玩法发表自己的意见和不满。尤其是在网络游戏的情况中，上述情况可能就是游戏设计师的日常了。因为网络游戏和单机游戏相比，由于其商业模式的差异，需要玩家在游戏中停留更长的时间，而且往往还需要把玩家当作一个群体来考虑，而不是只考虑个体的情况。这一区别导致了在设计一款网络游戏时，对玩法设计的思考，要面临比设计一款单机性质的游戏时更加复杂的情况。

因此在本章节的后续部分中，我们主要基于网络游戏这一前提，针对玩法设计中常用的方式和方法进行总结和分享。在 4.2 节中主要探讨玩法的核心机制，在 4.3 节中对设计玩法的主要方式方法进行总结，在 4.4 节中我们会抛砖引玉，提出一些玩法设计理念层面的内容，供读者共同思考和探讨。

4.2 核心玩法机制

由于能力和经验有限，而玩法本身种类繁复，基本约等于有无限种的可能性，并且涉及 Gameplay 这一话题在游戏行业内本身就存在极大争议，因此我们希望能在本书中尽自己所能地透过现象，从更多的角度去探讨一个玩法之所以“好玩”“有吸引力”“耐玩”等的本质，做一家抛砖引玉之言。

我们初步将一个玩法分为三个构成要素，即：规则、内容和反馈。接下来我们通过三个例子来对这三个构成要素进行必要的讨论和分析。

4.2.1 规则

《贪吃蛇》是为大众所熟知的一款经典游戏作品。虽然《贪吃蛇》有多个版本，我们采取一种比较为多数人熟知的版本，对《贪吃蛇》这一游戏做如下的定义：玩家扮演一条“蛇”，并且可以左右控制蛇的方向，蛇会自动前进，寻找吃的东西（在场景中随机刷出）；一般情况下每吃一口就能得到一定的积分，而且蛇的身子会越吃越长，身子越长游戏的难度就越高，同时游戏中要求蛇不能碰墙，也不能咬到自己的身体，更不能咬自己的尾巴；达到了一定的分数，就能过关，然后继续玩下一关。我们通过图 4-2 的脑图对《贪吃蛇》进行了进一步的分析。

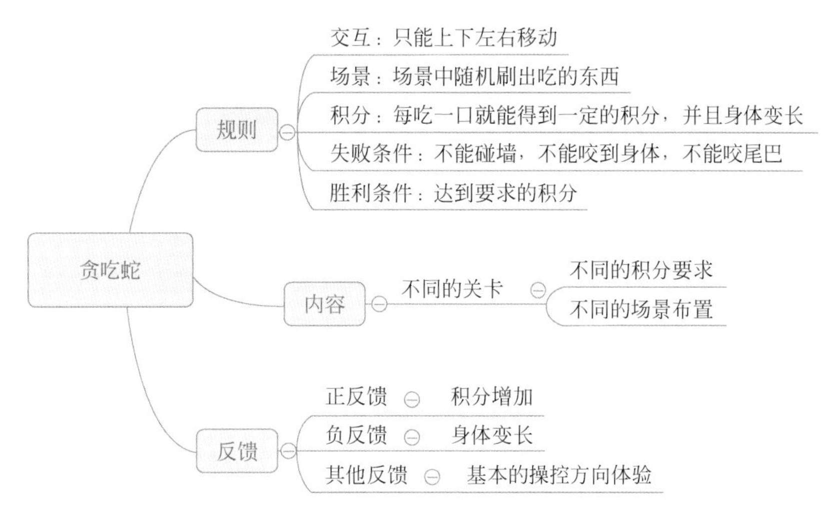

图 4-2 《贪吃蛇》分析

从这一简单的例子中，我们可以清晰地看到，一个玩法的构成要素中，规则的设计往往起到至关重要的作用，规则确定了一个玩法该怎样玩，以及该玩法基本的可玩性和耐玩性以及进一步的发展空间。

而设计规则的能力，往往需要一名游戏设计师在各类游戏中浸淫多年，才能有所收获。这源于规则设计往往要求设计师要考虑到方方面面，在保证玩法的基本可玩性时，还需要考虑到玩法的**平衡性**、**趣味性**，要尽量**让玩家在玩法中的选择和付出具有“价值”**。有时候多一条或少一条看似无关紧要的规则，都可能导致游戏丧失平衡性、趣味性，亦或是让玩家无法感知到有效的反馈。而如果底层架构十分结实，你在里面各种折腾依然能获得不错的体验。

鉴于规则设计本身的玄妙之处，我们不准备对“如何设计规则”这一话题进行探讨，因为自身规则设计能力的训练，往往是一个靠不断的实践和思考来获得的过程。在此我们主要分享一些规则设计中的小窍门。

首先，最重要的窍门之一就是进行推演。当你脑海中有一个基本的概念后，或者你的规则框架具有一定的规模时，都可以使用此方法对设计思路进行验证。比如你可以利用纸上推演或者沙盘推演的方式，详细地推演出一场战斗的具体展开情况；也可以将规则演绎为一款简单的桌游，临时召集几位策划帮忙一起进行验证；当然如果条件允许，也可以使用简单的编程软件进行计算机推演，在这一过程中主要关注规则的部分，而对缺少的美术资源和内容都需要靠设计师的脑补，因此这其实也是锻炼大家想象力的极佳机会。

第二个窍门就是善用 Demo 思想。Demo 不但在一个项目的前期至关重要，其实在任何的玩法设计中同样可以采用该思想。

所谓 Demo 思想，本质上是将干扰项控制在尽可能少的情况下，在游戏中对设计进行初步的实现，并且结合体验来进行验证，从而分析和总结设计中的问题。这一方法相比推演具有高一些的成本，但是往往验证的效果更为理想。而且如果验证通过，则可以从 Demo 研发顺利过渡到正式的开发阶段。实际上在具体开发中，我们往往会先后使用上述两个方法，在基本的推演成立后，会接着进行 Demo 的开发。在 Demo 研发中，会针对设计中遇到的问题进行不断的设计优化，直至玩法的规则设计达到较高的质量水准，通过 Demo 验证，才能继续进行后续的开发。上述过程可以概况为如图 4-3 所示的一个迭代研发的流程：

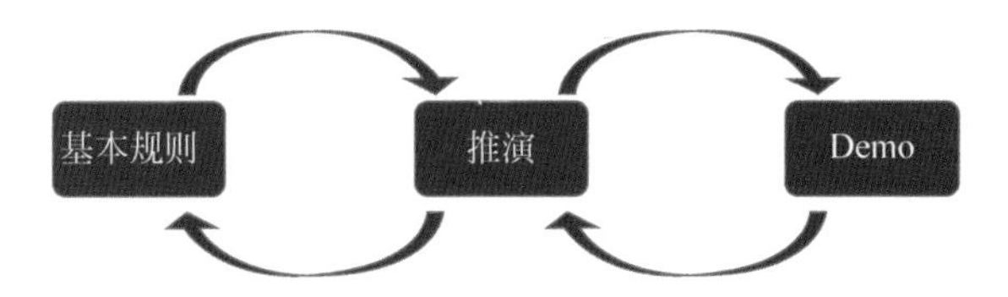

图 4-3　迭代研发流程

第三个窍门是在规则设计中遵循极简原则（奥卡姆剃刀原则），内心要默念：“好的玩法在规则上一定是美的，而美的东西一定是极简的”。因此在初版的玩法规则设计后，建议利用脑图、流程图等工具，将规则拆分为更细节的部分，发现其中过于繁复而无必要的设计，以及冗余的和重复的设计，将其进行简化甚至合并、剔除等。因为一个没有经过二次加工的玩法规则，不但在后续的开发中需要程序人员花费更多的时间理解，而最终的实现效果可能并不理想。而且该玩法呈现给玩家时，往往会发现由于规则过于复杂，出现大量玩家玩不懂的情况。

“奥卡姆剃刀定律”（Occam's Razor，Ockham's Razor）又称“奥康的剃刀”，它是由 14 世纪英格兰的逻辑学家、圣方济各会修士奥卡姆的威廉（William of Occam，1285—1349 年）提出。这个原理称为“如无必要，勿增实体”，即“简单有效原理”。正如他在《箴言书注》2 卷 15 题说：“切勿浪费较多东西去做，用较少的东西，同样可以做好的事情。”

第四个窍门是在规则设计中（尤其是网络游戏的玩法规则设计）抓住目标用户的需求。因为我们往往同时面对大量的用户，而用户之间往往存在较大的差异。这就要求我们在设计玩法的时候内心一定要牢记目标用户的特质。比如《神都夜行录》作为一款中国古风妖怪题材的收集向游戏（见图 4-4），古风二次元向用户占比较大。我们在实际工作中发现这部分用户普遍比较年轻，善于发表个人的意见，而且对公平性非常在意，因此这就要求我们在玩法设计中一定要特别注意到公平性的问题，在玩法设计上需要尽量控制因为玩家消费能力、时间投入差异等因素引起的过度的差异。

图 4-4　网易游戏《神都夜行录》

当然关于玩法的规则设计还有非常多的内容值得探讨，但由于篇幅有限，关于这部分内容我们会在下节内容中从另一个角度进行一定的讨论，在此不再继续展开。

4.2.2 内容

首先要澄清两个概念：一个是玩法中的内容和规则往往是以一种相互依赖、你中有我我中有你的形式出现的；另一个是这里的内容，并不是狭义的指剧情、主线支线任务、关卡等，而是具有更为广义的含义，比如在 MOBA 游戏中，各个外观、技能和特长迥异的英雄，则同时含有规则的部分和内容的部分，又比如 PUBG 中提供的不同的枪械，每把枪具有不同的参数和射击手感，在面对不同的环境下每把枪能够发挥不同的效果，而且游戏中也在不断地丰富这些枪械，因此枪械也同样具有规则和内容的双重属性。

简而言之，内容的定义与游戏类型有相当的关系。

而在内容的设计和制作方面，与规则设计在思路上有较大差异。在内容制作部分，我们往往倾向于内容对玩家的吸引力、新鲜感。如果读者有过 DND 跑团的经历，应该可以很容易区分一位地下城主是否优秀。因为一位优秀的地下城主，往往能在带给你强烈的代入感的同时，在你意想不到的时候给予你惊喜，一局结束后让你意犹未尽。而一个平淡的地下城主，则会使得整个游戏体验平淡无奇，让人玩得昏昏欲睡。在基本的代入感、沉浸感之余，给玩家创造惊喜的能力，在玩法的内容设计中起到了至关重要的作用。

而讲到惊喜，则不得不提游戏彩蛋的存在。彩蛋，是设计师在游戏设计时，为玩家特意留下的一些有趣的内容，只不过这些内容是隐藏在游戏中的，因此通常需要玩家经过一番特定的步骤或者机缘才会被发现。很多经典的游戏之所以到现在还被人经常谈起，彩蛋的设计在其中起到了关键的作用。《头号玩家》作为所有游戏设计师和广大玩家的情怀之作，在影片中埋下了最少 170 多个彩蛋，其中有大量的游戏彩蛋，这让笔者在观看此影片时频频回忆起过往玩过的游戏，内心唏嘘不已！

当然不是说在玩法的内容中加入彩蛋就能创作出高品质的玩法，而是建议设计师应该抱着一种拳拳之心来进行玩法设计，彩蛋是我们在设计玩法内容时的催化剂，它能迅速的使设计得到一种升华。

4.2.3 反馈

“游戏是一系列有趣的选择”——文明系列之父席德梅尔

反馈不只包括游戏的基本操作反应、界面交互反馈等，更多的是指玩家在游戏中的选择，以及选择之后所引发的可以被感知、被体验到的变化和差异。而如果玩家的选择并不能被玩家及时的感知到，那么这个玩法设计无疑是极其失败的。

而反馈的设计，通常是最容易被刚入行的设计师忽略的内容。就作者个人在指导新人 mini 项目的经验而谈，相当一部分体验问题是由于设计师对反馈部分的遗漏或者忽略而引起的。

作者简单地将玩法中惯常涉及到的反馈归纳为图 4-5 所示的几类。

图 4-5　玩法反馈

其中操作反馈指游戏的基本操作，如 RPG 类游戏中对角色的基本操控，对 UI 界面的操控。感官反馈主要指视觉、听觉、触觉的反馈，如战斗体验的呈现主要在这一部分。

数值反馈指各类数量的变化，比如 HP 的变化、玩家移动速度的变化、玩家积分的变化等。这三种反馈我们称为基础反馈。

状态反馈往往出现在一些自由度较高的游戏中，包括玩家自己的状态变化和游戏世界的状态变化。比如在一款生存沙盒游戏中，当玩家达到比较寒冷的雪山时，身体往往会发抖，各项数值也会出现一定的下滑，如负重能力、耐力值下降，移动速度下降等等。这些信息会直观的告诉玩家你正在经历严寒，需要马上取暖。

价值反馈，并非是价值观选择的问题，关于玩家在游戏中的价值观选择是另一个层面的问题。事实上，当玩家在游戏中产生一个目标后（系统指定的或者玩家自发产生的），围绕这个目标的达成，玩家的一系列操作均会有相关的反馈。有的选择或操作让玩家距离自己的目标更近，有的选择或操作让玩家远离自己的目标。而最糟糕的体验是，在一个具体的玩法中，玩家的选择或者操作无法让玩家感知到更接近或者是更远离自己的目标，即该玩法中存在大量的无价值反馈。一旦这种情况出现并且持续下去，玩家就会感觉到游戏越来越不好玩，无聊感最终会迫使玩家流失。

一个经典的例子是在大量的深度养成游戏中，在这类游戏中玩家的核心目标往往是角色的数值养成。而随着游戏进程的深入，玩家提升等量的数值往往需要指数增加的精力投入。在这种情况下，在大量的具体玩法中，玩家的选择和付出不再具有显著的价值，玩家便会明显感觉到玩法的无聊，进而可能导致玩家的流失。因此在玩法中设计良好的价值反馈体验，极大地影响到网络游戏中的玩法寿命，我们往往通过设计游戏的核心循环来解决该问题。而关于价值反馈的更多内容，我们将放在下一节中进行阐述。

4.2.4 200 小时模型

其实关于规则和内容的关系，有游戏界人士提出了一个 200 小时模型（见图 4-6）。

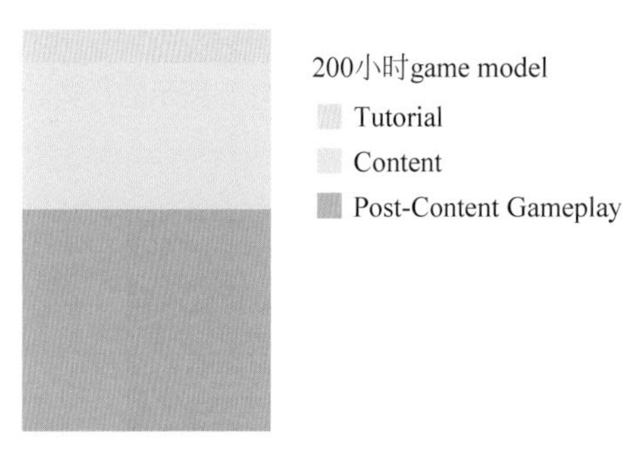

图 4-6 200 小时模型（本图来自引文，出处请看后页脚注）

在该模型中，将一款游戏的核心玩法部分，拆分为如图 4-7 的三个模块：

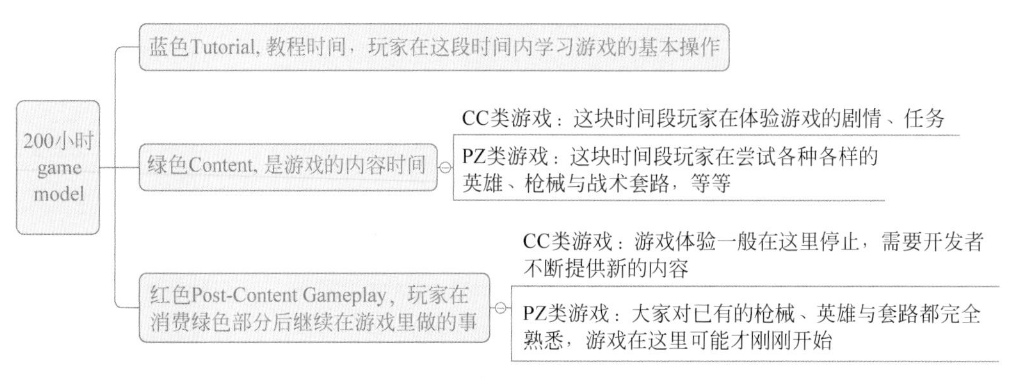

图 4-7 核心玩法三模块

其中 CC 类游戏是内容消费型游戏（Content-consuming Game）的缩写，如《巫师 3》就是典型的内容消耗型游戏，在剧情和成就全部完成后，游戏内基本不再有更多新的可体验的内容。

PZ 类游戏是指正和 / 零和游戏（Positive/Zero Sum Game），玩家在游戏内具有相互的交互与竞争、博弈关系，如《CS:GO》《PUBG》等等均属于这类游戏。

两类游戏基于 200 小时模型的分析比较如图 4-8 所示。

图 4-8　CD Projekt《The Witcher 3: Wild Hunt》、Valve 与 Hidden Path Entertainment《CS:GO》（本图来自引文，出处请看后页脚注）

“2016 年的年度游戏巫师 3：狂猎，是一款典型 RPG 游戏的时间结构。设计的重点放在了绿色的游戏内容中，游戏中的任务分为主线、支线、狩魔、寻宝四大类，还有层出不穷的遭遇型任务和探索元素，以及一个优秀的作中作昆特牌，保持了玩家在消费游戏内容时最需要的新鲜感。当绿色部分的内容消耗殆尽之后，巫师没有为游戏内容以外的部分再做设计，因为作为一款单机游戏，它的使命已经完成。同时我们要知道，绿色的内容时间同时也是最烧钱的部分，巫师 3 本体前后制作耗时三年，预算去到了 8100 万美元——这也是国内单机游戏式微的原因。

作为一款经典的多人竞技游戏，CS:GO 的时间是很严谨的 1：2：3 的结构。首先是蓝色，一个非常短的教学流程，紧接着玩家会在绿色，快速游戏中体验各种枪械的特点，理解更多的操作习惯与战术（甩枪、压枪、急停下蹲，投掷物，RushB），以及一些经济的调控方法（eco 局，手枪局）。在熟悉所有套路之后的红色时间，玩家会进入竞技游戏爬天梯，和与自己实力相近的玩家进行对决。”

以上是引用自原文作者关于两款经典游戏的分析。[1] 一般来说，如果一款游戏的核心玩法是内容消耗向的，则一般需要设计师们能够找到一种性价比较高的不断产出有吸引力的新内容的设计思路，才能让玩法一直被玩家所青睐。如在《神都夜行录》中，我们将每个自然月划分为两个阶段，第一阶段会投放较为大型的活动、新的 SSR 妖灵等，给予玩家更多的内容和体验，并在该类活动中通常会有带有较好体验的高难本供玩家挑战。而在第二个阶段，我们一般会采取一些规模较小的活动，让玩家在休息之余，也能更加自由的分配自己的游戏时间（事实上由于第一阶段的活动吸引力较强，玩家的游戏时间大部分都会投放在活动相关的方面，此时玩家会自动下调不那么紧急的需求的紧迫度），同时也可以为下期活动积攒一定的体力储备。

1　镜泉《为什么我的游戏越来越不好玩了？——关于两类游戏的设计思路和一个三色模型》

而如果一款游戏的核心玩法是以规则为主的正和 / 零和博弈向，则在玩法的后续更新中除了添加必要的内容外，如 PUBG 中不断更新枪械、地图等，还会拿出相当一部分工作量用于对玩法规则的不断优化和丰富，甚至是创造出全新的交互环境等。

4.3 玩法的核心循环

在对玩法的核心机制有了一个基本的了解后，我们应该意识到，绝对不是把以上三种要素放在一起就构成了一个玩法，就更不要期望它是一个好的玩法了。我们希望能够进一步深入探讨玩法的设计问题，即：怎样的玩法才能算是一个“好”的玩法？

4.3.1 基本概念

我们需要对“好”的玩法建立一些基本概念。首先，好的玩法应该具备较高的可玩性，其次，该玩法必须有相当程度的耐玩性。

在现实世界中我们是基于目标——反馈在生活的。目标提供了个人切实去努力的方向，而达成目标后获得的成长感、成就感的反馈又支持我们去追求更高的目标，两者循环往复，提供了强劲的动力。而一个富有吸引力且耐玩性持久的游戏往往也具有同样的原理。

耐玩性，指的是玩家对该玩法的耐性能够持续多久。我们必须承认人性往往是喜新厌旧的，新鲜感可以保持的时间非常短暂，短则几小时，长则几天。这与人类的反馈机制构成有很大的关系。人类能感觉到反馈是因为多巴胺的有效分泌，而重复一件事情，玩家对该事件的敏感度会降低，导致多巴胺分泌快速下降。因此玩家其实内心是不喜欢做重复而没有新鲜感的事情的，任何事情重复次数过多，都会让人觉得厌烦，因此耐玩性越低的玩法，能够坚持玩下来的玩家也会越少。

所以，我们往往希望在玩法设计中，尽可能地提升玩法的可玩性和耐玩性，从而提升游戏本身的竞争力和魅力。那么一个游戏设计师，能用什么方法去提升可玩性和耐玩性呢？我们将用两个小节，分别从玩法的核心循环角度和玩家体验游戏的流程角度两个方面进行分析和讨论。

优秀的游戏通过给玩家提供，或者引导玩家建立一个个目标，并且逐步去实现目标，从而赢得玩家的喜爱。因此玩家建立目标和达到目标的过程，通常是游戏设计师在玩法设计中重点考虑的内容。有经验的设计师往往会从两个方面进行设计，即：

- 对目标进行更为细节地切分，将一个大目标分解为多个小目标或者多个步骤、阶段；
- 在各个小目标间构建出一个核心的体验循环。

4.3.2 例子与设计思路

好的玩法都是存在一个核心循环的。所谓核心循环，意指可以让玩家在游戏中不断重复并逐步前进的过程。比如以经典的手机游戏 *Clash of Clans*（以下简称 COC）举例。在手机游戏刚刚兴起的 2012 年底，COC 凭借其优秀的设计，赢得了大量玩家的喜爱。在 COC 中，玩家可以根据自己的意志自由搭建和升级建筑，制造各种兵种。并且这些建筑还可以根据功能，布置出不同的带有攻防属性的堡垒。而具有各种功能的兵种，则既可以用于攻击其他玩家的堡垒，也可以作为援兵协助防守堡垒。作为攻击方，攻击其他玩家的堡垒成功后可以掠夺到较多的资源，同时会消耗掉派出的士兵。而作为防守方，防守失败则要承担资源被掠夺的后果。同时随着玩家等级和能力的不断提升，玩家可以制作种类更多、等级更高的堡垒和兵种，战斗策略也会更为丰富。

这是一个典型的核心体验循环的例子。为了让读者更清楚的抓住其中的关键点，我们对 COC 的核心玩法循环归纳如图 4-9 所示。

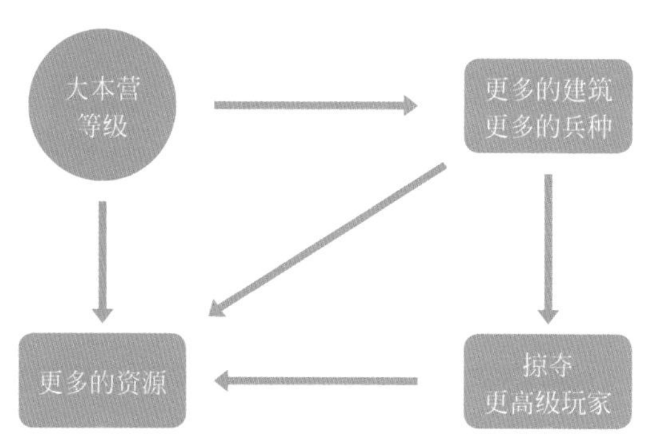

图 4-9　COC 的核心玩法循环

通过上图我们可以发现，在 COC 中，设计师将玩家的目标（更高的大本营等级，意味着更多的资源、更强的战斗力、更高的地位、可以加入更好的部落等），与游戏的核心玩法（升级和制造各类建筑、兵种，防守大本营的同事，掠夺其他玩家的资源）高度地结合在了一起，形成了一个有效的核心玩法循环。而也正是这一巧妙的设计，让 COC 获得了大量的用户，以及很长的游戏寿命，取得了巨大的成功。

为了让读者更准确地领悟到核心玩法循环的设计思路，我们对这一核心的设计思想进行更为细致的分析。一个核心的玩法循环，往往需要有以下几个部分构成（见图 4-10）：

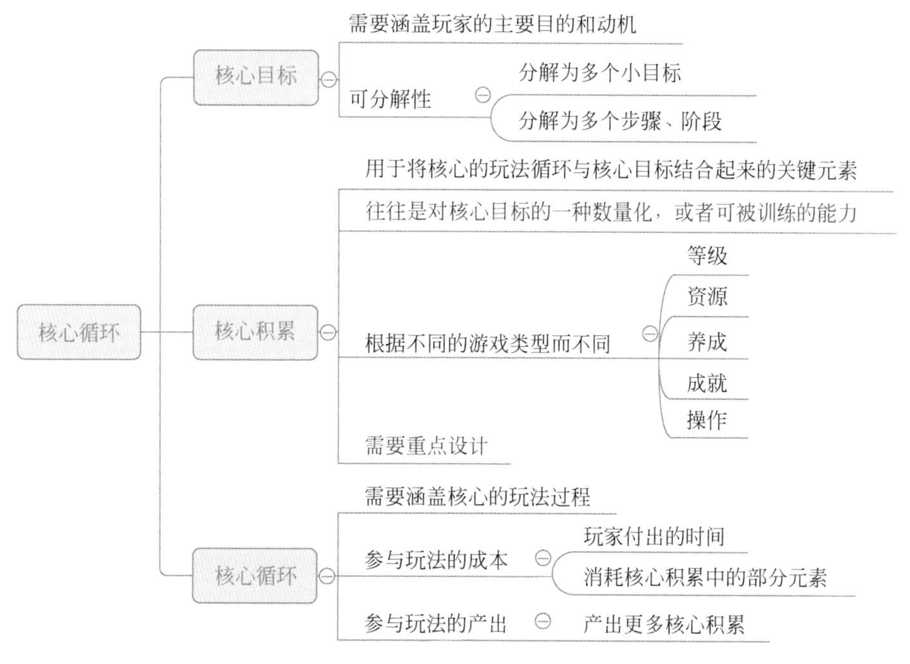

图 4-10　核心玩法循环

其中核心目标与核心循环由于比较直观，此处不再做更多的展开。而核心积累部分则至关重要，因为只有在核心积累上做出扎实的设计，整个循环体系才能成立。核心积累本质上是对玩家核心目标的数量化度量，或者是可被不断训练的某种能力，它上承玩家的游戏目标，下启玩法的产出，是玩家在游戏中实实在在追求和感受的东西，是形成整个循环的关键一环。

为了让读者更加明确，我们通过几个例子来对核心积累进行阐述。比如在 MMORPG 游戏中，核心积累往往是指玩家的等级和战力，以及各类成就，比如角色等级、装备等级、装备的强化程度等等；而在动作游戏，比如著名的怪物猎人系列中，核心积累除了玩家的装备等级外，还包括玩家对各个怪物的熟悉程度、对各个不同武器的掌握程度，而这些内容都是一种可以被不断训练的能力，再比如在 MOBA 类游戏中，玩家的核心积累往往是天梯等级，此外还包括对各个自己喜爱的英雄角色的熟练掌握，甚至如果想要更进一步，则还需要掌握全部的英雄技能，以及不断地提升个人技术和团队技术，甚至需要研究知名战队的作战经验和战略战术思想，等等。当然对于大部分普通玩家只需要掌握自己喜爱的英雄即可。值得一提的是，随着游戏行业的发展，外观（审美，美感）也越来越频繁的被当作玩家的一种核心追求而出现，甚至在一些换装类游戏中，外观也被作为一种核心积累而进行设计，如暖暖系列等。

当然希望读者能够意识到，核心积累虽然重要，但是核心积累绝对不是独立于玩法而存在的。笔者在这里再次强调，核心积累的设计是与游戏的玩法、玩家的目标相互关联的，而并不是一个割裂的存在。比如在一款 MOBA 游戏中，如果把 MMORPG 中的战斗力当作玩家的核心积累，将会是一场灾难，因为 MOBA 所追求的平衡性和乐趣将荡然无存。

同时也要注意到，一款核心玩法循环架构优秀的游戏，其上手也会更为容易一些，玩家也更容易玩得懂。因为学习的本质就是不断地重复直到充分掌握。因此与其在游戏中加各类天南海北的玩法，不如静下心来好好打磨核心玩法循环来的更有价值。

最后，笔者希望再次强调，一个缺乏核心玩法循环的游戏其耐玩性是极短的，甚至更糟糕的是，缺乏核心循环的游戏往往其本身的可玩性和吸引力也极差。因此将玩家的核心目标与核心的玩法，通过核心积累，紧密联系在一起形成一个不断重复向上的循环，是打造一款成功游戏的关键。

4.4 玩法的蓝图

玩家学会玩一个游戏通常都有一个过程。就拿最简单的五子棋来说，对于一个没有相关经验的玩家来说，也是需要通过对规则的讲述、具体的演示等步骤才能学会。而在掌握了基本的规则后，要精通五子棋则还需要更多的训练和思考，才能融会贯通，达到较好的水准。

通常好的玩法体系能够提供给玩家一种润物细无声的学习和成长过程，比如笔者在体验《塞尔达：荒野之息》时，很快就能上手，并且在荒野中冒险时忘却了现实的时间流逝，达到了一种深入的沉浸式体验。而糟糕的设计则让玩家很难继续下去。

因此，本节内容主要从两个方面探讨“该如何设计好的玩法体验过程”这一话题。

4.4.1 心流

心流（flow）由心理学家 Mihály Csíkszentmihályi（米哈伊·奇克森特米哈伊）于 2004 年提出，是指当人沉浸在当下着手的某件事情或某个目标时，全神贯注、全情投入并享受其中而体验到的一种精神状态，它是人能够获得幸福感的一种可能途径。

实际上，好的玩法能够快速引导玩家进入一种心流状态，而对心流的定义虽然存在较多的版本，但最核心的一个共同点是：忘我！关于心流的具体概念本文不准备继续展开，建议读者自行去找相关资料进行学习和思考。在这里笔者想要强调的是心流中的两个核心概念，即：难易度与主观能动性（明确的目标感和责任感）。

/ 难易度与氛围

难易度是指玩家在游戏中从事一件具体的挑战（比如攻克一个怪兽，通过某个关卡等等）时，这件事情的难度与玩家的水平（能力和技巧）的相差程度。当玩家的水平远高于事情本身的难度时，玩家的整体感受是放松的，整体反馈偏正向，继而会逐渐进入一种乏味的状态；而当玩家的水平远低于事情本身的难度时，玩家的整体感受是紧张的，继而进入一种沮丧、绝望、放弃的状态，整体反馈偏负向。而只有玩家的水平与事情本身的难度相当时，玩家才会逐渐进入心流状态，沉浸在其中。而由于玩家的水平其实是随着练习和经验在发生变化，并且随着游戏进程的进行，玩法的难度也在不断发生变化，因此通常我们在很多关于优秀游戏的相关书籍和资料中，会看到如图 4-11 的心流曲线。

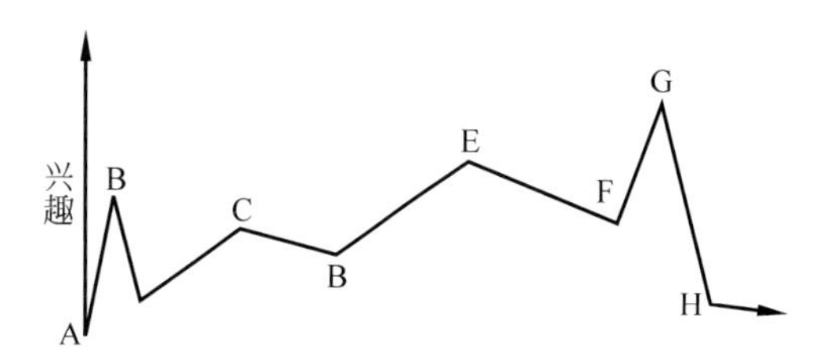

图 4-11　心流曲线

玩家的情绪在正负反馈之间交叠前进，而不是一直处于正反馈（太简单）或者负反馈（太难）之中。而这就要求我们在游戏的玩法设计中，要对玩法的难度和玩家应该具备的水平进行精细的设计，既要考虑到玩家的正向反馈，又要考虑到负向反馈，使玩家在体验游戏的过程中处于一种正负反馈交替前进的过程中，让玩家在游戏中体验到沉浸的幸福感。

值得补充的是，除了难易度本身会带给玩家不同的情绪起伏外，角色设计、场景设计、剧情设计、音乐音效等，均可起到相似的效果，而且这些内容也往往是玩法设计中需要考虑的非常核心的要素，甚至在很多情况下这些设计要素会比难易度更快更直接的生效。实际上我们为了让玩家在游戏体验中得到更加真实和强烈的临场感和心流，往往会在设计玩法时同时考虑上述元素，而并不单单从难易度的角度着手。这一点希望读者能够明晰。

/ 主观能动性与成就、责任感

大量心理学研究发现，成就动机强烈且责任感强的人，在工作中更容易进入心流状态。即主观能动性越高，越容易进入心流状态。笔者认为这一发现也是符合常理的，因为主观能动性越高的人，普通对解决问题的渴望也会越强，解决问题能够极大的满足人的成就动机和责任感。而积极地解决问题本身往往就是进入心流状态的前兆。

这一原理在玩法设计中也同样成立，并且非常重要。因此为你的游戏梳理出一条合适的成就曲线，可以极大的帮助玩家体验游戏的内容。此外，无论是从世界观、故事还是玩法本身的机制上，赋予玩家一些“责任感”层面的内容和动机，往往都能够更利于让玩家进入心流状态。

4.4.2 玩法蓝图

一个核心的玩法往往包括多个阶段和目标，而一款大型网络游戏往往包含多个不同的玩法。这就要求设计师在设计这些玩法的时候，要做到心中有数，需要规划清晰的玩法蓝图。因为这不但涉及开发过程中的决策问题，同时也会更加深刻的影响玩家的游戏体验，甚至是玩家的长期留存问题。

首先我们要明确的一点是，一款游戏中各个玩法的设计绝对不是随心所欲的玩法堆砌，也不是漫无目的的碰运气。玩法的整体设计工作需要一个清晰的对产品的认识，尤其是核心体验、题材等高度的思考，因为优秀的游戏，其玩法往往是围绕这些要素而进行设计的。通常的玩法蓝图会考虑如图 4-12 中的几个问题：

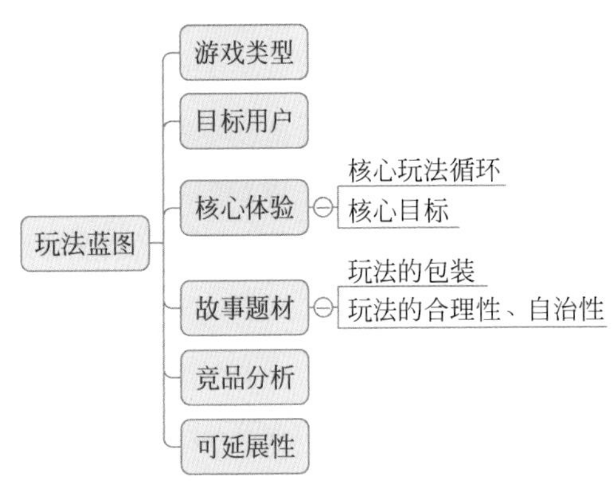

图 4-12　考虑问题

首先，游戏类型会在较高的维度上决定玩法的大体方向，比如一款竞技向的射击游戏，往往和一款SLG游戏在玩法设计上有很大的差异。不过正如前面所阐述的，这种差异不是绝对的，因为有很多的产品设计正是将两个原本不同的游戏类型高度融合在一起从而获得了成功，比如《堡垒之夜》，巧妙地融合了射击、生存、建筑的元素，使其在 PUBG 火爆的情况下仍然取得了成功。

关于目标用户的考虑，其实并不是考虑现有市场的用户情况，作者认为市场是由产品构成的，因此用户的行为习惯也是在用户和游戏发生交互的过程中形成的。这里的目标用户，更倾向于是设计师心目中对理想玩家的预估情况。比如对于一款动作游戏，那我们可以肯定的是用户会对战斗动作、关卡等的设计抱有很高的期待度，而如果把这部分用户当作目标用户，那么必然在玩法设计中需要重点呈现这一部分体验。反过来因为这样的玩法设置，该游戏对玩家也会具有一定的筛选门槛，可能会引起操作能力相对比较低的玩家流失。一个成熟的设计师应该明晰这一点，目标用户和玩法设计往往是一个硬币的正反两面，而不是割裂开来进行讨论。

其次，核心玩法和故事题材，通常是我们在规范玩法中会重点考虑的内容。游戏的玩法应该围绕核心玩法和故事题材进行展开，而不是胡乱地堆砌或者漫无目的地试错。比如在以中国盛唐为背景的中国妖怪题材手游《神都夜行录》中，由于该玩法主打妖怪收集的核心体验，因此不适宜再加入大量的装备养成和强化元素以及相关的玩法。我们在开发过程也听到有部分玩家发声希望能够保留丰富的装备系统和相关的玩法，但是从整体游戏的核心体验角度考虑，我们还是最终舍弃了这一系列的玩法和系统。因为这类系统的加入，会极大地冲淡玩家对妖灵收集的体验，反而得不偿失。

此外，在设计玩法蓝图时，我们通常会围绕玩家在不同阶段的追求目标进行展开。我们通过一个例子来阐述这一观点。在知名的游戏《骑马与砍杀》中，玩家从一个基础的身份开始，经过自己不断地打拼，最后成为国王，统一大陆。而这一游戏过程大致可以拆分为如图 4-13 所示的几步：

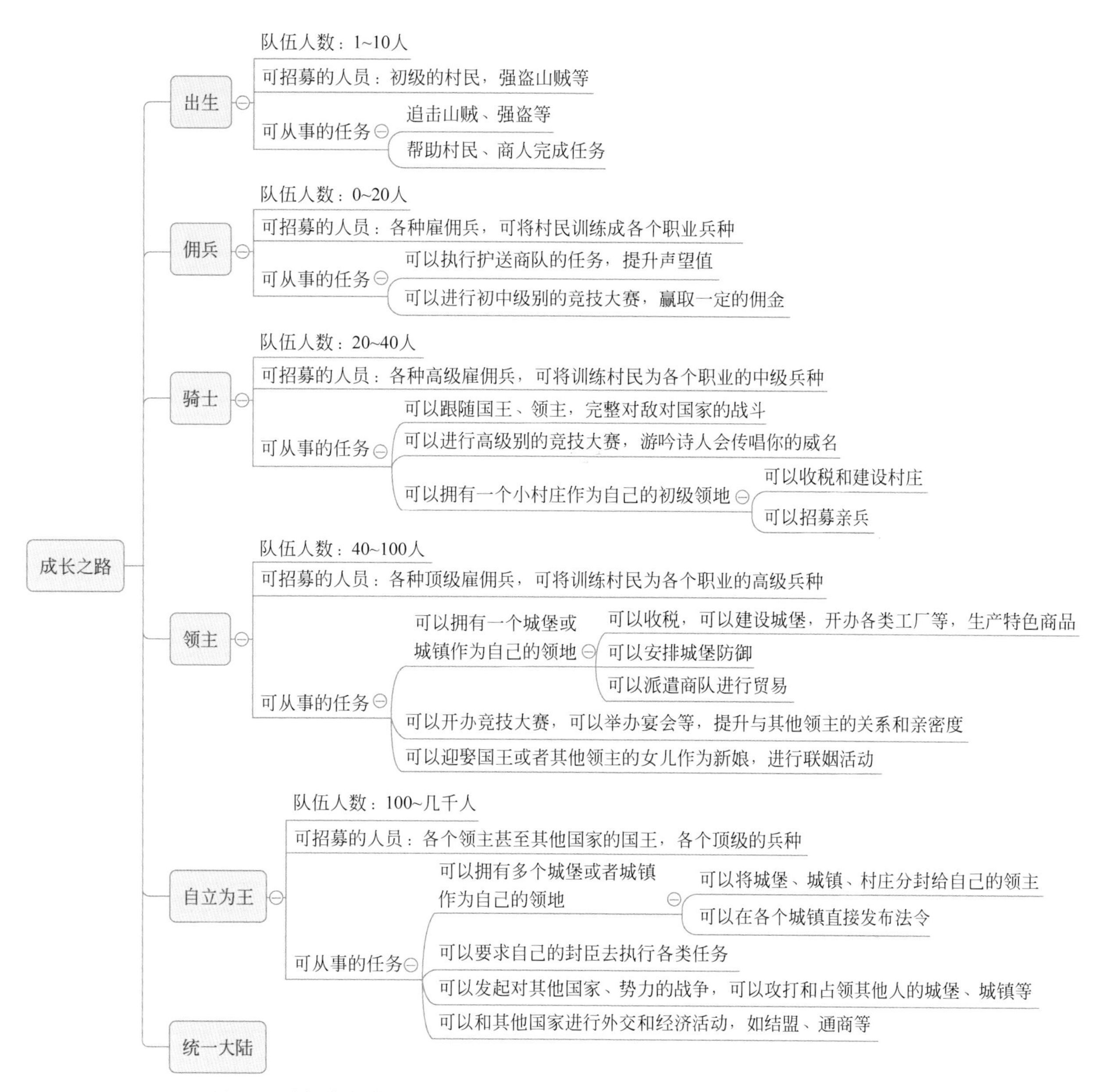

图 4-13 《骑马与砍杀》游戏过程

可以发现，该游戏为玩家设置了不同的阶段目标，而在不同的阶段，对应的玩家的能力、玩法等均有明显的递进关系，而且相关的玩法设置也是高度围绕玩家在该阶段的目标进行了设计。比如成为领主拥有城堡后，就可以管理城堡、布置城堡防御，和其他领主建立亲密关系，甚至赢取公主，成为人生赢家等等。

而关于竞品，因为玩家往往习惯在同类型或者具有相同属性的产品间进行比较，因此对竞品进行分析，往往也是设计游戏玩法中非常重要的一种工作模式。当然这里指的并不是把竞品里面的玩法全部搬到自己的游戏中，这是不合理也不合适的做法。作者认为对竞品的分析，主要作用是设计师通过体验竞品，分析竞品的设计思路，从而做到对目标用户更清晰的刻画，以及对玩法蓝图的基本构思，同时帮助自己打磨核心玩法的设计，因此往往竞品的品质越高，越能促进我们产出高品质的玩法设计。而具体的玩法设计仍然需要根据自己的核心体验和题材，进行精细地设计和打磨。

最后，笔者想要强调的一点是，玩法设计绝不只是上面的一些内容，也并不是通过阅读几本专业的著作就可以掌握的，而是需要在具体的工作中，通过大量的体验、实践和思考才能掌握的一项专业技能。同时也希望读者能够以一个更加开放的心态来看待玩法设计，因为游戏设计的魅力就在于你永远有无限的可能性。

4.5 角色设计

在游戏世界里，角色塑造的工作一般可以分成两类：个体形象与群像。

个体形象一般运用在有较为明确的故事脉络的游戏中。如 MMORPG 中的主角，玩家通过在自身的游戏历程中与他们产生联系，从而更为具体地了解游戏世界，亦或在单机游戏中，玩家扮演的就是主角自己，自身沉浸在设定好的故事之中，这样的角色通常有着强大的能力或潜能、复杂的身世背景和受人认可的性格特点等要素，从而强烈地吸引玩家跟随他们进入游戏世界。对于这些角色的故事经历、战斗招式乃至细微癖好，喜爱他们的玩家经常能够如数家珍，娓娓道来。

群像的设计需求，则大量涌现于近年来一系列的竞技类游戏中，玩家需要在若干个角色之中选择出自己最喜欢的那一位，和他共同面对竞争和挑战。像英雄联盟、守望先锋、彩虹六号、围攻这样的游戏中，丰富多样的角色不但在外观上具有极大的吸引力使得玩家愿意尝试，而且花样繁多的能力设定也往往让玩家沉浸其中，废寝忘食。

相对于可以在各类影视制作经验中找到参考的个体形象而言，如何持续塑造有吸引力的群像个体是近年来游戏设计中产生的更具挑战的新问题。群像通常需要在一个相对封闭的游戏世界中出现，玩家能够接触到每一个角色的内容极为有限，且由于玩家自身对游戏的投入程度更轻，他们也并没有足够有耐心到寻根究底研究每一个角色的设定细节。

具体的设计中，经常会遇到以下问题：

作为设计者我们既希望群像中的每一位角色都拥有各自独一无二的特质，能够让玩家感受到内容的多样化和丰富性，但又很容易对某些角色倾注大量的心血，希望他能够出类拔萃，如何把握二者之间的平衡？

群像中的许多概念来自于我们在日常生活中的积累、转化、组合、嫁接，我们如何让一个群像中的角色具有让玩家迅速熟悉的亲和力，同时又能够摆脱山寨感？

已经设计出的若干个概念，甚至若干份美术设计稿，如何评估他们的价值，后续的拓展空间乃至在整个游戏生命周期中的价值？

我们希望能够通过接下来的探讨，对以上这些在游戏设计中经常困扰我们的问题，给出合适的解答。

4.5.1 核心特质

其形也，翩若惊鸿，婉若游龙。

——《洛神赋》

虽然大多数时候，每个人都在嘴上否认自己以貌取人，但我们其实都是不折不扣的外观党。我们渴望看到更美的、更绚丽的、甚至是前所未有的华章，对游戏中角色亦有类似的期望。然而，有别于网红脸可以在现实中统治我们的审美，玩家面对一款游戏的群像时，却往往期望角色千姿百态各不相同，这样不但可以完全彰显挑选和展示自己喜好的权力，也能够从中感知其他玩家的想法。于是我们经常处于解决玩家这两种诉求的矛盾中：外观差异化和外形吸引力如何同时做到？

为了让我们做出来的游戏不只是针对一小部分群体，而对普罗大众有良好的适配，首先要在脑海里排除掉的一个想法就是为了差异化而强行制造怪异：大众审美的底线不应当轻易触碰。在群像中，相对于一个让我们眼前一亮的角色，如果一个角色在一开始没有抓住我们的眼睛，那么这个角色的价值极有可能在未来一直低于前者。每一个玩家都会被那些审美观略微超前甚至有些大胆的角色所吸引。但过分标新立异甚至以恶俗为取向的作品则会在一开始就将许多潜在受众推开。

而在那些广为认可的角色中，我们通常可以观察到他们在任何的环境下都具有强大的吸引力，无论游戏内外，无论单独一个还是在人群之中。我们提出这样一个概念："核心特质"，用来描述一个角色在最恶劣的展示环境下也不可被群像中的其他角色甚至是任何游戏世界角色取代的原因。

想象一些最恶劣的展示环境：

（1）角色在混乱的战斗画面中，满屏各种乱飞的特效色彩，还有弹出的伤害数字；

（2）角色被全部涂黑，而背景则全部是白色；

（3）角色的形象立牌和其他角色的形象立牌在线下聚会上站成一个密集的"小灌木丛"；

（4）角色的形象由于某些技术原因如不合理的图片呈现分辨率，被大幅度地拉伸、压缩甚至是扭曲。

在以上的环境下，我们仍然能够希望我们设计的角色外形，能够脱颖而出，从而：

（1）在混乱的战场中，无论敌我都能感知到这个最具威胁的存在；

（2）即使是黑白片场，我们也能从外形中一眼将他分辨出来；

（3）这个角色在众多角色中可能让你在离开后仍然回味很久。

我们看到这些变形的形象，会觉得十分好笑，但只在那么 0.1 秒之后，我们马上就想象出原有的角色形象是什么样子。为了达到以上目标，最为有力的设计工具是剪影分析。

在欧美的游戏工业中，剪影分析是进行游戏角色设计的关键一环。所谓剪影，就是角色在没有色彩信息表达下，单纯依靠形体传达出的轮廓信息。如前面所提角色可能处于各种的复杂的环境中。独特的轮廓剪影可以使其一直拥有足够高的识别度，玩家可以通过简单的轮廓识别结合明暗分辨，用最小的注意力明确自己所操作的角色的位置、当前的状态。他们可以毫不费力地将主体和画面中的其他信息区分开来，从而进行决策。

独特的剪影特征是不依赖于角色所穿着的服饰的样式、色彩，甚至不同的姿态下而发生变化的。如果我们的角色的剪影特征是依赖于服饰进行呈现，那么就需要注意了：一个角色可能会拥有很多皮肤、配饰、战斗特效表现，也可能拥有大量的技能和战斗动作，但在设计伊始被确定好的轮廓特征应当是唯一且独特的。这样，无论一个玩家是新接触这个游戏，还是在时隔多日以后重新回到游戏中，都能迅速融入到现有的游戏画面之中，如《决战！平安京》（见图 4-14）。

图 4-14　网易游戏《决战！平安京》复杂的战场中，也是依靠独特的剪影特征来辨识英雄

许多游戏中都不乏优秀的角色剪影例子，我认为最好的例子来自于 Dota2。在 Dota2 中每一个角色剪影设计区隔的程度非常之大，即使我们去掉角色身上的细节元素，甚至去掉色彩元素来看它，依然能够从其剪影之中迅速得出足够准确的信息。这样的好处在于：玩家注意力不够集中在战斗的画面上、或者对于游戏没有足够经验，却也能够基于画面中抽象出来的简单信息做出决策。我们平时经常听到玩家说这个“游戏玩儿起来不会很累”，或者玩家表示不会花很多的精力去注意战场的细节，把视觉信息分辨出来，都是通过这样的方式逐步达到的。他们只需要集中注意力在最需要的地方，比如说敌人的位置，敌人可能出现的方向，自己计算需要操作的技能等元素，更不会在长期的游戏过程中出现视觉疲劳。

怎样塑造独特的剪影特征呢？根据我们的经验一般有如下技巧：

第一个最为基础的技巧叫做明确人物的体块感，在欧美的游戏中经常可以看到角色之间的差别在体格上就很大，如图 4-15 所示的《魔兽世界》。我们会经常发现强壮的男性甚至是野兽，纤细的女性角色，侏儒和地精这样矮小的种族，以小动物为原型塑造的角色共同构成了一个丰富的角色集合，由于体型的差别如此之大，他们在特定视角下的差别也非常的明显。

图 4-15　暴雪《魔兽世界》牛头人在各个种族中体块差别最为明显，是人物体块感的经典设计

体块的区分当然是最简单的办法，但假设我们面临了一个更难的情况：大部分角色都是没有明显体格差别的人类，有没有办法让角色之间有足够的剪影差异？一个基础的做法是明确武器特征，将武器的特质放大化作为人的特质来去塑造，我们可以想象一下手里拿着一把大锤，那就把大锤作为他的核心特质。无论角色处在什么样的环境之中，玩家看到这把大锤就感知到这个角色的存在。我们称之为武器特质。

除了一般的武器特征，在和美术同仁的协作中，随着双方想法的交融我们也会发现可以不拘泥于传统，从而创造出更有张力的武器剪影：比如英雄联盟中，德莱文这个拿着两把飞斧杂耍一般旋转的行刑官，他也可以跟其他的角色迅速产生明显的区分，而他的武器并不是来自现实常见的概念。并且，特殊的武器剪影可以在不同的皮肤塑造中仍然保持统一且独特的标志性（见图 4-16）。

图 4-16　网易游戏《决战！平安京》妖刀姬的三种皮肤剪影，不同皮肤都保留了统一的特征

以武器作为核心特质的时候还需要注意两点，首先武器往往已经代替角色本身在彰显角色，甚至武器带给人的固有印象已经超越了角色所能传达出的性格，所以两者不应发生冲突。其次武器的设计需要和美术同学反复迭代，如果是常规武器则更需如此，在特定细节上的别致设计能够带来足够的新奇感受。

第二个办法是身体部分特征的异化，一般来说我们看到了正常人的两只手，两只脚都没有太大差别，但是当角色的部分身体发生异化的时候，其特质往往就被异化后的身体部位所替代了，相对于武器而言，由于身体的异化和角色的本体绑定更为紧密，因此在塑造角色的时候往往会展现出更为极端的特点。在《无尽战区》中，苍横的手臂在战争中被摧毁了，一副能够发射火炮的机械装置替代了他原有的手臂，机械臂不但成为了他的身体剪影的一部分，而且也是他战斗能力的一部分。被摧毁的手臂不但意味着他曾经是一个战场上的战士，更提示着玩家这个老兵有着不屈不挠的精神（见图 4-17）。

我们可以利用动物甚至幻想元素中的概念去组合塑造角色的身体异化。比如鸟类的羽翼和人的结合，既可以是天使，也可以是雷震子，那么在阴阳师中呢？我们就遇见了大天狗。大天狗的羽扇和翅膀的组合，武器和身体两个方面都承担了角色剪影差异的工作，因此这个角色也非常有标志性特色（见图 4-18）。

《阴阳师》中另一个标志性的角色茨木童子可以单独使用身体特征异化进行分析，一只手臂被鬼手替代的同时，头上也长出了树枝一般的角，即使当同样大小的角色站在茨木童子的身边，由于他的特征以及随之而来的独特站姿，明显和其他角色区分出来（见图 4-19）。

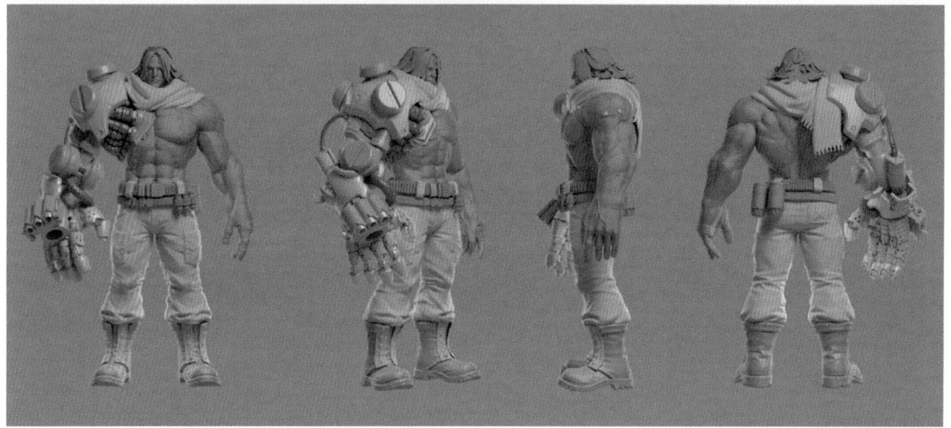

图 4-17　苍横在 CG 中的塑造和模型剪影

图 4-18　网易游戏《阴阳师》角色 - 大天狗

图 4-19　网易游戏《阴阳师》角色 - 茨木童子

如果在一个风格限定不很严格的游戏背景下，我们的发挥空间就更多一层：可以把人物的头身比，上下身比例都进行更加夸张的变化。在《无尽战区》中，塑造亚斯塔路时我们参考了玩偶的设计方式，兔子 + 毛绒玩具的组合使得角色玩偶化，其特质就会跟其他的人形角色产生明显差别，从而给整个游戏带来完全不一样的味道（见图 4-20）。

图 4-20 网易游戏《无尽战区》角色 - 亚斯塔路

在通过体块、武器、身体异化、比例变化等方式塑造完毕角色的静态剪影之后，可以更进一步，进入实际的游戏画面之中。我们会发现：剪影是一个动态的概念。我们要了解角色的不同姿态对特质的实际传达产生了怎样的影响。

想象一下最基本的变化：走跑，人物的剪影在这个状态下就会出现明显的动态变化。在静止待机过程中剪影呈现的性格特质，在走路移动的时候仍然需要保持。同时，也必须注意，人物的移动状态比站立待机状态更为常见，大部分俯视角的游戏都是通过识别移动中的敌人从而做出第一手的战斗反应的。因此在战斗的过程中，角色的移动剪影必须有非常明确的标志性从而被人识别。换句通俗点的话说，两个角色跑不出同样的路，如图 4-21 和图 4-22 体现出来的姿态差别。

图 4-21 暴雪《魔兽争霸 3》体型接近的剑圣和圣骑士，跑路的姿态差别

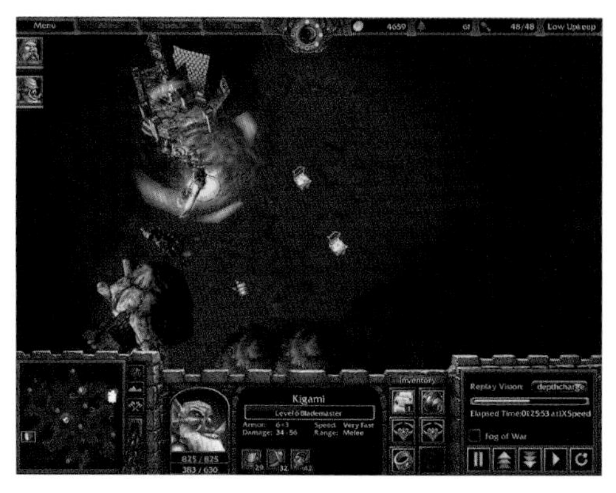

图 4-22 姿态差别

更为重要的是战斗中展现角色能力的时刻：攻击、使用技能、释放一些关键性的大招。在这些状态下，角色自身的姿态需要同时满足使用者和其他观察者两方面的需求。对于玩家自己，他希望看到自己的角色在战斗过程中展现角色的一致性、性格张力。一个角色玩起来的姿态够酷、够猛，够灵活。而对于其他人，他们需要明确的认知到：这个角色是不是即将对我造成威胁、是不是露出破绽、是不是让我能够和他形成一定的配合。怎样让两者兼顾呢?

我们用一个具体的例子来研究角色的战斗姿态：来自英雄联盟中的佐伊。

佐伊是英雄联盟发展到了第七年的时候推出的一个法师类英雄。这个角色具有非常灵动活泼的性格特点，在整个人物的塑造上近乎完美地在各个环节保持了一致性。例如在角色剪影上，这个与其他角色头身比有着迥异差别的造型，使得玩家在使用它的一开始就不会有常规形式的期待，身体比例加上卷曲的长发构成了剪影中的核心特质。再看佐伊在特定动作如疾跑上的塑造：她的疾跑表现是用双手向两边非常大幅的展开后，整个人的身体又呈现出一个十分夸张的后仰，移动的同时她的长头发在身后几乎被自己拉成了直线。在诸多细节中的精细雕琢，使得使用她的玩家能够对这个角色记忆日益深刻。

我们继续观察她的技能，会发现大招本身的功能并不复杂：从另一个地点钻出，1 秒后再反回原地，在这个过程中还可以使用其他技能。

我们主要关注大招的动作的表现，这个过程中的关键在于佐伊在目标地点钻出的神态，可以看到，这是一个非常夸张甚至有一些滑稽的姿态，就像一个顽皮的小姑娘在她的对手面前调皮。

在战斗动作的展现过程中，特别需要被所有设计者注意的就是动作幅度最大、展现最为夸张的那一刻，在这个时间，角色的整个身体的扭曲程度最大，和正常状态的差别也是在最大幅度。从现实的角度而言，这甚至不是一个在战斗中应当存在的姿态，反而带有强烈的表演的属性，如图 4–23 所示。我们仔细观察，可以发现《决战！平安京》中的妖刀姬也是如此（见图 4–24），为什么会这样呢？如果投入更多观察，我们会发现很多英雄的战斗动作并不只是为了完成战斗本身，而是用一种让人记得的方式完成战斗同时尽可能多的告诉玩家自己是一个怎样的“人”，在让人记得的时候，他们使用的最重要的工具是核心关键帧。

图 4-23　妖刀姬大招截图，带有强烈的表演属性

图 4-24　同理，网易游戏《决战！平安京》中妖刀姬奔跑时的拖刀姿势具有辨识性

对于一般的动画而言，通常是动作美术在动画中定义了若干个关键帧的骨骼状态，再由引擎计算出具体的运动路径。基于人的抽象观察本能，整个动作并不会完全被人记忆下来，而是一些关键的特征留在脑海之中，其他部分在进行仔细思考的时候才会被补全。对于动作片段的抽象认识规

律，使得我们一定要注意那些核心关键帧：在这些片段里，角色动作极度夸张，角色抽象姿态最为特别，因此也在玩家的心中留下最明确的印象，这个角色是狂野还是顽皮，是忧郁还是冷酷，细微的差别也通常在关键帧的变化中产生。这里通常需要策划和动作美术同学反复调试，才能找到一个让大家都非常满意的姿态。

我们用拳皇这款格斗游戏来深入分析两个例子。在拳皇 97 中的另两个标志性的角色草薙京和八神庵都各自有一套三连击的招式，对比两个角色动作可以发现，八神庵的葵花三连击动作给人的感觉并不是那么的“正常”，每一下动作不但发力点并不符合大家的常理认知，人的整体姿态也显得非常特殊，笼统地说，使用者会感觉这个角色处在压抑的癫狂边缘的一种状态。

但我们再观察草薙京的三连击的时候，则完全不会有这种感觉，可以说他的三连击带有武术、格斗家的风范，不给人任何随意的感觉。三段攻击在两个人之间为何会产生如此巨大的差别？通过对比他们的核心关键帧就可以明白。因此，可以在一定程度上认为：把握好了角色的核心关键帧，就能塑造出令人记忆深刻的角色灵魂。

除了角色本身的姿态之外，我们也不应忘记他身处的环境。任何角色都不是单独的一件美术作品，必须在整个游戏的大环境中与其他内容协调才能发挥出应有的价值。在影响角色特质展现的诸多内容中，最为明显的一般是场景本身的层次感。仅从形象设计者的角度看，区分角色和场景之间细节丰富程度，明确整个画面中的明暗对比从而突出角色本体是最为关键的两个因素。但由于画面整体的层次感觉设计更像是一个美术话题，我们在这里就不展开讨论了。

最后需要提到的是，角色的塑造在完成了基本的特质、剪影塑造、动作核心关键帧之外，还有非常多的细节需要补完，如台词、音效、战斗中各种形式的反馈信息等等，但就像开篇引语洛神赋中提到的一样，最核心的特质设计完成之后，后续的工作往往是迎刃而解的。

4.5.2 能力设计

以色事人者，色衰则爱驰，爱衰则恩绝。

——《汉书·孝武李夫人传》

一个角色如果在不做任何事情的时候就能展现足够吸引力，当然是十分优秀的作品，但作为游戏中玩家操作的主要内容而言，游戏设计者必须更进一步，考虑玩家为什么能够在持续的游戏过程中逐步加深对角色的喜爱。

我们经常看到直播平台上的玩家能够在自己的直播间标题中打出“万把 AA”，“八年老 CC”，“国服第一 HH”等标题，这代表着玩家对于一个角色的长久的投入和执着，但我们同样也能看到很多玩家打开一款新游戏后，尝试一个角色不超过 5 分钟就关闭游戏，兴趣廖廖。有些时候两种现象甚至是会发生在一个人身上，那么到底是游戏中怎样的设计决定了这种差异呢？

我们认为，这种差别的关键来自于玩家是否建立了与角色的共鸣感。

共鸣感，指的是玩家在逐步延展的游戏过程中，对于角色的了解、认识、当中获得的快乐，以及自己对角色能力的控制感和操作感的提升处在一起增长、相互促进的状态。

共鸣感可以理解为是常见的“心流”概念在人和角色互动上的一个细分，玩家的能力不断提升，对手也不断变强，但是同时也觉得自己对角色的能力发掘也一直在进步。比如在一款 MOBA 游戏中，一开始玩家只能按照技能说明来使用技能，但随着他使用的次数越来越多，会逐步发现可以通过特定的组合来达到收益最大化，或者和队友的组合形成化学反应，达成团队协作。而反过来，如果玩家对于角色的理解已经到达顶峰，把这个角色的能力完全掌握了，这个时候反而会有一种空虚的感觉，玩家虽然本身还是处在一个意犹未尽的状态，此时已经觉得这个角色没有什么东西可以再让他提升的边缘了，需要从其他的游戏内容中寻求认可。

我们同样可以反过来思考这个问题，假设一个角色身上隐含了非常多的在游戏过程中可以逐步体验到的乐趣，但在一开始又没有明确的特征让玩家了解，或者说让玩家迅速从中获得快乐，玩家就会无法上手，他们之中一些缺乏耐心者会很快地放弃继续尝试，甚至放弃游戏本身，这也是我们非常不希望看到的。

想要在游戏设计中铺设好这种共鸣感产生的路径，我们要怎么做？站在设计者的角度来思考，必须明确各个阶段的玩家所需要的都是什么。如果玩家体验的是一个对战游戏中的角色，那就需要明确在 5 分钟，1 小时，10 小时，乃至 100 小时的游戏体验寿命中，玩家都从角色的设计中得到了哪些反馈从而支撑自己继续游戏。

接下来我们以一个多人对战游中的角色作为例子来分析：

/ 5 分钟

首先，当玩家刚入手一个角色时，玩家从剪影信息、美术形象上获得了第一手的角色认知。这里最需要注意的就是不要让玩家最常用的能力和美术形象相违背。在大众普遍的判断中，一个壮汉给人的感觉一定不能是扭捏害羞的，同样一个手无寸铁的小姑娘也不应该做出过分狂野的动作表现。如果真的要在角色中塑造这样的冲突，那么必须要有非常充分的理由，而且最好由对于玩家理解更为深刻的设计者推动进行。必须牢记：大部分玩家的认知能力都无法很快理解反差对比类的设计手法，他们更应在第一时间建立起符合常识的外表—能力关系。

魔兽世界中的兽人潜行者，往往因为武器和体型差别过大，让人对其真正的战斗力产生困惑。

/ 1 小时

接下来玩家开始常识性地使用这个角色，他想要和敌人进行战斗，那会最想知道什么呢？很多设计者会觉得对于游戏类型有一定经验和没有经验的玩家在这里会分成两路。例如有经验的玩家会尝试用以前玩过的类似游戏中的概念进行类比，而没有经验的玩家则会比较茫然。如很多玩家都会在一开始玩的时候来问：这个角色是什么定位的？如果我们仔细思考的话，就会发现这句话的潜台词代表着：玩家想要知道什么样的事是最正确的，能够在游戏战斗中获得最大收益的。所谓正确，则意味着玩家的行为得到了直白的反馈。

对于没有经验的玩家来说，这一点其实有过之而无不及，由于没有背景信息的积累，他们只能依赖自己的简单直觉判断进行尝试性的游戏行为，在这个过程中，他同样依赖的是游戏内容给与的反馈进行学习和积累。所以，直白反馈规律不因玩家的游戏经验多寡出现变化。

将定位这个概念向下再推一层，意味着在角色的能力集合中，需要存在基本能力，能够使得玩家在运用这个基本能力的时候，与自然的战斗本能产生良好的衔接，从而得出明确的认知：我在做正确的事情，我只要做到了就可以。一个角色一上来是否能够让玩家明确地认知到这一点，成为了他是否“容易上手”的关键。

比如在 MOBA 类游戏中，常见的反馈类型并不复杂：伤害造成的血量变化，控制、削弱造成的角色状态变化，自身移动带来的位置变化，三者可以构成一个以动作对抗为核心的铁三角：伤害、控制、位移。但对于大部分的玩家而言，在最初的阶段只最为需要明确的是：我的能力给对方造成了足够的伤害，击败了目标（见图 4-25）。

图 4-25 网易游戏《非人学园》英雄红孩儿，大招技能有足够的击杀能力

再进一步考虑这个问题，玩家需要在最开始建立的是对于结果的预期，伤害是一个间接的结果，但对于更多的玩家，他们需要明确地知道，战斗的结果会如何发生。如果战斗中的目标是用子弹击倒一个敌人，这个结果会在多少发子弹命中的时候发生？在基本层面的反馈越直白，对于玩家继续深入探索的障碍就清除得越多，也就更容易地让玩家进入下一个阶段：设计认知。图 4-26 中牛魔的角色设计直观地告诉大家，这是一名远击类英雄角色。

图 4-26 网易游戏《非人学园》英雄牛魔，角色设计影响战斗力反馈

/ 10 小时

在玩家建立最基本的战斗结果反馈机制之后，他该如何进一步得到更强大的共鸣感呢？在完成了基本的识别和建立反馈，此刻共鸣感的深入建立来自于设计者对于游戏机制的抽象理解。

设计者需要定义一个角色的能力组合与战斗环境中出现的其他元素呈现出合理的逻辑关系，让玩家在实际运用中能够逐步发现战斗收益最大化的过程的建立。其中主要的部分可以称之为：简单套路和合作效应。对于玩家而言，两者的价值都在于：让玩家觉得自己聪明地捕捉到了设计者留下的蛛丝马迹。

简单套路是每个玩家都可以通过对于能力的初步了解和尝试去认知的。如技能释放的次序可以通过某种排列输出最大化伤害，技能本身的效果存在分层，玩家可以通过更细腻的操作来得到最大化的收益，技能需要对临时状况进行瞬时反应，手速快的玩家可以获得更大优势等等。他们的共同点在于，玩家可以在自己投入少量思考的状态下，就发现自己能够比之前玩得更好。

而合作效应则涉及到多个玩家之间的配合，而这一点也往往是给玩家产生最强的前期正面反馈的来源：我和另一个人之间产生了一种默契，而且达成了良好的价值放大效果。如我的能力和对方的能力配合完成了控制击杀这样的组合技，又或者我拯救了陷入危机的同伴。在《绝地求生》这样的游戏中，玩家相互之间交换配件往往就是一场有趣游戏的开始。

/ 100 小时

玩家可能通过 10 小时的游戏时间完全掌握了角色设计者想要提供的各种基本的组合、套路、配合，以及对于环境元素的利用等内容，那么，究竟是什么力量支撑着玩家乐此不疲地一直玩一个角色乃至投入近乎无限的时间呢？

想象现实世界中的体育比赛，通常在赛后都会产生一系列的集锦，展示着运动员们最为令人惊叹的表现。游戏世界中也是一样，角色设计的最终极考虑是他的高光时刻。高光时刻意味着，在特定的场合、特定的时间区间，玩家只有使用这个角色及其能力才能完成一项对于整个游戏结果产生决定性影响的任务。这件事在游戏中其他角色不可能做到，而换到其他的场合，这个角色也不会是最适合的选择。

能够促使高光时刻出现的场面并不是平常的，在可以重复对局的游戏之中，它出现的几率一般低于 10%。一旦出现且被玩家准确把握，其造成的正面反馈是非常震撼的。高光时刻的出现能够同时做到：

为创造者提供强烈的自我认同和压力释放；

让操作者的对手出现巨大的震撼和情绪波动；

打碎所有观众原有的游戏边界认知。

我们看两个来自职业电竞选手中制造高光时刻的实际例子：

第一个例子来自于王者荣耀 2017 年春季赛的一场比赛，由 AS 仙阁使用大乔上演的绝命突袭。

大乔是当时版本的王者荣耀少有的能够对队友进行位置传送的英雄。在比赛中，AS 仙阁队伍在前期一直通过战略机动避免正面冲突，同时为自己的核心输出位英雄争取发育时间，在游戏进行到后期，AS 仙阁的大乔绕开敌方全部视野，在敌方水晶附近召唤全部队友，直接进攻水晶并取得胜利。

这场战斗中的高光时刻在那里？拆掉水晶当然是决定胜利的关键。但当大乔在敌方基地附近开始召唤队友之时，她的高光时刻就已经启动了。

第二个例子历史更为悠久，且由于它的震撼程度以及在整个玩家群体中引起的长期影响更强烈，我们还会在后面反复提到：英雄联盟中的 Insec Kick。

在 2013 年英雄联盟的全明星赛上，韩国选手 Insec 使用的盲僧，利用自己的技能组合，在敌方的保护中穿梭自如，几乎是电光火石之间运用位移组合和击飞能力将敌方的核心英雄踢到自家阵中，从此盲僧的使用完全被提升到了另一个层面。

怎样塑造这样的高光时刻呢？

首先，在脑海中明确高光时刻的情景，并且逐步约束其出现的具体场合；

其次，明确高光时刻的实施路径，将情景落实到具体的游戏行为之中；

第三，将游戏行为分解到能力设计上，设计具体的角色能力；

然后，反复游戏验证和迭代完善，并紧密观察高光场合的出现情况是否与设想匹配。

高光时刻对于设计者的要求是非常高的，因为高光设计不仅要求对于单个角色的理解足够深入，同样需要设计者深入理解游戏，明确游戏中存在怎样的设计留白给自己发挥。因此一位设计者往往需要反复磨炼和思考，才能准确判定自己想要的高光时刻对于玩家是否能够成立。

最后我们还是用一个来自英雄联盟中的例子来阐述从 5 分钟到 100 小时的过程中，玩家对角色产生了怎样的共鸣感变化：

盲僧是英雄联盟发展到第二年时设计出的角色，可以说这个角色的能力组合近乎完美地印证了前文提及的各个阶段目标。

【5 分钟】在一开始，盲僧的角色形象给人感觉这是一位功夫高手，运用拳脚对敌方造成伤害，敏捷的身形暗示着角色的灵活机动，但充满战斗感的待机剪影也让人无法低估其战斗能力。拳脚招式的设定都带有典型的武术元素。

【1 小时】接下来玩家开始认识盲僧的基本能力一发出天音波命中一个单位再近身追击。这个技能拥有着一个细节设计来明确玩家对于其功能的反馈感知：追击带有基于已损失生命值的额外伤害加成。单纯运用这个技能，玩家足以在最基本的战斗形式中明确自己的目标一命中敌人并且造成额外伤害来击败对手。

【10 小时】如果说前面两步还比较简单的话，接下来玩家可以摸索出的内容就变得非常多样了：

运用 Q 技能近身结合普攻 +E 技能形成持续追击。

运用 R 技能击飞对手后再使用 Q 技能提高命中率，同时放大 Q 技能二段的伤害。

W 技能保护队友之后击飞在队友附近的高威胁敌人。

W+ 游戏中的插眼能力进行位移贴近或逃脱。

【100 小时】Insec Kick 或者是更为华丽的技能组合，将对方的关键角色送到我方阵中，一举改变战斗！

4.5.3 支撑点：角色叙事

积土成山，风雨兴焉；积水成渊，蛟龙生焉。

——《劝学》

在前面的两章中，我们分别针对群像中角色的核心特质和能力设定进行了方法阐述，也通过一些实际的例子来展示一些受人喜爱和产生共鸣的角色是如何从无到有制作出来的。接下来我们考虑在一款游戏长达数年的制作、运营过程中，如何保证角色形象的长久价值。

为什么需要考虑这个问题？原因有二。

首先在创作的逻辑上，我们需要认识到基本的设计规律：每个设计者都不是凭空创造，而是从自己已有的积累中逐步迭代改造，组合完善，从而产生更为符合游戏所需的新内容。但积累是有限的，在长期的生产创作过程中随着概念筛选和淘汰，设计者的既有储备会愈发捉襟见肘甚至趋近枯竭，在这种情况下，仍然要保证持续甚至更强的创作输出力。

其次在玩家的心态上，长期游戏体验中玩家期望游戏世界产生变化，而最为重要的变化往往来自于他们所钟爱的角色产生的变化。角色有了新的内容供他们了解，有了朋友或者敌人加入游戏，他们之间又有一些不为人知的过去……

读者在这里可能会存在疑问：一个角色如果在游戏中产生变化，是不是会对玩家在这个角色上的积累有影响，是不是会由于否定了玩家之前钟爱的角色从而削减玩家投入的热情？我们有一种更有技巧的方式来处理，同时满足玩家的向往变化的心态，又让角色的沉淀更为稳固。后面将会讲到这种做法。

我们分两部分来讲角色故事内容：架构组织、产出维护。

/ 角色的叙事组织

在产出一个角色的叙事内容之前，除了完善基本的世界观架构设计之外，非常有必要在宏观层面整理好已确定会有的角色之间、角色和关键事件、角色和整体时间线之间的关系（见图 4-27）。这些内容不仅保证了角色在后续产出时有良好的背景依托，也会一定程度上解决开发过程中前后不一致，故事作者“吃书”等一些工程问题。

图 4-27　网易游戏《非人学园》人物与世界关系图

在《非人学园》这张人图表中，我们汇总了当时制作英雄的世界观地区隶属，同时由于《非人学园》是一个以神仙妖怪生活的现代都市为题材的游戏，我们有大量的来自于这些角色原有的内在联系可以利用。在构建和完善这张网络的时候，一方面我们能够让一些原本比较边缘化的角色有足够的支撑让自己变得丰满起来；而另一方面，这种角色之间的脉络就可以变成玩家日常战斗中所使用的梗，提升游戏概念的落地亲和力。

/ 角色故事的产出

在一开始，设计者不必一上来就把自己的灵感完善出篇幅冗长的故事段落。我们更建议用极小的篇幅，一张纸上的三五句话浓缩出一个角色的形象、性格或者是能力。带着这样的设定，同时展开形象特质和能力设计的初步头脑风暴。

与之同时，我们可以尝试在动漫、影视、文学作品中寻找一些参考角色，这些参考角色的某一些特征可能和我们想要的角色有共同之处，使用这些参考和其他设计者、美术创作者进行交流，可以帮助大家更快地建立对于角色特征的共同认知，甚至产出一些基本的草稿。在这个时间点，一些原画概念和能力的设计开始从概念进入实际的设计分析和筛选，而我们的概念也需要更进一步。

接下来，我们将角色的故事向前推进一步，进入详细设计阶段，在这里我们要回答一连串的问题：角色的身世背景如何？核心特质是否有足够的缘由进行支撑？他的性格特点是如何形成的，又在哪些地方呈现出来为他人所感知？在现有的世界观框架和角色关系中，他有哪些和背景关联的内容需要进行详细的设定等。在这些问题中，尤其需要关注和战斗能力相关的部分。因为这一部分接下来不但会成为角色实际美术形象完善的重要支撑，更是角色战斗能力是否能够成为一个出彩塑造的关键。

详细的设计需要支撑以下的美术设计和能力设计：

角色剪影、原画概念、原画细化；

战斗剪影、核心关键帧、动作节奏、动作细节、特效表现、音效表现；

战斗呼喊、角色台词、交互台词；

形象异化、皮肤创作；

多角色关系；

……

在长期的工作过程中，以上内容都需要从故事设计稿中得到支持，并反哺角色本身，让角色变得更为丰满立体。我们会在游戏更新中释放出新的英雄，新的故事，这些内容里的各种细节又会和现有的游戏产生勾连，从而让整个游戏世界更为真实。

随着游戏的发展，新的设计能够依托的内容会越来越丰富。而这里我们也可以回答之前提出的一个问题：如何让一个老的角色焕发新的生机？

一个简捷的做法是挖掘他的过往。总体上看，每个角色出现在游戏中之后，玩家对他的了解将会锁定，这个角色不可以消失，甚至不可以变化，因为玩家在其身上投入的情感价值不允许被消减。但他的过去是存在大量的未知的空白，玩家对这些内容反而是充满了好奇，只要这些内容和角色现有的状态不产生矛盾即可。

守望先锋是一款非常重视在游戏外持续维护自身世界观沉淀的游戏，在推出的多部短片中，均可以看到他们对于角色背景故事的不断完善做出的努力（见图 4-28）。

图 4-28 暴雪《守望先锋》的故事沉淀

4.6 竞技对抗型玩法设计

按照传统的理论，游戏存在四个基本的要素：目标、规则、反馈、自愿参与。随着技术的发展，以及玩家审美水平的逐步提升，视听传达内容也开始逐步成为当代游戏不可或缺的部分。

我们将目标、规则、反馈机制中的逻辑部分归总为“规则”，而将视听传达、对玩家参与吸引力视为“包装”，游戏即可以被看作是规则和包装的结合。在本节中，我们主要关注对抗竞技类游戏的规则设计。

作者认为一款优秀的，能够担负足够长久的体验寿命的对抗竞技游戏，需要在三个方面仔细研究：强对抗、弱对抗、彩票机制。而三方面中，核心玩法的强对抗规则的设计机制又是我们最应当投入精力关注的。

4.6.1 强对抗

强对抗指的是玩家所控制的角色之间直接进行战斗交互并得出结果的游戏过程。在格斗游戏中，强对抗意味着通过摇杆搓招寻找破绽击败对手；在射击游戏中，强对抗就是拔枪对射；在即时战略游戏中，强对抗则意味着控制军队进攻敌人；在 MOBA 类游戏中，强对抗则是控制自己的英雄和队友合作与对手决一胜负，看谁先推倒对面的基地。

强对抗机制的基础机制设计并没有明显的规律可循。大部分强对抗来自于对现实生活中竞争的模拟，也有一部分强对抗来自于游戏形式本身的逐步演化。本质上任何一种强对抗都可以延展出一类游戏的玩法。那么，为什么在如今的游戏市场中，我们能够看到最多的强对抗类型是射击、MOBA 而罕见其他呢？回答这个问题，本质上就是回答如何设计游戏中战斗体系的问题。为了回答这样基本的一个问题，也为了理解强对抗设计的根本原则，我们必须退回到一个产品价值的基本点上：为谁设计。

我们的玩家是一群怎样的人？无论任何时代，任何背景下，玩家都是很容易受到挫折感而产生游戏厌倦的人，而对抗竞技类游戏的玩家又往往最容易在游戏中受到挫折。也许随着时代前后的差异，玩家之间的特征存在一些细节上的变化，但在任何一种本质上是零和对抗游戏模型中，玩家都不可避免地要受到失败的困扰。对抗中的失败是不可避免的，但失败应该是可以被玩家内心接受的。

如果要让玩家能够长期在一款游戏中驻留，强烈的胜利的喜悦足够明确固然重要，但在失败时能够点下按钮，再来一盘，实质上更为可贵。

怎样的对抗机制拥有“可被接受的失败”这项属性呢？通常有如下设计者可以观察到的规律：

/ 反馈明确

对抗中的玩家所作所为必须受到迅速清晰的反馈。反馈可以来自于战斗本身，亦可以来自于系统的提示、画面中信息的传达。玩家能够明确感受到能力对对方施加的变化，而更重要的，是玩家能够明确自己被击败的原因。

对于几乎所有人而言，不明不白的胜利是惊喜、是运气眷顾，甚至是对自己实力的过高估计，对此他们并不会有太多的怨言。然而对于不明不白的失败，他们则会有强烈的被愚弄感从而产生对游戏的反感。大部分时候，我们都高估了玩家对于画面内容游戏逻辑的理解能力。

和美术、UI 同仁在项目的伊始就明确画面重点、层次关系，将整个信息呈现尤其是战斗交互的信息呈现优先于其他内容的表现，有助于玩家在实际的体验中明确地得到反馈。

/ 能力可反制

观看篮球比赛时，我们经常说两支球队打得有来有回，场面非常精彩。实力相当的对决使得整个过程脱离一边倒的乏味。在对抗机制本身的设计中也需要尊重这样的规则。本质上，我们是在尊重人们内心之中对于胜利的渴望，不到最后一刻大部分人都不愿意放弃，那么在整个强对抗的过程中都需要给参与者保留投入的机会。

英雄联盟设计者在进行英雄设计时的一大设计准则就是保留能力的可反制性（counter-play），在游戏底层的战斗机制上，预判、瞄准和躲闪构成了游戏战斗交互的核心机制，大部分技能都可以通过移动进行规避，让自己的技能命中对手是一件需要双方同时参与的事情。

例如我们前面提到的佐伊，佐伊的 Q 技能具有极高的伤害，但由于飞行时间漫长、Q 技能的飞弹可以被小兵阻挡等诸多原因，这个技能在释放的时候，对手有充分的时间进行反应，无论是远离飞弹的飞行轨迹，还是躲在己方小兵后面，都可以有效地规避致命的打击从而反制对手。但佐伊可以利用自己的 E 技能带来的控制效果，大幅度提高 Q 的命中的准确性。她的 E 技能也是有一个较为明显的出手动作和一段运动弹道给他的对手提供躲闪的操作空间。虽然技能的伤害非常可观，佐伊的对手却并不觉得自己就受到高伤害的威胁从而玩起来担惊受怕。只要交战的双方的水平不相差悬殊，他们就都能够从战斗中体会到你来我往的战斗乐趣。

能力的可反制性总是会受到两个元素的约束：击杀时长和参与人数。大部分游戏中，击杀时长越短，玩家的反应区间越短，而参与人数越多，玩家同时需要处理的能力来源也会越来越多。我们在评估自己的能力设计是否具有足够好的可反制性时，需要结合这两者进行考虑并反复测试，有一些单个出现的能力本身并没有问题，但是和其他能力组合就会成为不可反制的死亡枷锁，甚至成为游戏中的无解套路。

如图 4-29 所示，自由之翼的时代，人族对抗神族时，坦克 + 机枪 + 女妖的组合被戏称为真善美组合，神族在特定的时间周期内几乎无法反制。

图 4-29　暴雪《星际争霸 2》

/ 宏观策略不唯一

“要让玩家有的选！”这一点是大部分尝试过游戏设计的人在初次进行方向构思时最为关注的，席德梅尔的“游戏是一系列有趣的选择”的概念可谓深入人心。十分明显：如果在多盘游戏中，大家取胜的宏观策略是非常相近的，那么游戏只要玩上几次就会非常乏味。但我们在这里提到的不是策略的“丰富性”而是“不唯一”，这个差别的原因是什么呢？

设计多样的能力集合让玩家可以组合使用是非常有趣的事情，然而在多人合作的游戏状态下，过多的策略集很容易让大家陷入迷茫甚至是争执。假设一盘游戏的 5 个玩家面前都有 5 个宏观选项，那么他们最终产生出来的选项组合会是一个可怕的数字。因此在设计具体的游戏能力集合的时候，我们可以先抽象宏观的策略集合。大部分游戏中，宏观的策略集合都可以类比为石头剪子布的三择博弈，在以星际争霸为代表的即时战略游戏中，将资源用于扩张经济、攀升科技或生产兵力三者就存在着循环克制。在 Dota、LOL 这样的游戏中，单独推线、集体推进、抱团抓人也存在着类似的关系，甚至上溯到格斗游戏的年代，打、投、防的三择也一直存在在玩家的操作博弈之中。

三择博弈被证明在多数游戏的宏观策略决策中都是容易被玩家抽象但又不会对很多玩家造成障碍的，强对抗本身亦可以使用此方法来确定其可被接受的复杂度。

/ 责任不明确

许多读者在看到这一条的标题时，很可能马上在脑海里将他替换成了一个更常见的词：大家可能会觉得非常熟悉的“甩锅”。在 2000 年之后近二十年的许多游戏中，正因为能够“甩锅”，游戏的失败者的体验被大幅改善了。失败者的内心不再认为自己是导致失败的充分条件。这使得他们能够充满勇气继续投入下一盘游戏。

在这样的游戏中，由于角色之间的能力、责任不会出现巨大的分化，亦不会像现实中的战争一样存在层级上升的责任关系，因此每个玩家都可以认为自己并不对失败负责。而对于游戏设计者而言，要做的就是无论在任何的失败情况下，尽可能多地让失败者发现自身的亮点。

图 4-30 是暴雪推出的一套备受好评的玩家认可机制。在 2016 年推出之后，虽然争议甚多，虽然之后争议甚多，但的确开创了以鼓励玩家为核心这一思路的先河。

图 4-30　暴雪《守望先锋》中的金牌界面

除了“甩锅”之外，责任的不明确性还可以由另一种方式来潜在地执行：运气。

我们用历史悠久但广受欢迎的《德克萨斯州扑克》（后简称德州扑克）中的典型案例来分析运气如何，让大家觉得失败并不是自己的责任。大部分德州扑克的初级玩家，在对局之中如果感觉自己被对方的牌力压制，一种常见的选择用超量的筹码甚至 ALL-IN 来诈唬对方，让对方弃牌从而收获全部筹码。但如果对方选择跟注看牌并赢得胜利的话，很多输家此时的第一反应往往并是“我做了一个错误的决定”，反而是“对方真的运气很好牌比我大”或者“对方运气真好没有被我诈唬到”。

在最近一两年中，生存竞技类游戏将这个设计方向提升到了新的高度。在《绝地求生》中，取胜看似是玩家唯一的目标，但事实上由于取胜的难度很大，玩家往往不将他作为一个强制性的目标，即使没有取胜，也会对自己击败的敌人数、获取的装备数津津乐道。游戏本身的目标感模糊和目标不唯一，让玩家甚至“感觉不到自己失败”，更不用说为失败承担责任。

可被接受的失败是强对抗设计的底线，在这之上，每位设计者都可以根据自己游戏的价值取舍构建上层的规则。无论如何，作为设计者应该理解，任何对抗竞技游戏中的玩家群体能力分布都会大致呈现出金字塔的形状。和现实社会一样，底端的玩家永远是大多数，而高手是稀少的；高手也一定是由底端玩家逐步成长来的。为了让整个游戏生态能够稳定地运行起来，我们在游戏设计中必须始终关注底端玩家的诉求到底是什么样子，他们能够接受怎样的对抗方式。

4.6.2 弱对抗

完成强对抗部分的设计之后，整个游戏的主体已经成型了，例如在射击游戏中，一场 Death Match 几乎没有任何规则可言，只关注双方的射击战斗感受，战斗结算也往往以双方击败对手的数量进行。游戏似乎已经完成了一大半，万岁！

然而，在近期游戏的发展趋势中我们却会发现，只包含对抗规则的游戏逐渐被玩家所冷落，游戏内容往往需要不断丰富又让玩家不脱离核心的对抗重点，为什么是这样呢？

首先，前面提到，玩家之间的竞争是非常严酷的，零和博弈带给失败者的挫折感会一直存在；

其次，玩家的水平成长并不随着游戏时间线性增长，虽然几乎所有人都认同熟能生巧，然而事实确是绝大部分玩家的游戏水平在经过一定时间后会趋于停滞，巧并不等于无限提升；

再次，在实际的对抗中，越高水平的玩家往往越能熟练运用规则设定、提升技巧，使得他们对水平稍弱的玩家存在完全的压制，这会在低水平的玩家中制造长期的沮丧和消极的心理暗示。

基于以上原因，只包含强对抗的游戏其用户群体会呈现明显的内卷状态，如果没有足够的启动量级，其用户数会在一个小幅度膨胀后迅速萎缩。但我们可以观察到，要承载游戏的长期寿命，需要其他的内容来让玩家都能找到自己的参与感和存在感，因此在玩法设计的第二部分，我们着重分析弱对抗的设计。

弱对抗意味着玩家和玩家之间不发生直接的对抗，但是通过一些间接游戏内容、规则进行对比。弱对抗在传统的 MMORPG 领域通常存在在一些 PVEVP 类的玩法之中。例如不同工会的玩家对比 BOSS 的击杀速度从而根据排名获取奖励。一般而言，弱对抗的存在使得玩家通过游戏环境中的内容进行低压力的竞争，玩家不需要担心自己的生存，不需要直面对手的压力，单纯针对一些效率存在上限的游戏行为，提升自己的效率。

弱对抗的作用主要在于：调节整体的游戏节奏感。纯粹的强对抗经常让单局游戏的节奏产生一定模式化的单调感。弱对抗在其中的合理穿插使得整个游戏节奏能够呈现出一种冲突——缓和——冲突又缓和的波动。玩家避免在整个的游戏过程中一直的受到强对抗高压的影响，从而承担连续失败的沮丧感受。有些时候，玩家甚至可以一直参与弱对抗来进行游戏。这相当于在一款游戏中同时兼容了两种玩法。

缓冲数值突变。数值突变（下一小节的彩票机制中亦有阐述）带来玩家感受剧烈变化的同时，也同样存在让玩家被动承受结果而感到挫败的可能。弱对抗提供了一个缓冲的避风港，让玩家能够在劣势状态下保持体验不至于产生剧烈波动，更进一步地，弱对抗可以延缓甚至翻转已在路上的失败。

保护弱势玩家的参与感。在较高水准的强对抗中，经常会出现一部分玩家没有办法跟上对抗的节奏，被迫放弃参与游戏的情况。弱对抗的存在使得他们不会完全被淘汰。从这个角度看，强弱对抗的结合犹如在玩家之中涂抹了一种粘合剂，让水平参差的玩家能够各司其职。

4.6.3 彩票

在有强弱两种对抗形式之后，围绕这些理念组织内容，似乎游戏已经足够丰满，但在两种对抗的核心反馈部分，我们需要将自己的目标更加专注在反馈的结果上，而在所有的结果反馈中，非线性结果反馈的控制最为重要。

考虑一个看似非常基础的问题，在所有具有“血条”设定的对抗类游戏中，击败目标的奖励往往并不是基于对目标造成的伤害量，而是专属于对目标完成最后致命一击的玩家。无论是在英雄联盟中抢到一男爵，还是在 Dota 中完成对小兵的一次补刀，都遵循这样规则。

很多玩家对这样的规则是习以为常的，但它真的那么自然吗？竞技游戏的最终结果反馈和玩家过程中的努力并非完全对应，反而结果的很大成分由偶然性所影响，这甚至意味着，游戏机制在用一种类似“抽彩票”的方式奖励玩家。

之所以使用这个概念，是因为抽彩票这件事包含的整体反馈机制和游戏中提供的反馈机制非常相似，彩票的核心行为是抽奖，而反馈则有抽奖之后的中大奖、小奖和无奖，以及对应的兴奋、乏味和空虚失望，我们使用这个概念进行类比，意味着彩票最准确的概括了游戏中的非线性体验产生的情绪波动跃进。

在过去的许多游戏中，彩票经常存在许久但却没有被玩家明确感知。比如射击类游戏中常见的爆头高伤害设计，既是奖励高水平玩家的一种方式，同样也是对低水平玩家的战斗偶然性幅度的放大。在强弱对抗中，玩家在用自身的实力影响胜负。但作为游戏设计者而言，我们则运用的是游戏是否好玩的判定法则：一个游戏好玩程度来自于两个量的比值：获取反馈的波动速率和玩家付出的各类成本。彩票机制的存在使得波动速率在游戏过程中存在明显的极值点。而有时候成本又低得不可想象。

除了偶然获取之外，彩票的另一种形式则是突变式的结果反馈。在强对抗的设计原则中，我们强调可反制和给玩家留有实施反制操作的空间。如果我们结合彩票机制进一步思考这一点，就会发现我们可以阶梯型地将反制空间进行压缩，从而放大进攻方的结果反馈变化。这意味着随着游戏进程的深入，双方的整个对抗激烈度都会持续提升，结果也更加难以预测。

05 数值设计
Numerical Design

数值策划的核心，就是用“数值”来确定“体验”。举个简单的例子：

张飞→伤害高、攻速低（力量型英雄）；

孙尚香→伤害低、攻速高（敏捷型英雄）。

玩家在游戏中看到的是，这个张飞伤害高（数值），但是实际感受到的是这个张飞是个很有力气的人（体验）。因此，我们简单地用伤害和攻速两个维度，就传达出了张飞很有力气（比起孙尚香）这个体验。

再举个简单的例子：

张飞：对一个单位进行猛击，造成 1 点伤害，每回合伤害翻倍，持续 5 回合；

贾诩：对一个单位进行下毒，造成 10 点伤害。

是不是有那么一丝丝违和？因为在大部分人理解中，毒药是需要缓慢发作的事物，而猛击更应该是直接造成重创。如果一个游戏采用了上面的设计，玩家在玩的时候就会感觉到“代入感”很差，其根本原因在于数值和想传达的体验相矛盾。

我们可以做一个简单的练习，来尝试深入理解这种细微的区别：

对一个单位造成 10 点伤害，并在之后每秒受到 1 点伤害，持续 5 秒；

对一个单位造成 0 点伤害，并在之后每秒受到 3 点伤害，持续 5 秒；

对一个单位造成 15 点伤害；

对一个单位造成 5 点伤害，并在 5 秒后受到 10 点伤害。

如果按照直观的“体验”，来解释这 4 个技能是什么技能的话，你会做出什么想象呢？

（由于每个人的体验不同，仅作为参考解答）

流血（造成伤害并且让目标持续流血）、下毒、猛击、下蛊。

小练习：以乐曲（攻击技能）和精准射击为意象设计 2 个技能。

5.1 如无必要，勿增实体

在上一部分最后的例子中，前三个例子使用了完全相同的“机制”：

对一个单位造成 X 点伤害，并在之后每秒受到 Y 点伤害，持续 Z 秒。

通过简单的数值改动，我们就做出了流血、下毒、猛击 3 个技能。而在设计下蛊的时候，我们添加了一种新的机制。**在实际工作中，使用新的机制描述体验是相对容易的，但是却会增加游戏的理解门槛，因此我们应该尽量避免这种事情。**以《梦幻西游》电脑版为例，在必要的时候可能会选择放弃一些体验来选择简化（见图 5-1）。

图 5-1　网易游戏《梦幻西游》电脑版赏析（1）

这要求我们在设计新的事物的时候，提前做好规划，从而可以通过少量的机制改动营造出新的体验。（这个思想不仅仅用于数值设计，在系统设计中也是如此）

5.2 万物伊始

当我们从头开始设计一个新游戏的时候，第一个要思考的问题是什么呢？答案当然是这个新游戏给玩家整体的体验。而作为数值策划，我们一般可以选择从战斗作为切入点。思考下面的这个问题：

反恐精英和守望先锋的区别？

《大话西游》和《梦幻西游》的区别？

作为操作模式和玩法几乎相同的游戏，为何这些游戏会给玩家带来截然不同的体验？

一个可供参考的答案是战斗节奏，反恐精英节奏更快，见面爆头一枪死；而守望先锋战斗节奏更慢，哪怕爆头也得打好几枪。因此从体验上反恐精英会更紧张刺激而守望先锋则相对更缓和。

如果将上述的“体验”对应到数值，也就是我们一般所说的“攻血比”。通常在更刺激的游戏里，攻血比会更高（每次攻击伤害占血量百分比更高），反之则会更缓和。

例如《大话西游》中，1 个人物单位行动，可以对对方 5 个单位造成大约 1/3 气血上限的伤害，换而言之，如果所有单位都完美出手可以立刻获得比赛胜利。

而在《梦幻西游》中，1 个人物单位行动，可以对对方 5 个单位造成大约 1/8 气血上限的伤害，因此每回合场面的变化相对《大话西游》就会更小，从而节奏更缓和。

因此，在我们游戏设计的开始，需要通过游戏定位来确定游戏节奏，显然一个轻松休闲的游戏拥有一个极高的攻血比是不合适的。下面是一些经验数值：

DOTA、《英雄联盟》：战斗节奏大约是 7~10 秒（攻血比是 1：7）。

《梦幻西游》（可参见图 5-2）：战斗节奏大约是 40~60 回合（人物间攻血比是 1：16.8）。

图 5-2　网易游戏《梦幻西游》电脑版赏析（2）

5.3 减法公式和乘法公式

决定了整个游戏的战斗节奏后，我们就需要确定整个游戏最核心的战斗公式了。常见的公式如下：

减法公式，即 伤害 = 攻击 − 防御。

乘法公式，即 伤害 = 攻击 ×（1− 免伤率）；免伤率 = 防御 /（k + 防御）。

我们可以对这两个公式进行一个简单的变形：

减法公式：伤害 = C + 攻击’ − 防御；攻击’ = 攻击 −C

乘法公式：伤害 = C* 攻击’ / 防御’；攻击’ = 攻击 ×k/C；防御’ = 防御 + k。

去掉上标后，分别为：

伤害 = C + 攻击 − 防御

伤害 = C* 攻击 / 防御

嗯，看起来非常的优美。

容易发现，在攻击 = 防御的时候，两个公式本身并没有任何的区别。甚至在部分游戏中，我们可以直接放弃掉攻击和防御的设定（例如《皇室战争》）。

值得注意的是，并非说减法公式就不允许包含乘法项，实际上在大部分减法公式中，最终的伤害公式是含有乘法项的，即：

伤害 =（C + 攻击 − 防御）× 各种伤害增益系数 / 各种伤害减免系数

因此可以认为**乘法公式为减法公式的一个退化版本**。而这两种公式，在使用上最大的区别，就是当玩家**阶级不对等**时的结果。

例如玩家 A 的各项属性是玩家 B 的 1.5 倍，在乘法公式中，玩家 A 攻击玩家 B 伤害为 1.5 倍，而玩家 B 攻击玩家 A 伤害为 0.66 倍。但是在减法公式中，这两个数值为 2 和 0.5（假设攻防比 2∶1）。

因此当我们希望加剧阶级不对等的碾压表现时，我们可以选择减法公式，反之亦然。

图 5−3 为《梦幻西游》电脑版的界面，该游戏在确定战斗公式时，综合考虑了玩家的理解成本、战斗平衡、数值成长体验及游戏内容支撑等多方面因素。

图 5-3　网易游戏《梦幻西游》电脑版赏析（3）

5.4　减法公式的优势

既然是进化版本，必然有其优越的地方，主要体现在如下表现：

1. 底层数值自带策略博弈

乘法公式在只有一种伤害类型（例如只有物理，没有法术）的前提下，无法做到 3 种属性的循环克制，但是减法公式可以。

（例子留做思考题，Smile~）

2. 攻防会成为最核心的“贵族属性”

在大部分游戏中，由于玩家的操作 / 策略因素，实际上存在一个潜在的“伤害系数”，即：

伤害 =（C + 攻击 – 防御）× 各种伤害增益系数 / 各种伤害减免系数 × 操作系数

如果不具有减法项，操作系数将和其他所有属性具有相同的优先级，这会导致其余属性的价值降低。例如由于我操作得当，我相当于直接增加了 20% 的攻击（因为操作系数和攻击地位对等），但是在减法公式中，这个等价值会远低于 20% 攻击。

这样的好处是玩家会对每一点攻防属性都特别在意，在大部分游戏中，这可以保持玩家对属性的需求。

3. 在做出同样的数值成长体验的前提下，属性膨胀会更少。因此整体数值可以做的更小

对比乘法公式的《暗黑破坏神 3》，大家应该已经不记得自己伤害是几位数了……

5.5 战斗体验设计

一般我们认为，一个游戏最核心的是战斗体验，而能够决定一个游戏“战斗”的，是下述 4 个维度，即：

数值、操作、策略、运气。

数值：由于玩家赛前积累的时间或者金钱，可以获得的确切优势。例：消费排行榜。

操作：当玩家确切知道自己需要做啥时，做得好坏对胜负的影响程度。例：打地鼠。

（注：一般的玩家会把经过包装的猜拳当作“策略”，这是一个 trick 空间）

策略：玩家需要思考自己需要做啥的游戏。例：中国象棋。

运气：顾名思义。例：比大小。

这 4 个维度的总影响力是固定的，任何一个维度的提高都会导致其他三个维度的降低。例如使用减法公式会使得“数值”的影响力上升，从而操作、策略、运气对战斗的影响力会下降。

要着重说明的是，并非在一个操作类游戏（例如 CS），就完全没有策略因素。例如即使在 CS 中，也需要选择走哪条路，使用什么战术。虽然可能这些“策略”元素非常简单，但是在上述的归类中，我们依然把它归入策略类。

这里我希望借用《皇室战争》来着重分析一下这个分类。皇室战争在推广上是类似于“卡牌”游戏的包装的，但是这个游戏却是一个“操作”+“数值”成分极高的游戏。

下面我们进行一些简单的分析：

运气：唯一的随机因素就是卡牌的上手顺序，甚至在第二轮洗牌后，卡牌顺序是完全固定的。

策略：由于游戏完全没有随机性，策略因素只存在于对对方手牌的未知存在而存在的博弈。在一个特定的场面下，最优解几乎是显而易见的，因此策略性很弱。但是值得注意的是，在游戏的初期，由于所有玩家对卡池和游戏模式的理解程度很低，因此容易被误认为是一个策略游戏。这种设计存在一定的劣势，就是在筛选目标用户时容易出错，这也是皇室战争数据快速走低的一个原因。

操作：实际上，这游戏潜藏了极为大量的操作因素，误差 0.1 秒的操作可能带来截然不同的结果。例如所有单位默认攻击最近的单位，因此如果能精确卡准时间点，可以产生意想不到的赚费（在高端比赛中已经大量出现）。哪怕是在新手阶段，万箭齐发和心机桶也是一个微妙的博弈。（因为存在完美覆盖的箭雨，所以哪怕误差 1 格也会导致万箭白放）

数值：部分卡牌高级 1 级会导致能解掉 / 不能解掉特定卡的情况，会导致 10% 数值被成倍放大，这是一个大幅提高数值影响力的设定。

当然我们实际操作的时候，需要去思考每个设计带来的潜在体验变化。一般来说，策略和操作的要素越高，这游戏会越“小众”，同时应该避免一个游戏的“操作”和“策略”元素都很高，这会导致这游戏非常硬核。

图 5-4 为《梦幻西游》电脑版的战斗界面。

图 5-4　网易游戏《梦幻西游》电脑版赏析（4）

5.6　时间规划设计

在每个游戏中，我们通过战斗设计做出了很多的“体验”，这就相当于一个大蛋糕。但是我们并不能让玩家一来就把整个蛋糕吃了（不然玩家吃饱就流失了）。

于是我们需要把蛋糕进行切分，让玩家通过时间 / 金钱的投入来换取蛋糕。这就是一个游戏的宏观模型。

所以一个游戏的寿命取决于 2 个维度，一个是蛋糕的总大小，另外一个是玩家为了吃到这么多蛋糕愿意的花费。而后半段如同商品定价一样，过高会让玩家望而却步，而过低又会损失系统寿命。

之前的章节讲述的就是如何把蛋糕做大，而我们这里讲解的就是如何把蛋糕卖出更高的价格。

在一般的游戏中，我们会把我们所有的兴奋点（蛋糕）拆分，然后通过一条轴逐步的给玩家（一般是等级），常见的设计如下：

玩家游玩 5 小时可以升到 10 级，10 级的时候开放装备系统。

玩家游玩 20 小时可以升到 20 级，20 级的时候开放熔炼系统。

玩家游玩 45 小时可以升到 30 级，30 级的时候开放召唤兽系统。

……

然后将游戏时长转换成游戏的某个资源（例如经验），那么就变成了：

练级玩法：玩家每小时可以获得 1000 经验。

5000 经验可以升到 10 级

20000 经验可以升到 20 级

45000 经验可以升到 30 级

也就是我们认为，玩家会为了体验装备系统中的乐趣，去在练级玩法中花费 5 小时（当然，这不表示练级玩法本身可以不好玩）。于是我们通过了这些设定，引导玩家在游戏中不断玩下去。

在我们分析游戏时，需要找到这个游戏最主要的“轴”（不一定只有 1 个维度），例如在魔兽世界中，玩家为了追求橙装和装等（橙装解锁新的技能，装等解锁新的玩法）。在王者荣耀中，则是英雄数量、铭文等级（英雄解锁新的体验、铭文解锁新的体验）。

因此，任何一个系统的设计，其最终的产出重点都是我们原先创造出来的“蛋糕”，再通过不同玩法加以包装，让玩家在追求蛋糕的过程中减少重复劳动带来的无趣感（甚至创造新的蛋糕）。而每个蛋糕最理想的情况，就是让玩家对下一个蛋糕产生更大的兴趣（例如玩了 5 级的法师，觉得 10 级的法师一定更有趣）。

《梦幻西游》电脑版（见图 5-5）也是遵循以上原则设计，让玩家体验从新手不断升级的乐趣。

图 5-5　网易游戏《梦幻西游》电脑版赏析（5）

文案设计
Narrative Design
/03

玩法设计
Gameplay Design
/04

数值设计
Numerical Design
/05

系统设计
System Design
/06

06 系统设计
System Design

6.1 长期的目标追求

6.1.1 人们渴望成长感的反馈

游戏乐趣的很大一部分，其实来自于培养，体验成长的过程。RPG 玩家废寝忘食，皓首穷经，双手骨折仍然坚持一遍遍地重复着副本，重复着日常，其实心里都在热忱地感受着角色成长的过程。

今天赚了 100 金币，今天又升了 2 级，攻击力又提高了 30 点，又刷了一个成就，还能发出来具体年月日给其他朋友看的。努力就会得到回报——一切清晰可见，没有什么比这些成长感更美妙的了，人们的内心其实都有着对成长感反馈的渴望。

但现实世界里却很缺少这种反馈，我学会了一个知识，考试会考么？不考等于 0。我去上了这节课，跟我在宿舍打游戏，会有什么区别？我努力拉客，努力擦桌子，笑脸相迎，赚的还是一个月 3000 块。给女神送了礼物，到底是好感度加 10，还是减 10？这些都很难评判，或者反馈需要的时间太久。人们往往失去耐心，能够一直坚持默默付出的毕竟是少数人。

但这种苦恼，在游戏里是不存在的，游戏策划都有一颗主持公道的心，付出时间就一定有成长（充值也是），而且一切数值清晰可见。而又那样轻松地可以验证，你可以轻松地找来几只怪物，验证自己的成长。战斗力的成长，游戏内货币的成长……而各式排行榜更是神奇之作，真是行行出人才，有追求就有排行。现实社会里，评价标准很单一，很多才能都被忽略了。各种评分系统，更是让一切有了一个衡量标准：战斗力评分、成就评分、人气评分、操作评分……如同减肥时有了一个电子秤，随时可以看到自己在进步。游戏世界是现实存在的乌托邦，如果现实生活也存在这么多成长反馈，短中长期的追求，工作学习生活一定会变得更美好。

6.1.2 成长常见设计

很多时候人们享受的不是成长的结果，而是成长的过程，成长的方式。

/ 简单累积

最常见的就是等级，每天获取经验值，等级逐步提升。这种类型的成长跟喝白开水一样，就是这样简单堆积的形式，平平淡淡，但却是最真实有效的模式。每天上线——领盒饭——吃了——成长，就这样构成了成长的最基本单元（见图 6–1）。

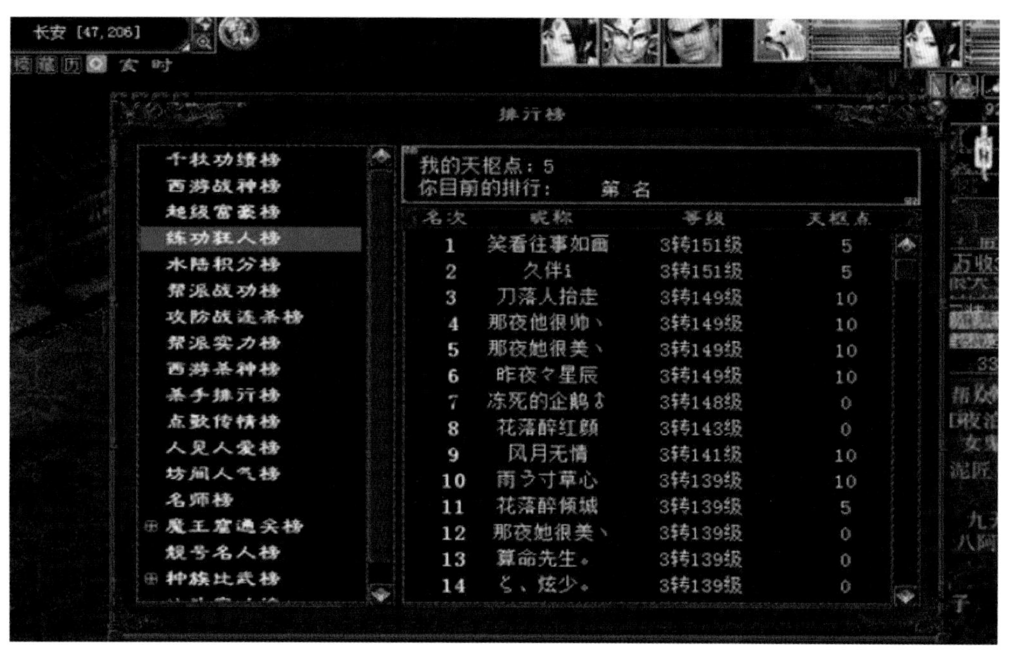

图 6-1 网易游戏《大话西游 2 经典版》练功狂人榜

/ 随机式

每天都在简单累积，白开水喝多了，无聊了，就要使用“随机”，随机总是带来无穷的乐趣，这是人的天性。现在不再是每天领盒饭，而是每天给你一个随机券，使用它，你会获得咸菜，或者是烤鸭腿，全家桶。

洗练——想要的属性，你会不会突然的出现，在街角的咖啡店。图 6-2 所示的炼化属性是典型的“随机”设计。

图 6-2 网易游戏《大话西游手游》炼化

大菠萝，爆装备的那一刻——迷人的是那一缕橙光，绿光。

每次 BOSS 快爆的时候，都莫名心跳加速（见图 6-3）。

图 6-3　暴雪《暗黑破坏神 3》

/ 阶段式

阶段式也是常用的一种模式，不是每天喝白开水，而是每隔几天，能喝一次茅台。常常是把兴奋点堆积在一个点来爆发，这样子更爽。

把战斗属性打包成一个技能，一个特技来爆发（见图 6-4）。

图 6-4　网易游戏《大话西游手游》天演策

比如图 6-5 这个每隔一定等级，能更换一次高级装备，这种阶段性，真的让人着迷。升级的动力更足了。

/ 选择式

不要给我礼物，请直接给我钱。能够自主选择，自由分配的东西才是真的属于我的。所以能够自己选择的东西，往往更有吸引力（见图 6-6 和图 6-7）。

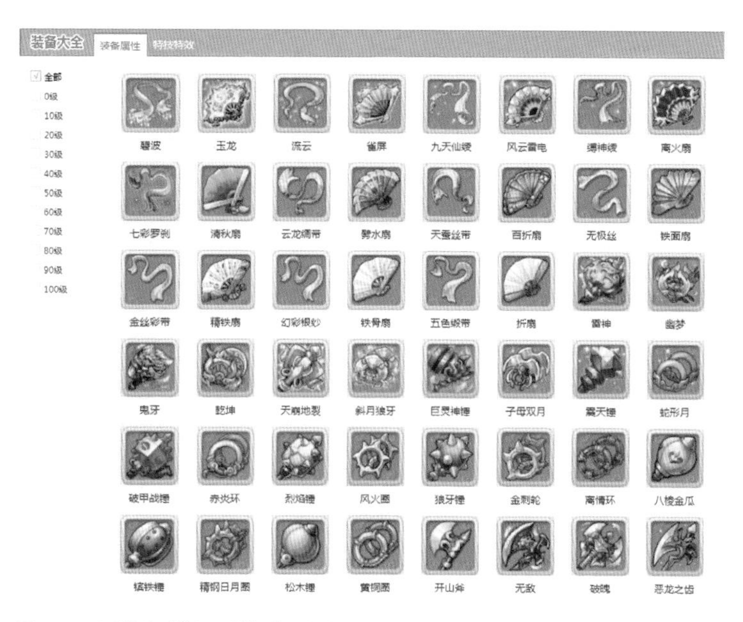

图 6-5　网易游戏《梦幻西游》装备打造

图 6-6　《大话西游手游》天赋页：自己来决策携带的技能

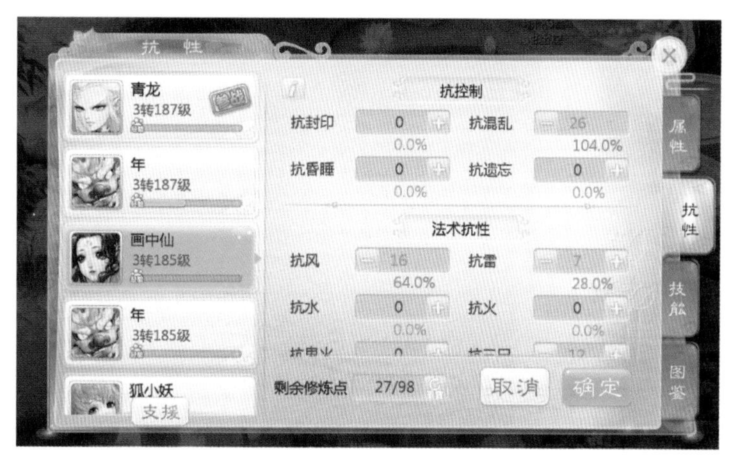

图 6-7　《大话西游手游》自由选择的加点：想法——实践——验证

/ 有趣

前一节是说人们渴望成长，这一节其实说的就是要让成长“有趣”。做游戏，要“有趣”。上面列举的几种是可能有趣的方式，如同烹饪菜肴，怎样搭配这个配方，就是游戏设计者考虑的问题。

6.1.3 成长需要验证

从另外一个维度来讲，我们需要尽量让成长感可感知，可验证，外围的系统与成长本身结合，才能相得益彰，戴维斯双击。

/ 量化标准

尽量的让各种属性数值化，战斗力、等级、属性、人气值、友好度这些，用各种评分系统来覆盖万维，这样才能清晰可见，锱铢必较（见图 6-8）。

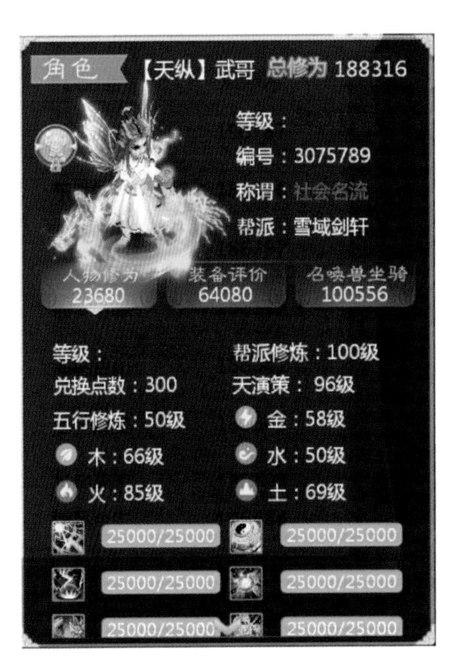

图 6-8 《大话西游手游》角色属性数值

/ 与天斗与地斗

天地日月，恒静无言，与天斗与地斗，就是用一些客观存在不变的标准来检验自己的成长。

多难度分级的 PVE 挑战，很好的扮演了玩家成长验证者的角色。

大家都在成长，很难保证你在人群中的排位有提升，那么就需要这些 PVE 关卡来验证，真实的成长，实力的提升。以前十招才可以带走的怪物，现在一波就可以收割——耕耘收获的感觉。现实社会中，社会的财富在膨胀，每个人的财富比以前多了，但是在人群中的排位却未必。但是那些客观存在的东西还在，以前吃不起的烤鸭腿，开不起的宝马，现在都消费得起了，这种幸福感自然油然而生。

/ 与人斗

中国人的特点，比较关注在人群中的排序。与人斗，其乐无穷。我不管自己到底有多强，只要比你强就可以了。这也算是 UGC（User-generated Content，用户生产内容）的范畴了，争名夺利多少载，设置各种玩家间对比，让玩家自己生产乐趣。

1. 竞技天梯

把不同水平的玩家，划分到不同的等级段。青铜，白银，黄金……

一方面，让势均力敌的玩家匹配到一起，保障战斗乐趣。

另一方面，让玩家爬梯子一样，一节一节的攀升，体会着自己的成长。为什么白银还要分成白银一，白银二？就是这种细分的阶段式，让白银玩家也不至于沉浸在手残的忧伤中，体会不到自己的细微成长。

2. 排行榜

莲花乡东南角第一韩信，网易大厦 6 楼第一关羽；

我不管自己到底有多强，只要比你强就可以了。如图 6-9 所示，《大话西游 2 经典版》设置了丰富的排行维度。

3. 外观炫耀

是在一些提升的时刻，配以合适的外观变化。比如激活了特技效果，技能特效为之变色。有人买了 iPhone，QQ 界面上能显示上“iPhone 在线中”，这种外观炫耀，让人觉得整个世界的人都在看自己，心里默念，我真的强。

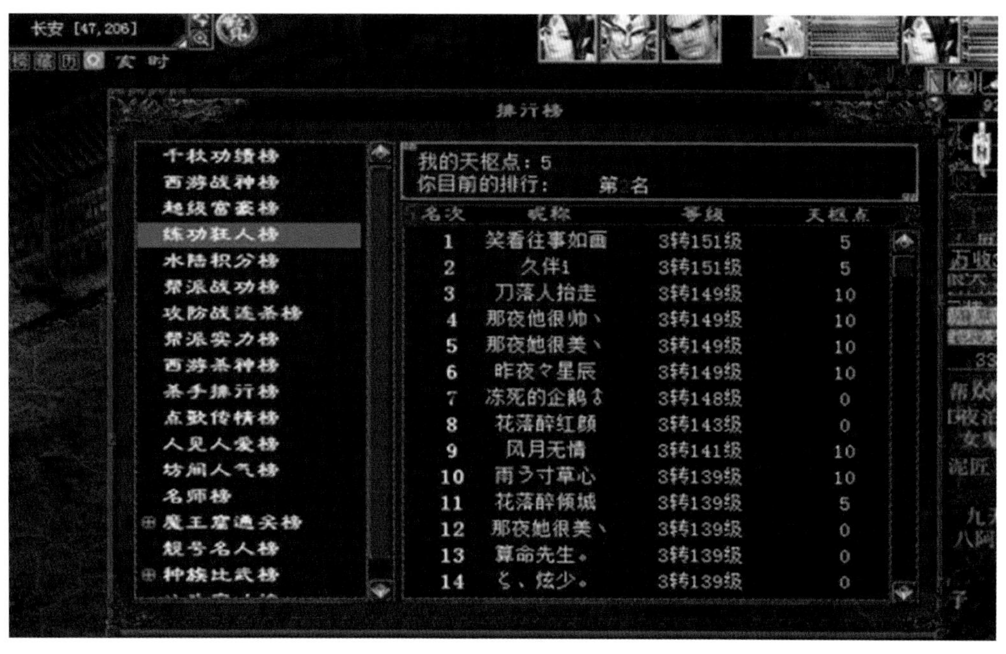

图 6-9 《大话西游 2 经典版》左侧一栏，是丰富的排行维度

6.1.4 总结

对于长期的追求目标——系统也好，玩法也好最终都是游戏长久运营的必备元素；都是从游戏本身出发的一种延伸、升华、丰富的体现，但是在不同的游戏中体现出来的不一样，或者多半都是相互结合的一种体现。

这种在现实生活中其实很多例子：比如旧年茶馆说书的，一般最后拿着醒木重重一拍，醒了众人，然后收了扇子抑扬顿挫道：“欲知后事如何，且听下回分解”；然而下一场必然开场是：“书接上回……”听过一些居然连这些词的调都几乎一模一样；人民群众是智慧的，能流传下来的都是智慧的产物；举这个例子是想说明几个事情：

（1）人的精力是有限的，一个游戏要保持长久的活力需要找到玩家和游戏之间的节奏，良好的控制能达到长期活跃的前提；要持续的盈利或者盈利最大化，一波流肯定不是首要选择；就好比那个说书人不可能一直说下去；同理玩家的时间，金钱也是；

（2）长期的目标追求需要良好的契合点承上启下；既然受限于时间和精力，必然会采取分阶段式的呈现，说书人流传下来的口段必然是经历时间洗礼流传下来最有效的衔接方式；说书说到哪了，上次没来都说了什么，接下来到什么情节都会有一定的了解，这种在游戏中的结果体现就是次留、三留、七日留存；这里说明下长期的目标追求只是会有这样的方向结果产生，但并不是最终结果的主导者；

（3）长期终是有期，谁都想放长线钓大鱼，然而再深的坑也有触底的时候，对于长期运营的游戏都会遇到这个问题，这个时候就需要挖渠引流，对于这种游戏里面有另一个名字——资料片，长期的追求目标终究会有瓶颈，收益边缘化恶化游戏的体验，幸福感降低；树立新的目标追求也许是个良好的选择；

《大话西游》（见图 6-10）能够长久运营得益于在长期目标追求方面做出了很多努力和尝试。

图 6-10 《大话西游手游》宣传海报

因此总结如下：

（1）长期的目标追求需要有贴合游戏类型的良好的节奏控制，对玩家的时间、精力、付费做良好的把控，由浅入深，海纳百川；

（2）在阶段式的追求过程中，长期的目标追求需要良好的契合点承上启下；

（3）当长期的发展遇到瓶颈，需要挖渠引流，寻找长期目标的延续。

但其实对于很多游戏而言，长期的目标追求就是游戏的核心部分，它甚至是最核心的体验，举 MOBA 类游戏来说，它的核心长期目标追求只有一个，那就是匹配到一场恰到好处的战斗。为什么说这是核心追求，很简单，没有它将没法玩。MOBA 可以没有时装、没有天赋、没有符文，但如果没有类天梯匹配系统将无法延续体验下去，MOBA 类游戏比较直接，是即时制类的极致简化体现，就是怼，怎么让玩家一直在里面愉快的玩耍，还是一场好的战斗。

外观、天赋、符文其实都是在核心的长期目标追求之上，针对游戏玩家或者英雄进行细分的个性化追求，是在愉快的战斗体验之上对英雄策略的提升。换言之，英雄的人文扩展都是建基于玩家可以爽快地进行一场战斗，以及玩家愿意持续地玩下去。怎么才能保证通过类天梯系统帮玩家找到合适的队友，和对手开启一场合适的战斗，常规的连胜加分、连败保底战斗，段位拉不开差距就增加段位，新手竞争激烈就增加机器人保证良好体验，排位太刺激就打匹配局娱乐一下，等等，通过一系列更好的评判实力的积分和段位机制，加上各种规则的保底体验，让整体的战斗扬长避短循序渐进地良性循环。终究良好的类天梯战斗匹配机制伴随着玩家体验 MOBA 类游戏一直成长，从来没有间断过。让其成为核心的长期目标追求（持续游戏）的一部分。

6.2 社交关系沉淀

6.2.1 建立社会结构

设计一款以线上虚拟社交为核心竞争力的游戏的社交，例如MMO，核心方法在于“仿真”。这是因为“社会”和“社交”，不同于打击感等，不是一个游戏中诞生的新概念，而是真实生活中存在了成千上万年的老概念。这样的概念，既在真实世界中经历了足够的进化，证明其合理性和有效性，也有足够多的学术理论沉淀。在虚拟社交游戏中，我们要做的是把这个概念尽可能多的映射到游戏里，也比自己大开脑洞的重造社交模型，要科学得多。

但真实社会极为复杂，连社会学也是一个比较新兴的学科，我们的仿真，当前时代不可能从真实世界的底层做起，那可能存在于《头号玩家》这样的电影之中。我们的可行方法，是从复杂的真实社会中，选择一些基本要素，进行抽象。把抽象后的规则，映射到游戏设计中。

社会的最重要基本要素是什么呢？俗话说有人的地方就有江湖，基本要素就是两个：人和人群。这里我们要明确一个概念，人群并不是人的简单相加，而是人，以及人与人之间的关系相加，呈现的一个有生命的机体。

即使抽象出了人和人群两个要素，我们也不可能复原出这两个要素。对于人和人群的设计，仍然需要大量的抽象和映射。

6.2.2 人：差异身份

人是由身份决定的，这个看起来不会很受年轻人喜欢的结论，的的确确是社会学的基础理论。在社会中，描述一个人的时候，极少用生物信息，而更多使用的是社会身份信息。比如说，职业、性格、家庭。不同的身份定义了不同的人，定义了父亲、领袖、艺术家、反抗军，这些人组成的人群，构成了社会。

现实社会的不同身份是怎么形成的呢？短期来看有先天的出生和后天的环境，长期来看是人类历史基于物理社会（引擎）的发展慢慢形成的。但在虚拟社会的设计中，我们可行的方法是直接把身份抽象出来赋予玩家的角色。抽象身份设计的好坏，基本决定了这个游戏社交性的好坏。

游戏里最常用的身份设计，是职业（见图 6–11）。大部分 MMO 游戏中，都有经典战法牧三角职业。一个好的职业设计，应该有足够大的差异性，表现在每个职业都有擅长的工作，和完全不擅长必须由别人补充的工作。战士有足够强的抗伤能力，而缺乏足够的伤害手段，需要由法师承担。同时他们都需要牧师治愈敌人带来的伤害，实现续航。每个玩家都可以清晰地认识到自己和队友在团队中的价值，这个价值是必须完全迥异的（见图 6–12）。

图 6-11　网易游戏《梦幻西游手游》中的角色职业

图 6-12　职业差异化

差异化职业设计，看起来是简单常见的，但是在手游时代中，却容易被设计者因为其他目的而忘掉。往往有设计者为了降低上手、组队门槛，让一个职业“更加全能”，或者通过宠物、道具让一个职业更加全能。一个 DPS 输出职业，拥有减伤、吸血技能非常常见，但一旦数值达到了一定强度之后，这个游戏就掉入了全能陷阱，让战法牧都拥有了抗伤害、输出、治疗能力。短期看玩家的上手和组队门槛确实降低了，但长期看无法形成稳定的身份认知，人和人之间的联系就更无从谈起了。除非是定位为单人体验的游戏，否则要警惕做这样的设计。

要把战斗职业的差异化效果放大，组队人数需要控制。对于传统国战类游戏、大团本游戏（“大型团队副本游戏”的简称）来说，职业虽然有差异，但并不能形成有效的社交。这是因为玩家很难关注到某一个队友在做什么特别的事情，只能认识到这个大团体在做什么。玩家不会关注到，某个输出队友打出了一套高效的 combo，只会注意到整个输出团队打出了多少 DPS。职业差异化上，小队模式往往效果更好，比如回合制 MMO 和 MOBA。

大部分的虚拟世界游戏，核心玩法都是战斗，所以战斗职业差异化设计成功的话，社交性基本就胜利了大半。但身份设计的空间还是很大的，因为职业一个维度只能将人群分成有限的几个集合。如何区分两个战士玩家？除了操作、战力之外，还可以增加身份维度，比如副职。维度的分类空间是相乘的，A 个战斗职业 +B 个副职业，就可以定义 A×B 个不同身份。加入副职业之后，一个战法牧的游戏就会有采矿战士、采药战士、商人战士，等等。

副职业的设计难度比战斗更高，这可能和设计者投入的精力重点有关。副职业设计中，我们仍然要以身份的差异化提醒自己。不同的副职业，无论从功能和体验上都要做足够的差异。功能的差异，像战斗职业的差异一样，让玩家互相依赖。一个制造药品的玩家，不能制造装备，制造装备的玩家又不能烹饪日常消耗食物。避免玩家可以选择多个功能职业实现自给自足。而体验的差异，是让玩家在副职业的选择上有倾向性，这个倾向性就加大了身份的差异。例如一个宝石鉴定的职业内核可以是赌博玩法，其中的玩家都是风险爱好者；一个采集职业的内核可以是蹲守收集玩法，其中的玩家都是肝帝；一个打猎职业的内核可以是 QTE，玩家是操作党。

需要注意的是，身份的差异一定要在玩家之间的交互上体现出来。战斗当然可以在战斗过程中关注到，而副职业很容易遗忘这一点。副职业的产物经常会通过交易行的方式在玩家之间流通，这样实际上玩家对其他玩家的依赖，是通过和系统交互解决的，而并非是和其他玩家交互解决的。这会让设计者产生已经成功设计出身份的错觉，实际并没有。在考虑便捷性的同时，必须要设计一些强交互，例如一个学烹饪的玩家除了可以在交易行卖自己日常做出的烹饪，还可以做出一桌宴席，让队友同时现场进餐。

除了战斗职业和副职业外，还有很多可以从现实社会中抽象出来的身份关系。在抽象的时候注意差异性，以及差异性在交互中的展现。比如说结婚系统，最简单的婚姻系统用角色的性别就满足了差异化，如果要做的更好，男角色和女角色在结婚玩法中表现的作用应该是不一样的。生个孩子需要喂奶的话，就必须只能由女玩家来完成。师父与徒弟，国王和战士，杀手和捕快，这样的身份关系都可以建立到虚拟世界中。

6.2.3 群体：社交团体

群体，是人，以及人与人关系的集合。人身份的差异化构成了群体的基础，群体是社交的表现（仍然要强调身份差异化的重要性，如果所有人都一样，只是简单叠加，是形成不了群体的）。提起游戏社交，大部分人的直接观念就是各种群体，像帮派、结拜、队伍、朋友圈。

群体是和身份强相关的，现实也是如此。公司这个群体，是由老板、员工组成的，学校这个群体，是由老师、学生组成的。游戏中，群体也是由上面提及的不同身份组成的，所以身份设计的好坏决定了群体设计的好坏。

在一个优秀的社交结构中，通过人数划分，应该同时具备小团体和大团体。

《梦幻西游》即设置了社交系统（见图 6-13）。囊括了不同类型的大小团体。

图 6-13　游戏社交

/ 小团体

小团体应该是不超过 10 个人的社交关系。某个关于 Facebook 的研究报告认为，英国用户人均拥有 150 个 Facebook 好友，但活跃互动的人数只有 4 人。人的社交能量是有限的，高能量的连接很难超过 10 个人，这一点在虚拟世界也不应该例外。

小团体社交的特点当然是紧密，更多是一对一的直接关系。这样的强关系，会增加玩家在游戏中的粘性，MMO 游戏的长寿命主要建立在此，玩家愿意日复一日做枯燥的日常，因为是和这些最亲密的朋友在一起玩，一起愉快的“浪费时间”。

最常用的小团体设计方法，是组队，并通过战斗玩法本身的难度考验，提出对配合默契的要求，来把这个队伍稳定下来，俗称固定队。上面提到团体都绑定身份，这个身份对应的就是战斗职业。在战斗关卡设计中，设计者需要刻意设计一些规则谜题，让小队玩家通过某些特定的配合解题。玩家在队伍战斗中需要相互依赖，避免一个强氪金或强操作的玩家，可以以一己之力带飞其他人解题。这在 PVE 战斗中往往有较大的设计空间。在 PVP 战斗中，应该在底层职业的设计时，就考虑这些强关联，例如 DPS 需要辅助的 Buff，T 需要治疗的复活等等。

小团队设计，主要是通过战斗本身对默契程度的要求，来稳固队伍组成。尽量避免因为玩家组成固定，就通过系统发放奖励的方式进行加固。要知道，小团体关系虽然增加了粘性，但也带来了集体流失的风险，当团体里有玩家流失时，其他玩家要能快速的组成下一个固定队。这个过程带来的损失成本越低越好，如果只是战斗难度考验，这个成本是有希望降到比较低的。而成员变动带来的系统奖励损失，则是无法避免的，是固定成本。

总的来说，小团体社交设计是否成功，在于游戏的核心玩法，而非对小团体本身的设计，梦幻西游的原则即是如此（见图 6-14）。

图 6-14 社交小团体

/ 大团体

仅有小团体的社会结构是不稳定的。一个原因上面已经说到，小团体的紧密连接，虽然会增加玩家黏性，降低流失，但另外一方面，成员的流失反而会增加其整个团体的流失风险。另外一个原因是，不是所有玩家都可以顺利地找到属于自己的小团体，这个过程有长有短，一般对于新手和回流玩家都是比较长的，在漫长的寻找团体的过程中，一个非常依赖小团体完成体验的游戏会很容易导致他们流失。第三个方面，小团体的归属感是私人的，难以实现一个正式的集体主义的身份带入，例如集体荣誉感，集团利益冲突，英雄式的炫耀性等等。

以上这些都需要大团体社交来补充。大部分的线上社交游戏，都会以公会、帮派的形式来建立大团体社交，这些组织都有较多的人数，往往能达到上百人。但仅仅有公会帮派这样的组织形式显然是不够的，其相关玩法应该能解决小团体社交解决不了的问题。

一般加入大团体的门槛是不高的，这个无须特别设计。但加入大团体后，需要快速给玩家找到身份定位，这个身份定位应该提供差异化的玩法体验。大部分的战斗核心游戏，大团体是一个大型的战斗组织，这个组织可以区分管理者、战士、后勤这些角色。

管理者是大团体都会首先设计的身份，其身份需要同时通过权力和责任来确立。权力可以包括管理成员名单，还可以配置团体的资源，选择团体的发展方向，可以将团体的福利进行成员的分配。责任和权力的区分是，责任的完成没有多少自由度，大多决定于群体的意志而非管理者的意志，管理者仅作为代表来执行某个操作。责任可以包括，代表团体报名参加某个玩法，领取某个福利，提供某些玩法的攻略解法，给团体成员配置一些临时 Buff 等。责任一般要求管理者活跃在线。

战士、后勤，或者更多成员身份设计，需要在一加入团体的时候就有玩法体现差异化。这可以通过日常玩法来实现。当一个玩家加入团体时，应该立即有管理者会给他设置身份，并且告知他马上需要做的对应身份的任务，只有差异化的任务才有这样的环境，可以通过细分去扩大差异。例如一个战力不足的玩家进入团体，被告知去进行生产任务，这个生产任务还可以分成粮食、军火、药片，不同的任务的注意事项也不相同，管理者需要做必要的分配和指导。这样一个玩家加入大团体，会立即和管理者产生交流，明晰自己在团体中的职责和重要性，建立了个人和大团体的连接，这样就可以弥补小团体的社交粘性缺陷（见图 6-15）。

图 6-15　社交粘性

集体的粘性通过集体荣誉感来保证。同样我们可以在现实社会中找到抽象，一个清晰的集体目标，和集体的敌人冲突都是集体荣誉感的可靠来源。这两个既可以分开设计也可以共同设计。分开设计，例如可以将团体养成和建设作为目标，通过帮派数值、外观的养成动力来促进集体任务，而把团体之间的仇恨单独抽出来，用 PVP 玩法，进行养成资源的抢夺，甚至是简单无利益的匹配战斗，很多 MMO 游戏都会采用这样的方法。而目标和冲突共同设计，会把帮派发展的大目标建立在有冲突的争夺上，例如攻城略地，争夺天下第一，其发展目标都会导向战斗方面，自然和敌人冲突结合在一起，SLG 一般会采用这样的方法。

这两种设计方法没有明确的界限，而是不同程度的倾向，MMO 和 SLG 也经常互相借鉴对方的设计方法。

6.2.4 基于现实的社交

以上讨论的是基于虚拟的社交，玩家在虚拟社会中重构了一个不同于自己真实社会中的身份。同时，也存在大量的游戏，并不是从构建虚拟身份进行社交，而是基于现实社会真实身份的社交。这些游戏以单局体验为主，因为虚拟身份的构建需要长时间的累积，而单局体验重视游戏的玩法游戏性内核，并不积累新的身份，社交往往以线下真实好友为主。或者因为线上相遇的认识而转为线下身份社交。

显然，MOBA，生存竞技这些热门品类都属于此类，RTS、格斗这些曾经的热门品类也是。他们都是 PVP 类游戏。此类 PVP 游戏核心玩法有趣，足够产生大量的玩家间内容。并不太需要去做多少专门的“社交系统”。游戏中的好友系统虽然是必需的，但也是最终导向微信 /QQ 这些线下真实社交工具的桥梁。

竞技游戏的社交增强，方向是尽可能多地让真实好友一起游玩。游玩既包括自己游戏，也包括观看直播、比赛。打造赛事，培养主播和玩家明星，让游戏覆盖更多的用户群，是主要的设计方向。

6.3 道具投放流转

6.3.1 前言

说到投放，货币和道具是分不开的，单独拿出来讲确实有点难以下笔。但是转念一想，游戏道具本身可以货币化，理清楚一些概念后还是可以拿出来分享一下。另外我不觉得可以将某种特定经济系统环境下的投放策略设计得适应所有类型的游戏，所以下文所谈到的设计想法都是基于《梦幻西游》电脑版（见图 6-16）这个带点卡收费、道具收费且自由交易的经济系统下的。如果想将这些设计想法应用到其他类型游戏，需要做简化，这又是一个新的课题了。闲话不多说了，下面还是进入正题吧。

图 6-16　网易游戏《梦幻西游》电脑版（1）

6.3.2 基本原则

假设游戏设计者所设计的道具都是有用的，即都可以转换成数值成长、外观等游戏体验。那道具投放本质上是在投放游戏寿命，即游戏内所有可体验内容的总耗时，而时间的价值又是可以按照现实货币（统一用人民币）进行计量。同理，游戏内的经验、货币、代币价值都如道具那样转化为现实货币价值。那在投放道具前，我们只要理清楚这些物品的价值，确定单位时间投放额度，即可确定每一次道具奖励的投放量。通俗来说，单位时间内，投放多少道具，在演算时，遵循此等式：

投放道具价值 = 玩家劳动价值 – 经验价值 – 货币价值 – 代币价值

而绝大部分游戏里，玩家劳动价值也是可以演算出来。我们甚至可以将“道具”“玩家劳动”“经验”“货币”“代币”视作“商品”，我们知道“商品是一种属性，其大小取决于生成这件商品所需的社会必要劳动时间的多少”。

6.3.3 投放控制

一般来说，游戏内主要通过两个途径对道具进行投放，分别是奖励与商城。商城的投放不用多说，直接按照系统定价售卖就足够了，以保证游戏正常收入，在复杂的经济系统内，商城通过特定道具售卖方式甚至还承担了部分经济调控的功能。而道具奖励渠道在类似梦幻这种游戏内尤其多，那只能通过统一效率来控制。所谓的游戏公平性，则来自于玩家整体收益效率的统一。另外通过道具的分层、精确的定向定量投放，能够尽可能地减少粗放投放对经济系统的冲击，保证游戏的收入。

/ 效率

即使我们依据玩家的劳动价值获得了道具投放的价值区间，但是并不意味着拍脑袋式的在区间内随意投放，我们还是需要依据游戏类型以及核心体验来制定投放策略。首先我们要明确的是指引我们基础投放思路的投放效率控制。

总的来说，我们这里说的效率是针对游戏玩法奖励而言的，是整体奖励的效率，而不是单纯的道具效率，因为在特定的玩法里，经验、道具、金钱的比例是相对固定，控制好整体效率就控制好了道具效率。

而在道具收费游戏里，一般来说都不可能设计如《梦幻西游》电脑版那样自由的交易系统，其交易频率、总额都会下降，即市场上并不需要这么多道具与游戏币参与流通，为了保险起见，游戏币、道具占总投放里的比例又会更少，甚至金钱的投放会比道具投放更少。随着玩家对游戏币、道具的需求增加以及道具交易市场的扩大，系统可以通过商城定向的投放游戏币以及道具来进行调节。

/ 定量与定向

定量投放是在绝大部分游戏里都会用到的方法，细分下去一般是包含：

服务器总限量：如《梦幻西游》电脑版（见图 6-17）中的可兑换神兽的神兜兜就属于这类型，因为产出途径唯一（宝箱），每天限量若干个；宝石商人中出售的宝石在某种意义上也属于每天限量；这种限量设定能有效的保证游戏寿命在可控范围内，防止人民币的投入过快消耗游戏寿命。

图 6-17 网易游戏《梦幻西游》电脑版（2）

而对于定向投放，则更多是基于经济系统调控而做的设定：

（1）利用玩法门槛，定向投放给部分玩家。如《梦幻西游》电脑版重点帮战、《华山论剑》等 PVP 玩法都是需要一定的数值门槛，则可定向投放核心数值材料如制作指南书、百炼精铁等。

（2）利用大数据分析，给符合特征值的玩家群体设定标志，限定其核心道具获取效率。如我们会给部分牟利群体设定标志，在玩法参与次数超过一定阈值时直接降低其获取核心道具的几率。

6.3.4 道具交易

/ 道具分层

虽然在投放设计时，我们依据人的无差别劳动力来确定投放量。但是由于外挂或者工作室的存在，任何阶段都会有部分生产者以高于基准效率的效率来获取游戏收益，并且通过不可完全避免的交易漏洞进行转移。最终的结果就是所涉及的任何投放价值都会降低到以外挂或者工作室为标准的价值。所以我们既想保留交易功能，又想保证系统收入的话，就需要在控制效率的基础上对所有道具进行分类。就针对 MMO 来说，我们可以按照表 6-1 规则进行分类。

表 6-1 MMO 游戏道具分层策略

类型	分类标准	控制方式
低级道具	基本游戏生存保障型道具	按基准效率奖励或福利投放
中级道具	非核心数值道具，初阶数值道具	按基准效率定量定向投放，系统商城充当商人角色并占据至少 20% 以上售卖比例
高级道具	核心数值材料、外观	系统商城唯一出售，极少量投放

在这里，低级道具基本上交由市场定价，理论上来说最终都会过量投放，在保证玩家基本游戏生存的情况下，不断降低投放效率即可。如梦幻中的一二三药。

中级道具是系统与所有玩家争夺定价权的战场，我们通过效率调整、外挂与工作室打击来保证绝大部分玩家效率是在可控范围内，同时商城以价格优势售卖一定比例的此类道具来获取定价权。如梦幻中的宝石商人，依据其特有的价格波动方式，通过大量出售宝石等道具来控制宝石价格，当然我们也需要控制投放总量类进行配合。

最后的高级道具基本上是我们系统收入的保障，这点在道具收费游戏、手机游戏里尤其明显。如梦幻手游中的强化石，是打造强化装备的必需材料，绝大部分产出都通过商城售卖，在其他制作指南书、精铁都有理论可能被刷滥的情况下（实际情况并不会这样，毕竟开发组会持续控制产出），还能在核心数值成长上保留强化石这一个收入。

/ 创造交易可能

道具投放本质上是让玩家能够正常游戏，并且逐渐积累成长。如果游戏内不存在交易功能，那在投放时只要保证道具都有用（狗粮也有用，也是寿命），同时紧缺投放的策略能保证系统收入。如果游戏内存在交易功能，那在设计道具投放策略上就要考虑好如何创造交易可能。我们首先说明一下产生交易需求所必须的道具特征：

（1）所有投放的道具都有其价值，即可转换为游戏体验；

（2）道具类型多样化，属性多样化，满足多样化的系统养成需求。

然后我们就可以通过投放策略来让玩家为了自身成长而产生交易需求：

（1）除商城定向定量售卖外，其他奖励投放，道具随机获取；此设计会造成玩家无法自给自足，必须通过交易来获取自己当前游戏行为所需的必需品；

（2）商城定向定量售卖的可交易物品，通过抢购、价格波动等策略，保留一定利润空间给玩家，有利润存在就存在交易，可以通过全面开放等方式让玩家与工作室一起竞争此利润；

（3）不同类型玩法的奖励道具列表不一样，因为不同类型玩法有不同的玩家受众，玩家无法通过遍历所有玩法来自我满足，则必须与他人交易才能满足成长需求。

/ 交易控制方法

在道具收费游戏里，我们都比较“厌恶”点对点交易模式，因为会创造工作室牟利空间以及恶化多小号养大号的情况。而矛盾的是，玩家天生喜欢点对点交易，因为在他们眼里，这意味着“保值”“降低投入”。即使去掉点对点交易，玩家都是想尽办法绕过监管尽可能达成点对点交易。

《梦幻西游》（见图 6-18）中我们最常规的做法是使用某种商会模式来控制，即系统在交易过程中扮演中介角色，买卖双方是无法获知双方信息的。但是这还不够，聪明的玩家还是会绕过这一设定。你需要在交易过程中添加一些最基础的设计才能有效避免点对点交易：

（1）限定可交易物品类型，高频率交易需求的道具更难以被利用进行点对点交易；

（2）限定可交易物品价格区间，过高或者过低都能是点对点交易的方法，过低则是转移物品或者线下交易，过高则是转移游戏币；

（3）系统生成同类商品进行干扰，提高点对点交易难度；

（4）监控异常交易进行打击。

另外，为了再次减少交易所带来的直接的系统收入损失，一般来说，我们都会在交易过程进行收税。税率多少参考梦幻手游即可，如果产品需要更活跃的交易，适当降低税率也是可行。但是不建议取消税率，因为税收是在交易控制手段不再生效时系统唯一收入来源。

图 6-18 网易游戏《梦幻西游》电脑版（3）

6.3.5 道具回收

道具意味着游戏体验，回收道具本质上用游戏寿命来进行兑换。依据道具在被系统回收时所处在的形态，可以归纳为以下三种回收方式。

/ 常规回收模式

道具从投放到回收过程中最多只经历交易过程，过程中属性无任何改变，这是最常见与惯用的回收手段。一般来说，系统以“原价”进行回收，一次性消耗，兑换成角色成长、数值、体验门槛。多用于基础的生存道具、成长道具。如血蓝消耗品、修炼果等数值兑换道具。

/ 材料加工

进阶的回收方式是将道具设计为更高级道具的材料，在转化过程中再次投入玩家无差别劳动、运气，最终获取高级的材料。此过程一般经历多种玩法、系统，最终转化为极其高级的道具。如《梦幻西游》中的藏宝图，可见其转化流程（见图 6-19）：

图 6-19 转化流程

此方式过程中能产生更多的可交易利润，利润空间的存在能极大地刺激经济系统活性，同时也解决了高级数值道具单价过高的问题。

/ 淘汰

对于淘汰，则是设计者所要坚持的设计。分别是：

（1）系统保底回购，即当其使用价值或者阶段性使用价值被替代后，系统以极低的保底价格进行回购。如低等级装备、低品高等级装备。

（2）有损地分解为基础材料，再次投入到材料加工循环中，在无数次的有损过程结果下，最终趋于 0。一般来说用于装备打造、洗练等具有随机性的设计中。

（3）随着游戏新体验、新追求的推出，旧有道具通过交易转移到低端玩家手中继续使用，不断地循环此过程，然后回归到（2）、（1）阶段。一般来说设计者应有意地推动此进程，分别为不同阶层玩家创作需求与环境。如《梦幻西游》中每一次新装备的出现，都会推动旧装备转移到低等级、低消费玩家手中。注意，保值是针对最顶层道具的，而不是针对所有。

让我们最后回顾一下道具投放流转这一话题的关键点，从一开始明确投放道具本质就是投放游戏体验自身开始，谨慎可控的投放，到最后利用不同的设计方法将其在游戏过程中循环，最终还是变为我们的游戏体验。投放回收思路可以延续，但是方法不应一成不变，由各位的游戏品类决定。

6.4 免费游戏的付费设计

游戏制作本质是个商业行为。我们在对玩家负责时，更需要对投资人负责，对团队成员负责。世俗意义上的成功并不会妨碍游戏艺术性这个更高层级的追求。因此我们在做游戏时，无可回避地需要深入思考游戏的付费设计。

6.4.1 付费的整体规划

从整体看游戏的付费设计，主要两个方面思考：

产品。我们所设计的游戏是款怎样的产品，它是二次元风格的卡牌收集，是武侠风格的即时 MMO，还是黑童话风格的非对称竞技。这个产品承受的现实成本是怎样的，包括人力成本、美术成本、营销成本和所谓的时间值成本。投资人（公司）对产品的定位与期望值是什么，是主打口碑把更多用户吸引入网易游戏大池子，是新领域的试水开拓，亦或是成熟品类中依托品质占领市场获得可观得投资回报。这种产品的自身特性与定位宏观上决定了我们所能做的付费范畴。

用户。我们所设计的这款游戏它的潜在用户人群是怎样的。这里的怎样定义包括年龄段、认知喜好、经济能力等等。例如《大话西游》（见图 6-20）用户年龄段偏大、喜好交友、经济能力强劲，而二次元用户年轻、活跃黏着度高、冲动消费愿为颜值与声优买单。生存类、枪、车、球等用户也都有各自的特征。这些特征都将影响我们用户对各种付费形式的认可度和付费深度的承受水平，对应的我们需要构思相适应的付费结构与维度。

图 6-20　网易游戏《大话西游》手游（1）

在明确了团队做的是一款怎样的游戏，潜在的用户群体特征是怎样的情况下，则要做的付费设计也大致能够有个明确的概念。

6.4.2　付费设计的切入

《大话西游》手游（见图 6-21）沿袭了电脑版的点卡收费和道具收费且自由交易的经济系统思路，但当在结合具体游戏，细化设计付费的内容时，我们往往会从一些角度切入。例如，从游戏类型切入，时间轴成长线切入，与数值、系统、外观、玩法相结合的切入等。

从游戏类型切入。我们对游戏类型划分时，有多种划分方式，有按玩法形式划分，比如 SLG、MMO、MOBA，有按风格划分，比如武侠、魔幻、二次元。游戏产业发展了几十年，玩家大群体也被训练了几十年，在对开发产品进行大类定义时，这个付费设计节点也在自然而然地由点成面。按玩法形式划分的 SLG 类，城池基建发展、资源生产、科技成长、军备建设、将领提升等玩家能很好接受理解的付费节点自然就跃现出来。按风格划分的武侠类，外练内修、神功密宗、上等兵器这些可追求的点也是水到渠成。由游戏类型切入，可快速搭建所设计的游戏需要的付费面。

图 6-21　网易游戏《大话西游》手游（2）

从时间轴成长线切入。一款游戏上线后，游戏的生态会顺着设计者的规划发展，玩家自身一定程度上也会随着设计者规划的设计路径成长。那么随着时间轴成长线来规划设计付费，可有效贴合玩家的游戏感受。马斯洛需求层次理论常被用到游戏设计中。很多类型的游戏，玩家在整个游戏发展中，本质是从马斯洛需求层次理论的底部往上追求，把时间轴成长线与马斯洛理论相结合思考，很快我们就可以清晰化自己的付费布局。游戏中哪些付费处于马斯洛需求的哪些层次？处于这些个层级需求的玩家群体特征是怎样的？因此需要设计的付费点应该各自布局到时间轴成长线的哪个位置？还有各个付费点需要怎样的消费性价比，怎样的消费体验？当思考清楚这些问题时，付费设计的大布局基本成型。

与数值、系统、外观、玩法相结合的切入。当大的付费设计布局大体完成后，则需要细化每个付费节点。细化付费节点时，更多地需要把付费设计与游戏内容结合起来，主要为与数值结合、与系统结合、与外观追求和玩法结合。

（1）与数值的结合多应用于培养成长型的游戏，在设计此类游戏时，会先建立一个游戏的价值体系，然后再从游戏内投放的内容划分一部分数值，通过价值体系映射成付费内容。最典型例子就是 COC，游戏几乎所有东西都可以通过价值体系映射成消费，当然也可通过投放时间积累。

（2）与系统结合的付费设计本质就是玩家为某个系统培养追求产生消费的设计。中庸的系统付费设计就是系统内裹数值然后卖数值。其实优秀的系统付费设计是可以让玩家更多为系统内容中的乐趣付费，可以说是玩家因培养系统的乐趣为数值溢价付费。《大话西游 2》中的养育系统，玩家不仅仅是获得“孩子”身上的战斗数值，更在探索追求养育的“孩子”各自不同的结局。

（3）与外观结合的付费设计常应用于竞技类游戏，例如 MOBA、FPS 等。此类游戏追求低准入门槛以便引入较多用户，同时又讲究对抗的公平性，不宜引入数值成长和复杂养成。外观炫耀向的付费设计作为核心付费主要思考几个点：表现植入、定价策略、售卖形式与促销节奏控制。表现植入是指在何处以怎样的形式植入表现，皮肤造型变化、法术表现变幻、击杀特效强化等，当然也包括 IP 联动引入其他文化。定价策略是指，思考游戏的玩家对外观价值的认可是多少。售卖形式指以何种方式售出外观，哪些商场直接购买，哪些开箱随机获得，哪些节日限售，当然还有游戏内通过活跃积累与消费获得的一个比例。外观向的消费往往是一次性消费，因此促销拉动售卖是常规手段，例如 DOTA 每年配合 TI 赛事进行外观促销售卖。我们需要去思考分析产品中怎样的促销节奏是合理的、适应游戏发展的。

（4）与玩法相结合的付费多应用于休闲类游戏，例如跑酷、三消、塔防等轻度游戏。玩法结合的付费总体是个帮助性付费，即付费获得道具 buff 等帮助玩家玩得更好，获得更好的成绩。此类付费设计核心点讲究一个度的把握，不能让过度的付费手段破坏了游戏的核心体验。当然很多时候，付费与这些都是糅和在一起的，例如装备相关的付费，涉及战斗数值的付费、装备系统的养成付费、光武等外观追求付费。针对此类糅和在一起的情况，我们都可一一划分对应的付费价值权重来进行评估设计。

6.4.3 付费设计的注意点

游戏的付费设计从结构到内容遵循一定的规则一步步展开，由点到面完成整个游戏里的付费体系，《大话西游》电脑版和手游（见图 6-22）都遵循了这一设计原则。在这个过程中我们同时需要思考付费设计的一些注意点，以便获得更优的设计。

图 6-22　网易游戏《大话西游》手游（3）

付费代入感是我们第一个需要思考的注意点。游戏里面的付费设计是否从世界观出发融入游戏对于整个游戏的氛围体验影响颇大。赛车游戏里面付费获得更猛的氮气、加速度更快的氮气其实并不是个特别有代入感的设计。相对而言你付费后更换更大抓地力的轮胎、去改装店刷系统后发动机获得更大扭矩会更有代入感。其他类型的游戏同样，付费需要在世界观框架下展开，就像吐槽大会的植入广告也需要以吐槽形式呈现。

游戏内的付费本质就是消费，和我们日常消费一样，那就无法绕开商品和服务价格的定价问题。这个更多是和整个游戏内道具内容的价值设定、时间值成本对比消费价格相关。当然作为消费，日常生活中有许许多多例子值得我们思考借鉴，例如快消类工业产品的价格设定方法、奢侈品商品的溢价理论与消费心理建设等。

一个一定经济水平的人在住房消费、购车消费上总是和自身经济状态稳定相适应。同样游戏消费也不例外，一段时间内某个玩家个体的消费能力是总量守恒的。那么在这个有限的总量里，把每一个玩家的消费引向他所对应的最有价值反馈、消费体验最好的付费设计上是值得我们去思考的。

另一方面，设计的付费也会对游戏本身产生一定的影响。合理的付费设计避免对游戏内容进行破坏性的冲击是值得我们思考的。每个游戏在设计时多少会有一些生命周期的设计，不合理的付费设计将会缩短游戏的生命周期。与此同时，不同系统之间极度不合理的付费性价比会使得玩家一窝蜂地追求高性价比内容而使得游戏内体系失衡。

最后想说的是，所有的消费设计都从理性的规划设计出发，但最后重新回归到感性的自我体验上。通俗地讲，规划是规划，再好的规划最终都要用体验去验证去校正这一切。想做好付费设计，自己先做好一个资深的消费者。

DIFFERENTIATION-PROVIDING DIVERSE GAMING EXPERIENCES

04

差异化 – 提供多样的游戏体验

07 题材差异化 Theme Differentiation

7.1 IP 合作

2018 年，iOS 畅销榜前 20 榜单中，总共有六成以上是有 IP 的产品，可见 IP 合作是保证产品成功率的重要方式。在探讨 IP 合作之前，要回答的首要问题是，IP 究竟是什么？

下面是在网上能查到的一些说法：

百度百科：知识所属权，指权利人对其所创作的智力劳动成果所享有的财产权利。

百度观点：具有泛娱乐开发价值，可以在影视剧、动漫、游戏等娱乐文化领域中复用的元素。

腾讯研究院：IP 是经过市场检验的可以承载人类情感的符号。

今日头条：IP 本质是人类的共同想象和记忆。

马化腾：IP 是不可再生资源，不是简单用资金就可以复制的。

吴声：IP 是以内容力为基础的新流量，是以新计算平台完成意义覆盖的心理唤起标签。

虽然定义很多，角度见仁见智，但都充分肯定了“IP 能凭借植根于用户的已有认知，带来巨大的市场价值”这一本质，而这也是 IP 合作对产品最重要的意义。

7.1.1 IP 合作帮助解决用户导入问题

首先，IP 的受众本身就是产品的潜在用户。IP 化需求与手游环境是高度契合的。在产品同质化、用户对身边充斥的各种信息越来越麻木的今天，有广泛知名度的 IP 能够有助于突破人们的心理屏障，唤起尝试下载的兴趣。与此同时，人手一部的手机与便捷的网络环境，让用户从产生兴趣到完成下载的转化损耗极大降低，从而使得 IP 受众更有可能转化为产品的真实用户。

其次，产品需要快速定位并找到自己的第一波用户，协助产品通过测试来进行校准与打磨。在 IP 合作产品中，IP 的高忠诚度用户往往具有较高的尝试意愿，从中可以更容易地找到适合产品的核心用户。

最后，IP 合作不仅满足了 IP 受众本身的需求，IP 背后的某些内核与手游的载体一旦结合，可能会激发出新的特点，满足更广泛玩家的需求。例如《一梦江湖》通过对其 IP 背后的江湖世界的展现，相比以往的武侠游戏提供了更高级的代入感，并通过手游这种更轻度、更便捷的体验与传播载体，唤起了国人心底普遍埋藏的武侠情结，很好地激发了该题材用户，甚至引起了泛用户的兴趣。

用户导入只是一个开始。玩家因兴趣而来，因为不能满足需求而流失。产品需要在 IP 的框架内持续产出新内容以长期运营，包括推出新的剧情、关卡、系统等等以维持用户的留存和付费。

7.1.2 IP 合作产品的内容设计思路

设计 IP 合作产品本质是满足相关方的需求，大致可以分为满足泛用户需求、满足 IP 核心受众需求、满足 IP 合作方需求、满足产品的传播需求四个部分。

/ 满足泛用户需求

泛用户主要是娱乐需求，在设计时需要令 IP 符合用户认知，并能感受到 IP 的特色。在美术风格、产品类型、核心精神等方面上，需要与 IP 的调性契合。

功夫熊猫是一个电影 IP，知名度高，受众广泛。其主要调性是冒险、战斗和成长，这和以通关冒险 + 养成为主题的 ARPG 更为契合。

作为知名热血动漫改编的作品《火影忍者》《圣斗士星矢》和《七龙珠》，原 IP 的重要核心都是激烈的战斗，《火影忍者》选择横版即时战斗作为核心玩法，与选择卡牌的后两者相比，与原 IP 的调性更加契合。三款作品均在上线时杀入畅销榜前列，但火影忍者的长期表现会比后两者要稳定很多。玩法和 IP 调性契合，充分满足 IP 受众的幻想是其背后一个重要因素。

/ 满足 IP 核心受众需求

电影类 IP 的核心受众数量和要求会少一些，游戏类 IP 或动漫类 IP，由于凝结了用户大量的时间，并形成了圈子甚至文化，会拥有大量的核心受众和更高的要求。

IP 核心受众，是指投入了大量的时间，并形成圈子和文化的核心群体。一般游戏类和动漫类 IP 会有大量的核心受众，相较而言电影类 IP 虽然知名度可能更高，但核心受众会更少一些。

核心受众是挑剔而忠诚的，他们会对产品提出很高的要求。如果产品满足了他们的诉求，他们会为产品打 call 推荐，形成正面口碑，帮助产品触达更广的用户；如果产品没有满足他们，甚至低于他们的预期，他们则不会帮助产品传播，甚至产出负面口碑，对产品的传播产生负面影响。

在内容产出上，开发组需要了解核心受众的痛点，通过迎合他们的需求，基于 IP 的已有认知，产生“符合”“共鸣”“满足”“认同”等各种正面情感。例如：

（1）符合：要出现核心受众感觉“应该有的”角色场景玩法等，而且符合玩家对 IP 的期望。正如魔法禁书的炮姐，月厨系列的 saber，战神系列的小游戏，暗黑系列的奶牛关。

（2）共鸣：还原经典的桥段让人眼前一亮，超出玩家对 IP 的预期。如火影忍者手游中还原白和再不斩的羁绊，功夫熊猫中还原电影的阿宝 VS 大龙的决胜 QTE 等。

（3）满足：填补用户在前作未达成的遗憾。如仙剑手游中，玩家和赵灵儿、林月如等悲剧角色培养亲密度关系等。

（4）认同：埋设圈内才懂的一些梗，获得玩家社群的认同感。暴雪游戏常常会将社区里的知名玩家埋入游戏设计中。

除此之外，核心受众和泛用户的需求并不完全一致，一些迎合核心受众的设计会导致给泛用户增加门槛，过于迎合泛用户则会导致核心受众的抱怨，需要根据产品定位在实际开发中予以取舍。

/ 满足 IP 合作方需求

合作开发中一定会牵涉大量的再创作需求，包括原创角色、剧情，以及已有角色的延伸等。

IP 合作方会基于维护 IP 品牌价值，对产品的再创作提出严格的限制，并通过监修的方式来要求解决。不同合作方关注的点一般会有所不同：

注重维护 IP 角色形象的合作方往往会对角色、性格、应用场合等提出严格的监修要求，阿宝等主要角色都有相应的一系列性格关键词，在故事线中的行为和决定应当符合角色的基本设定，多个角色并列出现时，他们的前后关系会有限制。

注重世界观背景的合作方，往往会对文案的设定、怪物场景的设计思路予以限制，例如暗黑破坏神（见图 7-1）与指环王、魔兽世界、冰与火之歌等虽然同属于西方魔幻题材，但是属于哥特风格，因此不能出现非人类制造的幻想型生物，常见的凤凰、元素生物、龙等西方魔幻怪物与暗黑的世界观是不符合的。

图 7-1　暴雪《暗黑破坏神：不朽》

在与游戏公司联合开发的产品中，合作方可能会基于设计理念驱动，对策划设计与思路提出要求。例如在暴雪有一系列著名的开发理念，如“易上手难精通”“操作体验优先”“think globally”等，基于这一系列理念，会对合作开发产品的设计提出相关的要求和建议。

/ 满足产品传播需求

即使产品质量过硬，良好口碑也需要转化成为有效的传播。当核心用户向外层用户传播时，核心用户会将感受到的产品亮点作为推荐点，由于外层用户对 IP 的认知度更低一些，一些推荐点往往不能成为被传播方接受推荐的理由，从而阻断了传播。例如对于守望先锋，一些只有 MOBA 圈才能懂的概念，如“团战很爽”，对于圈外用户理解会比较困难，但是“屁股”会更容易激发外层用户的兴趣。与其依赖用户自发地产生传播标签并形成传播管道，不如设计者在开发产品时，有意识地基于 IP 特点，有准备地事先设计产品的核心概念，以及埋设可能的传播点。

7.1.3　内容设计

推进内容创作，一方面能够更好地满足用户的需求，另一方面能够加速与 IP 方的合作开发效率。为了达到这一目的，设计团队需要充分地理解并把握用户的需求、IP 的内核、了解 IP 方创作的思路以及红线的边界，并在实践中通过磨合使之越来越清晰。

立项初期，可以让团队的设计人员通过体验 IP 相关产品，成为 IP 的核心粉丝，把握相关核心用户的需求。包括体验 IP 相关游戏，阅读观看 IP 相关的原画集、小说、动漫等，融入 IP 粉丝圈，充分熟悉 IP 的背景和内涵。例如在暗黑手游立项初期，开发团队会充分体验暗黑 3 和暗黑 2，并将周边的论坛、官方小说和设定集、原画集、Wiki、编年史等相关资料都进行了详尽的查阅和整理。

合作中，可以请合作方给设计团队定期讲解设计理念、监修的规范和案例等，了解开发者角度背后的设计逻辑。在监修时进行充分 review 和 Q/A 有助于双方加深理解，在遇到“这样不可以”之后，多问一句为什么不可以，怎样改是可以的，可以更准确的理解 IP 方的立场。在《功夫熊猫》手游开发中期，梦工厂组织了品牌专员对素材的使用进行了系统性的指导。此外，在暗黑手游开发中，暴雪的策划和美术会对中方团队就暗黑游戏的开发理念进行科普和指导，美术方还提供了一系列的“Art Bible”，在监修后还会提供具体的“paint over”来展示怎样是可以的，极大地提升了后续内容设计的效率。

此外，还可以使用 IP 方的资源以提高设计效率，降低开发成本。包括借鉴世界观架构、角色、场景、剧情设定等，甚至使用对方的原版资源，包括故事设定集、原画集、模型、音乐、音效资源等。此外对于游戏 IP，我们还可以借鉴知名的玩法和设定，并了解其背后的详细设计，从而更好地还原和继承。上述内容可以直接应用于产品开发或营销素材中。

关于原创内容设计，除了尊重 IP 方的诉求外，还需要坚持自己的合理诉求，积极寻求双方合作的最大空间。例如，我方所坚持的重要设计被 IP 方否决，既可以退一步，阐述我方基于产品或者用户角度的出发点，并寻求对方的认同，建立共识点推动双方一起寻求满足诉求的方法；也可以追问 IP 方否决背后的原因，一同寻求更加完备清晰的评判标准，为继续设计提供参考。

7.1.4 合作的推进与冲突的管理

合作必然是伴随着冲突，而不信任会将冲突放大，作为产品方策划，需要与合作方一起推动建立一个良性的合作框架，框架内容主要是了解合作方组织结构、形成互信、高效沟通、解决冲突。

首先开发过程中，合作方可能有多人与产品对接，需要了解对方的组织结构，包括了解合作方干系人的权限、负责范围以及汇报关系，使得在沟通时能够找到正确的干系人，减少隐患。例如，对方不专业的监修执行人员会比较机械强硬地执行监修意见，直接与其对接重要问题会导致进展低下。此外，通过错误的接口人沟通问题可能会导致信息层层传递失真，拖延问题的解决时间，甚至导致合作方最终负责人的预期管理失控，对项目开发带来风险。

其次是形成互信。合作开始时，双方有着把产品开发成功的共同愿望，但是双方的开发团队通常是缺乏了解的。作为产品方，应当表现出足够的专业性以获得对方的尊重和信任，包括开发中及时响应对方诉求，遵守承诺，充分理解 IP 合作方立场等，当然最终还是要靠产品的质量和成绩来取得对方的信任。

然后是高效沟通。与合作方的合作往往是异地办公，甚至是异国办公，双方经常会通过电话会议、邮件等低带宽途径进行沟通，沟通准确高效是一个基本要求。作为产品方策划，需要能够站在双方角度，厘清双方信息的接口与合作的分工，将必要的知会内容与诉求充分提炼，精炼而准确的传达给对方。与此同时，来往的信息要做好留底，对于电话会议、聊天软件等口头、非正式途径的会议纪要和结论，需要通过邮件发送双方相干人正式确认，作为双方认可的事实，方便日后追溯。

在推进过程中，常见的冲突包括：对监修预期不一致、对监修结果意见不一致以及其他合作问题。

在合作过程中，IP 方往往会希望高度介入开发，在时间尺度、模块粒度进行更细致的跟进。但过细的介入粒度会对开发方带来额外的沟通成本，以及进度调整代价，而过疏的介入粒度可能会导致大量监修问题过晚发现，双方需要基于项目特点，确认一个合适粒度和协商流程，管理好双方的预期。此外，如果介入过细，产品方将不得不指派多个接口人以分散负担，这要求项目组有更高的整体协作能力（管理沟通口径、沟通信息同步等）。

对于具体的监修问题，当产品方和 IP 方就监修结果意见发生冲突时，应当尊重对方基于维护 IP 品牌的诉求，不要莽撞的强力推进，无视对方的诉求。同时也需要对己方的产品思路充分理解，遇到问题时能够清晰地分辨其影响，一些和产品调性、用户定位等相关的基本问题，不能因为合作方的异议而轻易偏离方向，不要一味妥协、被动地按照对方的整改意见进行。在沟通时，需要坚持自己的立场，从双方认可的事实出发，合理的表达自己的意见，并充分理解对方的核心诉求，达成双方都可以接受的方案。对于僵持的重要问题，需要联系双方有权限的责任人进行直接沟通，高效达成方案。

发生争议时，需要明确自己的核心诉求，明确当前的问题，并辅以必要的细节信息支持，以便更好地让对方认可我方的观点，得到正面反馈。之前确认过的会议纪要等信息会是重要的事实依据。

7.2 开放世界

随着行业发展，玩家对游戏质量的要求越来越高，对游戏体验的需求也越来越多样。而开放世界游戏的出现，对游戏题材有了更深入地挖掘与表达，进一步增强了游戏世界的真实感和代入感，因此也受到了越来越多玩家的关注与喜爱。

7.2.1 什么是开放世界

首先，我们来探讨一些开放世界话题下的基本概念，以方便后续展开。

/ 开放世界与沙盒

开放世界是近些年在游戏创作中经常会提到的一个概念，另一个常与之相提并论的概念是沙盒游戏。其实现在对于这两个概念存在很多种理解，并没有完全标准化的定义。但为了方便讨论，我们还是先尝试建立一个统一的认知。

开放世界与沙盒游戏并不能完全画等号。关于两者的区别，作者比较认可以下两个观点。

其一，沙盒游戏更多被用来定义一种游戏类型，其特点是拥有极高的自由度，允许玩家对游戏世界进行极大的创造、改变，在同一个游戏内拥有非常丰富的玩法种类，允许玩家完全自由地设定自己的游戏目标和游戏模式；而开放世界更多被用来描述一种游戏特征，指该游戏的世界塑造拥有较多真实反馈和较少固定约束，在一定程度上允许玩家对游戏世界进行影响和改变，允许玩家探索尽可能多的实现目标的途径，而非单一的线性的游戏进程，这种设计特征可能被应用于 RPG、SLG 等多种类型的游戏。

其二，沙盒游戏中，设计者往往尽可能弱化对游戏世界本身的塑造，而仅提供构建世界的最小元素与规则，以给玩家更多的自由空间，也即玩家可以创造世界；而开放世界因为大量应用于 RPG 类游戏，游戏本身世界（时代、背景、人物、故事等）的设定往往是很重要的部分，所以其更多表现为对既有题材及世界的拟真与挖掘，玩家难以创造世界，但可以与世界互动并在一定程度（更多体现在故事线、社会形态而非自然环境）上改变世界。

因此，一个沙盒游戏——比如我们熟知的 *Minecraft*——往往已经包含甚至超出了开放世界特征；而一个具有开放世界特征的游戏，则未必是沙盒，比如《巫师》《上古卷轴》等。我们下文的讨论，也更多是基于目前最常见的开放世界 RPG 游戏的框架之下。

/ 开放世界与封闭世界

与开放世界相对的、传统的游戏世界，我们暂且称之为封闭世界，它往往拥有较多环境与规则的约束、单一固定的游戏体验及游戏目标，玩家在游戏中的每一步行动都只有提前写好的唯一解，其体验是相对线性的。

但是，需要说明的是，开放世界和封闭世界、多元可能和线性体验，其实只是两种不同的世界和体验类别，他们有各自的优势和劣势，不同的玩家可能有不同的偏好，但不能说封闭世界游戏就一定逊于开放世界游戏。我们也可以看到非常多的优秀游戏，选用了以封闭世界和线性叙事为主的模式，仍然完成了非常出色的作品，例如《美国末日》，再如最近广受好评的国产单机大作《古剑奇谭三》（这些作品中虽然也有一些分支互动，但占比很低，整体上仍属于传统封闭世界范畴）。

开放世界因为拥有更加拟真的反馈和更高的自由度，在塑造大世界代入感和丰富的探索体验上独具优势，但是同时，也导致玩家大量行为不确定、不可控，可能产生各类复杂的问题，难以完美衔接不同的故事和模块，从而割裂、碎片化玩家情绪；而封闭世界中的线性叙事模式，只允许玩家在提前规划好的唯一路径上行进，虽然缺乏多样性、重复体验深度不足，但是却方便开发者专注于这条固定路线的打磨，保证每一个环节的体验都可控，更易于生产出流畅、细腻、精致的故事和内容。

/ 开放世界的核心体验

玩家对于开放世界的需求究竟从何而来？当我们需要一个开放世界时，我们真正渴望的是什么？

一个对于虚拟游戏世界塑造有所要求的玩家，必然是一个重视代入感的玩家，而所谓代入感，归根结底，就是要相信自己真实地存在于那个虚拟的世界之中。我们对于所谓世界规则的认知全部来源于现实，那么虚拟世界与现实世界的差异度，很大程度上影响着我们对其“真实性”的评价，也就进一步影响着我们的沉浸度和代入感。事实上，现实世界才是真正、彻底开放的世界，而我们对于游戏中开放世界的追求与塑造，正是希望通过对现实世界规则的极致拟真，来打造一个更美、更好、更具代入感的世界。

同时，一个尽可能开放、真实的世界，随着玩家的行为具备了各种千变万化的可能性，也就为玩家提供了更多探索空间、产生了更丰富多样的乐趣。

7.2.2 如何塑造开放世界

目前，开放世界仍是一个相对比较新的主题，对于这一块的设计和制作思路非常自由和多样，无所谓统一的规则。这里我们从便于执行的角度上提出一种三层分类法，它将开放世界中大部分常见的元素从下往上依次归为三个层次，方便大家理解并发散出构建一个开放世界的各模块内容。

/ 物理层

第一层，是物理层的开放，它是指模仿现实中的一切物理规则对游戏世界进行的设计与构建。

我们应该已经注意到，很多玩家在提到开放世界时首先关心的一件事就是地图够不够大、是否完全畅通和可到达、有无空气墙阻隔等，也即在自然空间上是否有足够的自由度。这个其实是最表面的一个要求，它甚至不能作为判断一个游戏是否是开放世界的标准；但是，对于大众来说，如果连这个最直观的空间自由度都达不到的话，他们很有可能在第一眼就认为这不会是一个开放世界。

物理层的开放所包含的内容远非场景的空间自由度这一项。根据施加力的不同，我们可以再做一个二次划分。一类是不受玩家影响的、自然世界独自运作的物理规则。比如世界的昼夜晨昏、阴晴雨雪，比如草木的生长、果实的成熟；再比如自然元素的特性，水能熄灭火，火可以燃烧草原，雷可以劈开树木。另一类是当玩家作为一个外力去介入这个自然世界时，会产生符合物理规则的影响、受到对应的反馈。比如下雨会打湿衣服、下雪会感觉寒冷，比如可以砍树、摘取果实、搬动石块；再比如可以钻木取火、燃烧草原，也可以踩灭或浇灭火堆、割草来阻止燃烧，甚至在树下避雨会增大被雷劈中的概率。

当丰富的自然规则和允许玩家介入产生影响，这两者都具备之后，这个世界将会在各种规则中组合出千变万化的可能性，给予玩家极大的创造空间。比如，常规的游戏中，战斗只有用拳头或兵器攻击对方这一种方式。但是，在一个高度开放的世界中，如果已知水具有导电性，生物可以入水，电对于生物有伤害，那么是否也就允许玩家通过思考和摸索后，发现可以用带电的水来消灭敌人这种新型的战斗方式呢？

《塞尔达：荒野之息》《荒野大镖客 2》等游戏对这方面的构建提供了非常好的范例。游戏中支持大量的环境互动，在此不再赘言，大家可自行体会。在制作《一梦江湖》这个游戏时，我们也做了一些物理层面的尝试。除了基本的开放地图和天气昼夜之外，游戏中有较多可以自由交互的道具，如灌子、板车、火炉、鸟窝等。空的罐子在雨天可以蓄水，玩家也可以抱着罐子去河里取水，或者使用罐子里的水浇灭路边的篝火和火炉。

物理层规则的开放，从结构上看似是最底层的一个层面，但绝不是最简单或最容易的层面。相反，因为一些技术和硬件的限制，以及真实生活中过于复杂和庞大的规则体系，这部分的设计与制作反倒是难度非常大、极易失控的一个层面。没有游戏能够完全模拟现实的物理规则，我们能做的，也不过是在技术允许的情况下，尽量去还原和贴近罢了。实际上，如果这一部分内容做得越丰富越开放，那它也就越来越接近沙盒游戏的标准了。

/ 社会层

第二层，我把它称为社会层的开放，它是指通过构建形形色色的人物（非玩家的 NPC）的背景、性格、行为和相互关系，实现对真实世界中人类社会的模拟。

像物理层一样，社会层也可以划分为内部自有的运动规律，和受到玩家外力介入而产生的变化两个部分。

第一部分，自有规律的构建，它主要包含人物的行为规则、与自然环境的互动、与其他角色的关系变化等，这些都会受到角色预设身份及性格的影响，来凸显真实感和丰富度。比如，白天街道繁华，捕快四处巡逻，夜晚万家灯火，长街寂寂，只有更夫出来打更；甲和乙原是朋友，常常携手同游，后来反目成仇，在路上碰到都要互啐口水；丙和丁是两个相邻的帮会，相互之间偶有摩擦，其管辖的地盘也随之变化，甚至可能会消灭对方。

第二部分，因为玩家的介入，而对许多人物甚至社会生态产生的变化，这一点在玩家感受上尤为直观和重要。比如，人物可以提供多种互动方式，碰撞、搭讪、讨好、盗窃或者挑衅？每个人物因性格不同也会有不同的反馈，懦弱的求饶，好斗的开战，富有的献上钱财或者雇佣打手。再比如，你和每个人物关系有一个可养成的曲线，随着关系的变化，你将受到不同的对待、可能触发各种新的事件，进而影响到这个人物所有的关系网，对他、他的家人朋友、他所在的村庄都产生影响和变化。你随手偷了一个可怜人的钱，过了几天发现那是他家人的救命钱，他可能因此家破人亡，精神崩溃而成为疯子；你把偷来的钱随手施舍了一个乞丐，他可能因此获得第一桶金，继而发家成为了一方富豪。在某些游戏中，你完成任务时做出的一些行为，甚至可以产生更广泛的影响，比如无意中救助了一个隐藏的恶霸，结果他毁灭了整个村镇。当你再经过此地的时候，满目凄凉，寥无人烟，你是否会因此受到心灵的触动呢？

在社会层开放性的构建上，《太吾绘卷》这个游戏做得非常出色。随着时间的推移，游戏中的人物关系、村镇和社会都在不断的衍变，而玩家的行为又在其中发挥着极大的作用。它将一些基础的故事元素打散拆碎，通过玩家多次行为的选择，产生各种各样的随机组合，从而衍生出非常多的趣味故事和情感关系。最重要的是，因为大量选择的不同，这些最终组合在一起的故事繁多而新奇，在每一个人眼中，自己的故事和经历都是独一无二的，引起了非常高的传播和讨论欲望。

/ 玩家层

第三层，是指提供给玩家的游戏内容、游戏目标、实现目标的途径足够自由和开放。

我们前边已经说过，开放世界中的游戏目标，也许不像沙盒游戏那样可以完全由玩家自己设定，但是，相对于传统游戏，开放世界提供了更多样的游戏目标，或者放开了游戏目标在达成路线上的束缚，允许玩家使用各种方式去实现它。也即终点为有限的多个，或起点与终点间的路线并不唯一。

在《塞尔达：荒野之息》中，我们可以什么都不做，一开始就去挑战最终 BOSS；也可以充分地探索地图，攻略各个神庙，制作各种道具，再信心满满地迎接最后的战斗。在游戏的一开始，整个世界就完全地开放给你，允许你随时体验自己感兴趣的任何内容，而不像传统游戏那样，只有按部就班的跟随指引走向下一步，游戏进程才会往前推进，直到你完成定制好的所有前序内容，达到指定的等级或进度，最后的 BOSS 才会出现在你面前，或者才允许你对它进行攻击；如果这之前你没有完成任务栏里的要求或目标，世界就会停滞在原地，不响应你其他试探与操作。

另一个很常见的开放性应用模块，是剧情故事。在开放世界中，除了常规的主线剧情之外，世界上往往遍布着许多随世界进程和玩家选择而变化的支线或奇遇。这些支线故事作为对主线和世界观的补充，大多是独立且碎片化的，供玩家自由体验，有一些则会因为当前世界的状态、故事的时间节点和玩家行为而发生改变，显得更为真实。此外不论主线还是支线，故事的走向和结局并不唯一，而是存在多个可能性，如平行时空一般，在某一些关键的节点，要求玩家做出选择，并因此将剧情导向多个不同的未来。这种非线性的故事体验因为极大地强调了玩家参与感和丰富的探索空间而广受欢迎，而《底特律：变人》就是开放性叙事游戏的一个典型案例。但是，需要注意的是，因为要衔接多种不同的故事走向而又要避免转折生硬、人设违和，这种故事设计相对于传统的线性叙事实现起来更为吃力，对编剧的要求更高。

在《一梦江湖》中，我们还针对 MMO 类玩家的成长目标做了一些开放性设计的尝试。为了鼓励玩家通过多样性的行为途径去达成目标，我们设定游戏中的绝大多数行为（包括掏鸟窝、挖草药这种偏探索类的自发行为）均可以获得游戏经验——或者更普适地说，可以把游戏经验概括为成长资源；同时，我们设定了每日能获得的资源的总上限，总上限远远小于各途径资源投放的总和。这样，玩家就可以选择自己喜爱的某几种方式去获取这个总的资源上限，而不必像传统游戏一样，要把日程表里所有投放资源的玩法全部参与一遍才能完成当日的游戏目标。

在这个过程中，玩家拥有了一定选择实现目标的途径的自由度，不同玩家的途径可能是多样的。此外，我们还做了一些其他的尝试，比如除了战力这种数值目标以外，尽量为玩家设立多个维度的成长目标，通过排行榜、公众曝光度等方式增加横向目标追求的吸引力等。

需要指出的是，对于MMO游戏来说，这种模式其实有一些不利面。因为MMO作为一个多人同时在线游戏，是鼓励玩家之间的聚集、陪伴和社交的；而拆分游戏目标和实现途径，其本质上将玩家从唯一的道路分流到了多条道路上，可能会一定程度上抑制更多玩家相遇和社交的可能性。

/ 总结

物理、社会、玩家，代表了从下而上探寻和构建开放世界的三个层次。按照这个分类和顺序，逐一地去思考我们在每一个层面上可以做的事情，基本上就囊括了常见的开放世界设计元素。而要穷尽每一个层次上的设计点，是一个非常浩大的工程，几乎不可能完成。所以，在实际应用中，我们需要根据自己的情况，做出一些选择和取舍。

7.2.3 设计点的取舍

开放世界的设计元素多如繁星，我们究竟如何从中做出取舍呢？

让我们再次回到开放世界的核心体验上。前面我们说到，开放世界本质上是对现实世界的无限拟真，并从中衍生出丰富的乐趣，提升玩家对游戏世界的代入感。那么，如果我们已经有了一个足够开放的现实世界，为什么我们还要去虚拟游戏中寻找代入感？

这里就需要每一个设计者去问问自己，我为玩家提供的这个虚拟世界，在哪一点上给了他们于真实世界中无法满足的体验？或者说，玩家所梦想的，是进入到一个怎样的虚拟世界？成为一个怎样的人？

题材，这就是去定义一个开放世界特质的最底层答案，也是我们取舍设计点的标准。玩家所期许的世界、自我和代入感最终由游戏题材决定，是浩渺宏大的科幻宇宙，是潇洒写意的武侠江湖，是霓虹闪烁的现代都市，是粗犷不羁的西部荒野，或是惊悚刺激的末日之都？当你最初决定了游戏的题材方向和对应的目标用户群时，这个世界中需要被筛选和创造的元素也就呼之欲出了。

根据题材去做取舍，可以从两个角度进行。第一，哪些元素可以更好的适配你的题材和你的用户，是他们非常希望在这类世界中感受到的？比如，对于末日生存类游戏来说，感受环境的威胁，并通过与自然的交互，探寻、搜集、创造、建造各类资源以维持个人的生存就是非常重要的体验。第二，某一种设计元素，在你的游戏中，它能否外化为一个特别契合该世界的概念？它呈现的方式是否与你的游戏题材有完美的结合？在《一梦江湖》（见图7-2）中，一些设计点需要用武侠、古风的方式表达出来，比如天气对玩家的影响会体现在内力这种武侠概念上，可以通过喝胡辣汤的方式来抵御寒冷天气，若从山崖跌落身受重伤，可以呼唤侠士来为自己运功疗伤等。

基于题材对设计元素进行取舍，其实是基于玩家预期体验和代入感进行取舍，所有的选择都为一个目标服务，即玩家希望这是一个怎样的世界。

图 7-2 网易游戏《一梦江湖》中的江湖世界

7.2.4 未来：UGC 与玩家圈层

关于开放世界的设计部分，要说的内容已经差不多了。最后，我们还想就开放世界乃至游戏未来的趋势做一点讨论。

开放世界的出现，大大丰富了游戏内容和游戏乐趣，给玩家提供了更具代入感的游戏体验。然而，设计者所创造的世界，终归是有限的，再丰富的内容，也有穷尽的一天。那么，还有没有其他更具性价比的方式，能够让一个游戏持续的产生新的内容与变化呢?

沙盒游戏与开放世界激活了玩家的创造力，这种创造力也迫切地需要更大空间用于展示并获得认可。近年来，以玩家创作游戏内容、上传供其他玩家体验的 UGC 模式在逐渐兴起。通过官方提供的编辑器，玩家可以自定义副本、玩法、剧情等各种游戏内容，玩家不仅是游戏的体验者，也是游戏的创作者。这种方式大大扩展了游戏内容的丰富性，为开放世界的定义提供了一个新的维度。同时，游戏的长久吸引力，也从内容本身，逐渐扩大到了可以提供内容的玩家圈层——吸引我的不仅仅是游戏中的内容，也是这些跟我一起参与着这个游戏的玩家，因为有他们的存在，这个游戏才成为了一个活的世界，并源源不断地产生着新的故事与乐趣。

7.3 新兴题材

如果我们把《大掌门》《魔卡幻想》等卡牌手游作为国内的第一批手游的话，自 2012 年至今，中国手游已经经历了 6 年。在过去的 6 年内，手游在中国国内以极高的速度发展，这当中的原因除了手机硬件的快速更新换代之外，还因为手游开发者们大量的借鉴了 PC 端游时代的发展轨迹和模式。于是那些曾经在 PC 网络游戏时代引领风骚的游戏类型逐一被搬到了手机平台上。

然而，当 MOBA 和 MMORPG 这 2 个端游时代的巨无霸类型也最终在手机上安家落户之后，国内的游戏制作者们突然发现，再也没有成熟的端游经验可以作为参考，于是曾经在 2012 年和 2013 年端游时期就应该考虑的问题重新被提上了日程：“下一个游戏该做什么？”我们在这里只基于游戏的题材来阐述，希望能够提供一种探索未来的可能性。

7.3.1 题材的作用和价值

首先说说题材的作用和价值，如果说游戏的玩法提供的是具体体验，那么题材一般代表着更感性的概念和想象。玩家在选择游戏时，题材往往会成为玩家玩到游戏前建立想象的重要依据。玩家会根据题材在大脑中描绘出即将体验的游戏虚拟世界是怎样的。譬如当玩家看到一个游戏是武侠题材，他很容易就会描绘出一副自己成为大侠驰骋江湖的景象；如果看到一个西游题材的游戏，他可能就会想到自己要面对九九八十一难，挑战各种妖魔鬼怪的游戏体验。

纵观从 2012 年到 2018 年间，国内推出的手游，题材大部分都集中在武侠、三国、西游、玄幻、修真等传统端游、页游的热门题材。这种状态是一把双刃剑，一方面它让玩家对这些题材越发熟悉，后续在使用这些题材时，玩家的进入和理解成本就会大幅降低；另一方面，这会导致题材同质化严重的问题，会让玩家的兴趣和好奇心被消耗殆尽，手游市场的竞争变得越发激烈。

于是新兴题材成为了很多游戏开发者立项时优先考虑的重要因素。举例，近两年来，“二次元”和“生存”成为两大全新的题材选择类型。综合来说，选择题材的本质是对用户进行筛选，如果你所选择的新兴题材壁垒过高，那就会变成针对某些特定用户的定制化产品，如果你选择的新兴题材具备较低的理解门槛和强大的传播性，那就有机会变成普及到更广泛用户的产品。“二次元”和“生存”从目前看就分别对应了这两种情况，我们下面将分别来说。

7.3.2 二次元题材

二次元题材的细分及重要元素如表 7–1 所示。

表 7–1　二次元题材元素

几大元素重视程度	男性核心二次元	男性泛二次元	女性二次元
剧情音效	8.4	7.4	8.0
画风人设	8.7	8.9	9.1
操作战斗	8.2	8.6	7.9
玩法体验	6.8	7.7	7.1
玩家交互	5.1	6.1	5.5

二次元题材被国内的游戏开发团队广泛认知是在最近两年的事情，在这之前，国内传统的西游、三国、武侠等题材并不能够很好的满足二次元用户群体的需求。二次元用户对于自己所喜爱的东西具有很强的判断和识别能力。包括诸如“重视画风人设”“不 care 玩家交互”等独有的玩家特征，也都使得二次元用户和普通的手游用户有很大的差异性。在这种情况下，选择二次元题材就变成了一个针对特定用户群体进行定制化需求满足的事情。

选择针对特定用户群体进行定制化需求满足的这类题材，首要前提是，自己或者自己的团队要对于这类题材有足够深入的了解。因为它通常具备比较高的题材壁垒，这种壁垒来自于长时间的文化积累，通常很难通过短期的突击来补足这部分的差异。知识是可以通过快速突击积累的，但对一种文化的理解就很难通过突击来补足，因为这本质上是一种感觉，懂就是懂，不懂就是不懂，很难靠言语来描述清楚。从结果上来说，一个不懂二次元的团队，很容易做出来的产品形似神不似，是很难有一个好的预期的。

图 7-3 是网易基于二次元题材研发的游戏——《非人学园》。

图 7-3　网易游戏《非人学园》

7.3.3　生存题材

生存题材也是近两年突然火起来的新兴题材，事实上在 PC 和主机游戏的新品中，生存题材类的游戏一直都稳定的占据着一定比例。其中也不乏包括《美国末日》《方舟：生存进化》、战术竞技鼻祖《H1Z1》等大作。

接下来我们会以《明日之后》（见图 7-4）为例，探究一下选择题材时究竟有哪些需要注意的事项，以及新兴题材究竟能够给产品带来什么价值。

《明日之后》是一款 2016 年立项的生存题材的手游，为什么会在立项的时候考虑选择“生存”这个题材呢？

图 7-4　网易游戏《明日之后》

第一，根据发展趋势判断未来潜力，图 7-5 是 2013 年到 2016 年，生存题材游戏在国内人气和市场规模的变化趋势。图 7-6 则是从 2015 年 Q2 开始至 2016 年 Q1 季度，在 iOS 平台上的生存类手游的收入。从这两张图里面，我们要看到的是，虽然整体量级非常小，整个游戏类型的季度总收入看起来还不如某个爆款游戏的单月收入，但整体而言，生存题材类的游戏保持了一个比较高速的发展趋势。这意味着整个题材类型是在逐步拓展的上升态势，由此我们判断如果推算 1 年半的开发周期，在 2017 年到 2018 年时生存题材的游戏有机会发展到一个不错的用户规模。

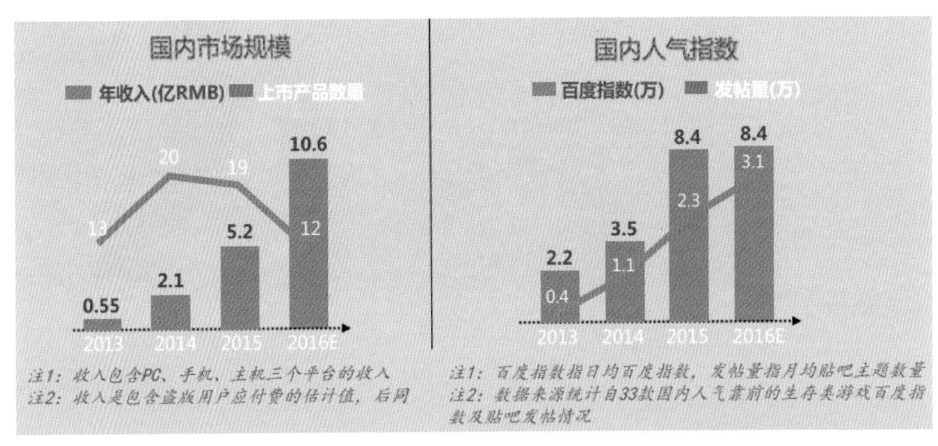

图 7-5　2013 年到 2016 年的国内人气和市场规模变化趋势（摘录自网易游戏内部调研报告）

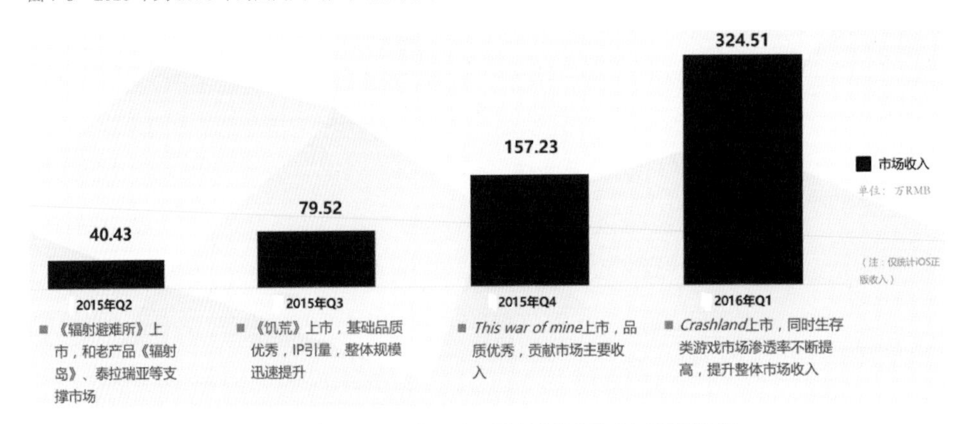

图 7-6　iOS 生存类手游收入（2015 年 Q2~2016 年 Q1）（摘录自网易游戏内部调研报告）

第二，由于新兴题材基本在当前都处于小众状态，因此我们需要对新兴题材的核心价值有比较清晰的认识，以判断该题材是否有被大众接受的可能性。通常来讲，这一点需要从内外两部分进行分析判断（见图 7-7）：

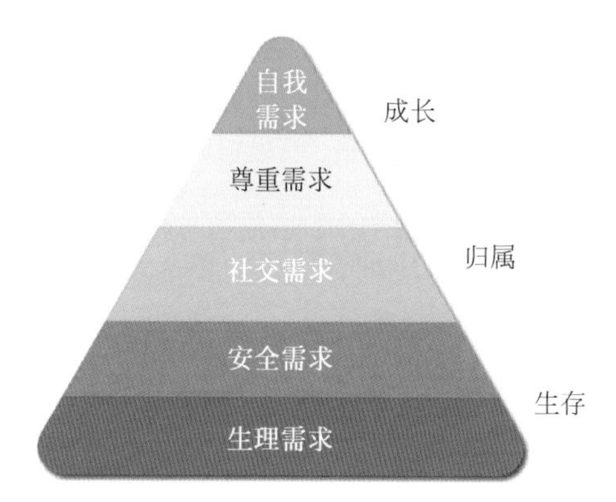

图 7-7 马斯洛需求层次

从内部来讲，分析这类型题材能够提供给玩家的差异性体验是否存在，以生存题材来说：有别于其他类型的游戏会把核心体验放在自我需求，也就是成长上面。生存题材类的游戏反而可以针对生理和安全需求提供刺激。在马斯洛需求理论模型中，越是下层的需求，对人的影响越基础，刺激越强烈。它来自于玩家对于现实生活中的体验和感受。所以理论上它能够覆盖到所有的人群，或许有的人不追求成长，但没有人不追求基本的生理需求。

从外部来说，需要通过数据、调研来验证这个题材的用户群体基数、特征、社会学信息等，来确保玩家对于生存题材本身是有足够的兴趣的。在立项前，产品进行了大量的用户调研，从生存题材中总结出了采集、探索、制作、打丧尸、建造、合作等核心元素，分别对从一线至四线城市的用户进行调研，最终发现不同教育程度、生活环境的玩家对这些要素的需求各有不同，但总能从中找到自己特别感兴趣的要素。譬如四线城市的玩家，本身对于打丧尸的接受和期待程度就超过我们的预期，并且当前并没有哪一款游戏能够满足他们的这种诉求。这是《明日之后》（见图 7-8）立项和研发的市场前景和潜力。

图 7-8 网易游戏《明日之后》

7.3.4 利用题材设计游戏

我们通过趋势预判了生存类题材的发展趋势，同时又基于数据和分析判断它有被大众玩家接受的可能性。接下来要考虑的就是如何利用这种题材来设计整个游戏的内容和体验。

在使用题材时，需要开发团队清楚的了解题材所需要的核心元素，这里通常会有一个误区：题材的展示主要是文案 + 美术的工作。不可否认的是，在题材的展示上，美术表现占据非常重要的比重，但需要特别注意的一点是，游戏有别于电影、动画等娱乐方式就在于它的交互和沉浸式体验。视觉表现在这其中只是重要的一个环节，并不代表所有。事实上，很多题材往往已经脱离了单纯的概念，和一些核心玩法产生了很强的关联性。

仍然以生存类题材为例，提到生存题材的游戏，大家能够脑补出的情景大概会有以下几种：

（1）被丧尸追逐围攻，杀出重围；

（2）在野外弹尽粮绝，艰难生存，寻找希望；

（3）鲁滨逊漂流记，独自一个人或几个人在孤独的环境下生存，自力更生，搜索资源。

以上的 3 种情况除了是概念之外，也已经在其中包含了核心玩法和体验。譬如第一类的感受更适合制作成为《求生之路》这类型的强调打僵尸的爽快感的游戏；第二类更像是《美国末日》这种人类作为弱势群体艰难生存，达成目标的游戏；第三类则更类似于基于开放世界和探索创造行为的游戏，类似于《饥荒》或者《我的世界》。

因此在选择题材的时候，我们需要有针对性的对用户的需求进行调研和分析，《明日之后》在研发前期、中期和上线前都持续的在对用户进行调研和分析，从中提炼出了表 7-2 中的元素。

表 7-2　不同留存活跃度玩家持续最大的动力 / 吸引力差异

当前的目标追求	1~2 天	3~6 天	7 天以上	总体
僵尸末日世界	16.7%	16.8%	17.5%	16.9%
对抗危险的求生体验	15.4%	15.4%	15.0%	15.4%
丰富多样的新地图体验	22.4%	21.8%	21.1%	21.9%
种植养宠等模拟经营	16.3%	15.6%	14.4%	15.6%
房屋家具等建造元素	16.9%	19.2%	22.2%	19.1%
地图内的探索元素	14.1%	15.1%	15.6%	14.9%
营地之间的大型战斗	9.5%	9.2%	8.5%	9.2%
击败他人的战斗乐趣	14.0%	13.7%	13.9%	13.8%
合成配方等随机乐趣	6.4%	7.1%	8.6%	7.2%
挑战高级僵尸 / 世界 boss 乐趣	11.9%	11.7%	12.6%	11.9%
组队做任务的社交乐趣	12.7%	11.6%	11.7%	11.9%
不同材料，物品的收集乐趣	12.4%	13.5%	14.0%	13.3%
获得 / 制作更强的武器装备	20.3%	21.3%	24.3%	21.5%
庄园及天赋技能等成长升级	14.4%	15.0%	17.4%	15.2%

能够看到大家对于不同的行为有不同的喜好程度，是有针对性的对某一类用户进行精准设计，还是试图创造一个大的框架来平衡满足不同类型用户的需求,则是项目立项之初就需要考虑的问题。但至少，这些内容绝不仅仅是依赖文案和美术的表现就能全部涵盖的，它更大意义上是一个游戏的核心框架和制作方向。

总结如下，第一，题材本身能够带来的价值是玩家进入游戏前能够产生的想象，它是一个概念和想象的孵化池,当然你需要在玩家进入游戏后能够承载玩家的想象和预期,不然就会出现口碑崩塌。第二，题材的选择需要谨慎，要能够真正看懂这个题材，尽量了解这个题材。还要考虑题材的受众是否能够符合预期，是主打精准特定人群，还是希望向泛用户普及，自身的团队是否对该题材有足够的了解等等都很重要。第三，使用新题材时，一定不要脱离玩家，可以通过大量的用户调研来了解自己所选择的题材是否能够真正命中自己期望的目标用户。

08 体验差异化 Experience Differentiation

8.1 竞技游戏

8.1.1 什么是核心玩法

游戏产品的成败在于核心体验。对于竞技游戏，玩家每局都在进行核心的游戏体验，体验的差异在于节奏。

探究节奏的本质，就是“间隔”，整个游戏让人最“舒服”、最“爽”的是什么？怎么达成？多久一次？节奏可以来自于受控角色的及时响应，来自于角色动作演出，来自于反馈瞬间的视觉或者听觉效果，可以是动作或者特效的润色，可以是界面上夸张的提示。当然，并不是说好的节奏，游戏就一定好玩，所有的节奏要配合核心体验，形成很好的自洽，才能到达合力的效果。

无趣的核心玩法只能诞生无趣的游戏。

什么是核心玩法？

核心玩法本身是很笼统的概念，大家理解不一样，规则、玩法、操作、世界观、剧情都会有。DotA 的核心玩法是什么？推塔？英雄？技能？补刀？大局观？《英雄联盟》呢？《王者荣耀》呢？不过这里，我们只谈与玩家“玩”相关的核心设计。

这些我们可以分为三个层次：

（1）底层核心机制；

（2）支持核心玩法的体验；

（3）扩充核心玩法的设计。

我们来分析下两个大热的竞技游戏，看看它们“舒服”在哪里，围绕它们的设计有哪里元素组成。

/ 实例 8-1　MOBA 品类

MOBA 品类下，我们以 DotA 先做举例：

《遗迹保卫战（Defense of the Ancients）》，通常简称 DotA，中文也译刀塔，是以《魔兽争霸 III》资料片《魔兽争霸 III：冰封王座》为基础制作的一系列角色扮演（RPG）类型自定义地图。

第一张 DotA 地图 RoC DotA 是由作者 Eul 创作的源自《星际争霸》的一个 RPG 对战地图，但之后该地图停止了更新。在此之后，有其他作者继续更新 DotA 地图并将其移植到了《魔兽争霸》，其中各自添加了不同的游戏元素。随后有人制作了包含各个 DotA 版本的英雄的地图——Defense of the Ancients：Allstars（简称 DotA Allstars），如今的 DotA 一般指 Defense of the Ancients：Allstars。现在 DotA Allstars 是最流行的 DotA 类地图，也是世界上最流行的魔兽 RPG 地图。DotA Allstars 是一个重视对抗的角色扮演竞技类游戏。游戏目标是在队友的合作下，按照一定的顺序摧毁对方的基地，或是有一方全部退出游戏。

DotA 的战斗节奏如何呢？可参见图 8-1。

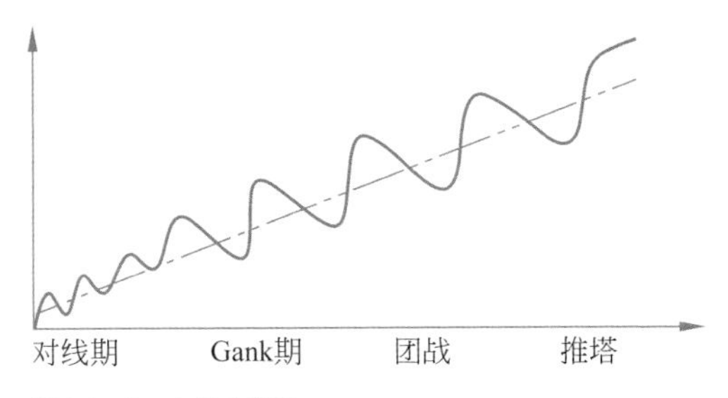

图 8-1 DotA 战斗节奏

游戏最主要的核心目标是什么？答案是“推掉敌方基地”。

围绕这个核心目的，什么让玩家最舒服、最想让人玩家享受到的体验是什么？是 Gank、Farm、击杀、Carry、胜利。

然后为了围绕这些体验，在外围的设计有哪些？正反补、装备、英雄、地图设计、肉山、防御塔规则、野怪、树林、视野、迷雾等。这些设计也扩充了核心玩法的深度和随机性，让竞技游戏每一局都能小幅度产生不同的核心体验。

（1）底层核心机制：

队友的合作下，按照一定的顺序摧毁对方的基地，或是有一方全部退出游戏。

（2）基于核心机制的玩法体验：

Farm 成长的乐趣、击杀的乐趣、个人 Carry 全场的乐趣、经过配合获得团队胜利的乐趣。

（3）扩充核心体验的玩法设计：

- Farm 成长的乐趣：正反补规则、道具设计、肉山 / 野怪的设计、兵线的设计等；
- 击杀的乐趣：树林视野规则、连续击杀、语音播报、多杀播报、KDA 的设计等；
- 个人 Carry 全场的乐趣：相比其他 MOBA 产品，DotA 更加强调个人英雄主义，其中 C 位的作用尤其明显，这反映到细节设计上：英雄技能，击杀奖励，装备数值等。

/ 实例 8-2 战术竞技品类

每一局游戏最多允许有 100 名玩家参与，且在这个大型战术竞技中争取活至最后，可以选择第一人称视角、第三人称视角和每队人数不同的游戏模式。而无论在哪种情况下，生存至最后的一人或团队都会赢得比赛。

在每局比赛开始时，玩家所控制的角色都会在没有携带任何东西的情况下跳伞至战场上。着陆后，玩家便能搜索建筑物和其他场所，从而获取随机分布在整个地图上的武器、车辆及其他装备。其后，玩家需要选择继续保持隐藏以免被其他玩家击败或追捕，并继续寻找更多装备，或者追捕及击败其他玩家且抢走他们的装备。

在比赛开始后的每隔数分钟，地图上可游玩的“安全”区域将会向着一个随机位置缩小，而任何身处在安全区域外的玩家便会随着时间的推移受到伤害，直至淘汰。

在游戏内，当“安全”区域缩小时，玩家会看见一面不断闪烁的蓝色墙壁收缩，非安全区在地图上会显示为白色。安全区域缩窄能迫使玩家在更狭窄的区域内进行游戏，并增加与其他幸存玩家相遇的机会。另一方面，在比赛过程中，地图上的区域会随机遭到轰炸，并对处于该区的玩家构成威胁。在这两种情况下，玩家皆会在这些事件发生前被警告，从而前往安全的地区。

战术竞技的战斗节奏如何呢？请参见图 8-2。

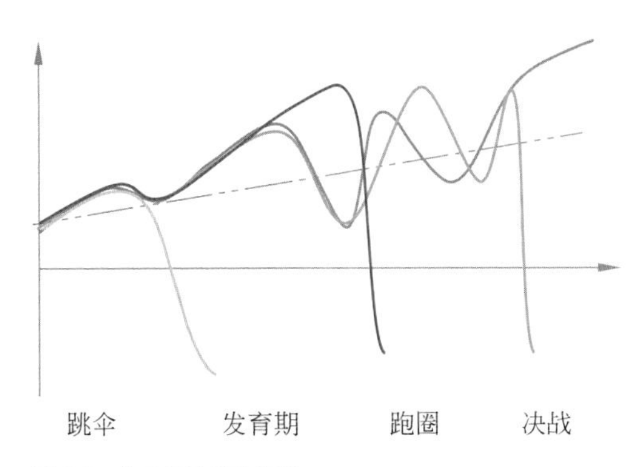

图 8-2 战术竞技战斗节奏

游戏最主要的核心目标：成为 100 名玩家中最后的生存者。

围绕这个核心目的，什么让玩家最舒服，最想让玩家享受到的体验是什么？是收集装备、击杀、伏地魔 / 藏身、紧张刺激的求生体验、获得最后胜利等。

然后为了围绕这些体验，在外围的设计有哪些？跳伞、装备 / 武器、场景破坏、空投、轰炸区、安全区 / 危险区、场景 - 荒岛、击败舔包等。这些设计也扩充了核心玩法的深度和随机性，让竞技游戏产生每一局都有小幅差异的核心体验。

（1）底层核心机制：

100 人相互斗争，存活 1 人。

（2）基于核心机制的玩法体验：

收集装备的乐趣、击败的乐趣、隐蔽藏身的紧张感、最终胜利的乐趣。

（3）扩充核心体验的玩法设计：

- 收集装备的乐趣：武器 / 防具 / 药品的分级设计、场景物资的分散和随机、空投机制、关键道具的投放控制（4/8/15 倍镜、吉利服、更高品质的武器）；
- 战胜的乐趣：战胜播报、舔包；
- 隐匿藏身：吉利服、灌木丛、草地、炮楼、蹲厕所；
- 紧张刺激的求生体验：安全区、轰炸区、高处下落掉血、各种各样的死亡方式；
- 最终胜利的乐趣：百里挑一、Winner Winner（获胜标语）、不同环境下的获胜体验。

8.1.2 不同的核心体验带来哪些差异化

对于 MOBA 类竞技游戏：最初有发育期，大概在 7 级之前，玩家慢慢发育，节奏会变得越来越紧张。刚开始玩家竞争很少，战斗力不强，也无法击败对手。随着等级提升，战斗力增强，冲突会越来越多，装备和数据也会变强，玩家的体验会慢慢向上，总是做着重复的事情（升级装备），体验便会下降。到了 10 级左右，小型的团战可能会发生，会有骚扰，会有抓人，体验会再次上升。在这个过程中，玩家的体验是有波动性的，或优势局强势，或弱势局防守，最后进入团战期，整个节奏加快，体验上升。整体节奏是有起伏的，大概维持在 30~40 分钟，每一段之间波动性相对没有那么剧烈。

战术竞技类游戏的战斗节奏从整体上分成四个阶段：跳伞期、发育期、跑圈期和决战期。跳伞期，从紧张程度来说，感觉不明显，稍微的兴奋点在于落地的时候周围有没有人或者跳伞地点的物资是否丰富。发育阶段，玩家的兴奋点会越来越高，不停地捡装备，自己的装备越来越好。在跑圈的时候，玩家体验是不稳定的，可能直接在安全圈之内，也可能离圈子很远。这个阶段会有波动性，跑圈过程中，玩家可能会遇到敌人，如果获胜，就会获得新的装备，越来越好。最后到了决赛期，体验便以高峰或者失落而结束。这是战术竞技类游戏从整体上的体验感受。

在微观上的体验也会有些变化：

- 第一是玩家在任何不可预期的时间点都有可能淘汰、游戏结束。这就意味着玩家的负面体验和正面体验是一样的，比如玩家刚捡到 98k 和 8 倍镜，很开心，体验达到高点，但是突然被淘汰了，那么体验会直接从最高点下滑到最低点。或者什么装备都没有，只有一把手枪，却击败了一个满装备的对手，游戏体验也会从低点直接上升至高点。体验上的巨大起伏是战术竞技类游戏的一个显著特点。
- 第二是随机性，地图随机性包括：毒圈、空投、轰炸区，主要出现在跑圈阶段。这个阶段充满变化，每局都不同。对应 MOBA 类游戏而言，这样的变化是没有的，每局都是一样的地图，几乎一样的打法，除了装备发展速度和英雄选择外，整体节奏基本是一致的。MOBA 玩家的随机性变化很小，只要操作够好，基本都是可以被预期的。
- 第三是人的变数，在前期地图上人是比较稀疏的，玩家几乎看不到人（除非直接跳伞到人多的地方），突然遇到一个人的时候，紧张感会被瞬间提升起来，在 MOBA 中一般不会出现这样的情况，除非是玩家在毫无意识的情况下，从草丛跳出来一个人。

所以，从宏观上的过程和微观上的细节决定了战术竞技类游戏比其他游戏的刺激感要强一点。

8.1.3 同样的竞技品类下如何做差异化

/ 方法一：做减法

在核心体验下，找准方向做减法，我们来看下《英雄联盟》和 DotA 的例子：

《英雄联盟》vs DotA

《英雄联盟》（英语：League of Legends，简称 LoL）是由 Riot Games 开发及发行的一款多人在线 MOBA 游戏。

我们看下相比于 DotA，《英雄联盟》做了哪些细节设计上的改变？

- 属性方面，取消力 / 智 / 体等一级属性，取消了闪避等平衡难于控制的属性，直接采用参与战斗计算的二级属性，更容易理解；
- 取消反补，使得对线过程精力可以集中在补刀以及和对方英雄的对抗上，减少兵线控制的成本，降低操作压力；
- 取消了高低地视野差、树林视野阻挡及高低地攻击 Miss；
- 道具合成规则更加统一，合成更加平滑。同时道具取消了很多主动技能，将一些有上手门槛的机制（如跳刀）移动到了召唤师技能，随着平台等级解锁；
- 游戏时长的控制，整体的游戏时长从 DotA 的 40~50 分钟，削减到 30~40 分钟；
- 英雄设计上，大幅度弱化了个人英雄主义，相比 DotA All Star，《英雄联盟》的英雄设计更加规整，定制和战场职能的细分更加明确。指向性技能大幅度减少，鼓励“滚键盘式”操作。

总体来讲，《英雄联盟》相比与 DotA 做了一次减法设计，所有的改动方向为降低这个品类的新手上手门槛，但保留所有的核心的 Gank、Farm、击杀、推塔获得胜利的乐趣。

从 PC 端到手机端，我们再来看下手机端 MOBA（如《王者荣耀》《决战平安京》）的例子：

手机端 MOBA（如《王者荣耀》《决战平安京》）。

双轮盘 + 锁定，双轮盘指的是上图中右侧出现的操纵圆盘，部分非指向性技能，按住技能按钮会出现一个圆盘，在圆盘内划动可以控制技能释放方向，划出界限外则取消释放（见图 8-3）。而“锁定”则是指通过上下划动攻击按键，在小兵和英雄目标之间进行切换锁定的设计。虽然这个操作方式不是《王者荣耀》先创，但这个操作模式是确保 MOBA 类游戏在手机上能有这么大用户量的基础。

适配手机端，游戏时长的控制，游戏整体时长再一次被压缩，大概压缩在 20~30 分钟左右，同时通过超级兵的设置，避免比赛时长过于冗余。

对线方面，补刀的设计进一步简化，补兵没有成功也会获得一定数额的金币。

图 8-3　双轮盘（网易游戏《决战平安京》）

英雄的技能设计，从 4 个技能简化到 3 个。

取消了战争迷雾、侦查守卫、侦查和反侦察的系统。

最终，三款 MOBA 游戏的节奏应该如图 8-4 所示：

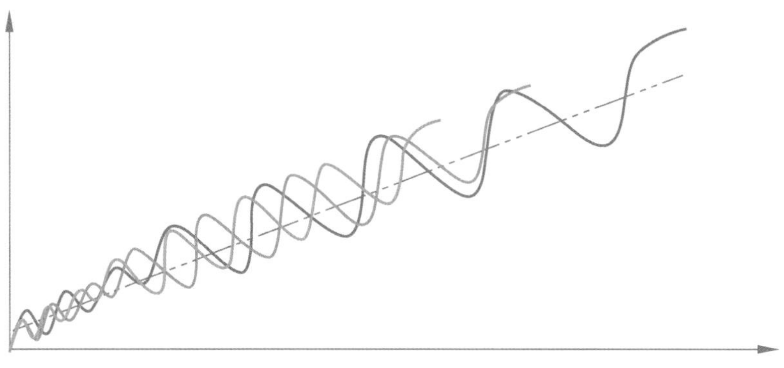

图 8-4　三款 MOBA 游戏的节奏

《英雄联盟》和《王者荣耀》做差异性设计的时候，都很好地保留了 MOBA 类游戏最核心的几点体验：对战斗节奏进行了调整和压缩；针对不同平台，优化了上手门槛；在“基于核心机制的玩法体验”不变的情况下，根据不同平台、不同环境，做减法设计，让更多的玩家能接触到这类玩法的独特魅力，做出差异化。

/ 方法二：核心体验下，放大某一些核心体验

找准核心体验，在核心规则下放大该体验，产生差异化。

用战术竞技品类举例：

武装突袭 2/3 Battle Royale Mod——在《武装突袭》背景下，MOD 支持有战术竞技规则。

基于《武装突袭》完全自由的模组扩展，2013 年出现了第一个基于改模组扩展的 MOD 玩法，原名和前文所提到的小说一模一样——*Battle Royale*。

- 玩家在重生时会随机获得一把武器，当然如果你运气不好也有可能只是个望远镜；
- 玩家可以在地图建筑中搜刮武器与补给；

- 游戏共有 42 个出生点，玩家上限为 42 人；
- 没有载具；
- 在地图中心有一个医疗帐篷，玩家可以在那里无限制回复生命值；
- 随着游戏时间推进会出现危险区。

对于大部分玩家来说，这都是一场非常独特和有趣的游戏体验：玩家各自为政，互相乱打，干掉其他人后还可以跑去“舔包”。但在没有小说、电影那些背景气氛渲染下，这个更像是一个只有一条命的 42 人 CS。但相比于传统 CS，固定线路、固定掩体、见面“突突突”的体验，这个模组，解放了“路线”部分。大地图 + 多人存活一人 + 危险区，奠定了后来战术竞技类作品的基础。

《H1Z1》《King of the Kill》——突出杀戮感。

最初的《H1Z1》没有《杀戮之王》（King of the Kill）和《生存模式》（Just Survive）这样的划分，玩家人数也不是很多。在把《杀戮之王》（King of the Kill）独立出来后，游戏人数逐渐增多。

相比前文的《武装突袭》战术竞技 MOD，这个“单独游戏版”战术竞技在机制上有了十足的进步。

- 注重 PVP 本身、取消丧尸、所有的过程包装突出“血迹”、杀戮感；
- 每局参与人数最多可以达到 150 名，突出百里挑一胜出感；
- 玩家不再是固定位置出生而是在飞机上自行选择跳伞进入战场，单局开局体验不再单一；
- 简化生存机制，去掉很多人物生存属性，使得集中点更加集中在人对人直接的对抗；
- 增加载具系统，转移、路径更加自由化。

相比于《武装突击》的 MOD，独立出来的《H1Z1：杀戮之王》变得简单粗暴，玩家只需捡到相应的子弹就可以打个痛快。整体的过程包装中，从角色设定、动作包装、loading 图气氛、结算界面等，整个的游戏过程，都在营造你 King of the Kill 的主题。

《绝地求生》——突出真实，生存体验。

- 所有的角色设计、场景设计、动作设计，突出“真实逃生”紧迫感，相比于之前的 MOD 和《H1Z1》，绝地求生更加符合小说、电影那些背景气氛渲染；
- 增加吉利服等隐藏元素；
- 场景中野外树木和掩体相比于《H1Z1》大幅度增加，同时增加可以半隐蔽的草的设计，使得玩家“逃”的空间更大；
- 更拟真的枪械，载具设计，扩展了枪械配件，使得成长发育的体验提升。

相比于《H1Z1》突出战术竞技的“杀”，《绝地求生》在“逃”的体验下足了功夫，使得整体的体验相比《H1Z1》更易上手。笔者认为两个游戏在战斗竞技的体验上，一个更加鼓励见面冲突，一个更加鼓励“逃”。相比《H1Z1》，《绝地求生》所有的系统设计上，都会围绕这个来进行，紧张感和沉浸感也进一步提升。

《使命召唤：黑色行动 4》——基于多年 IP 的沉淀，强调战术丰富性和快节奏刚枪体验。

《使命召唤：黑色行动 4》（Call of Duty: Black Ops 4）是一款第一人称射击游戏，是《使命召唤》游戏系列的第 15 部作品。该作取消了使命召唤系列传统的单人剧情模式，聚焦多人模式、僵尸模式与战术竞技模式。

- 地图设计：由历代多人游戏地图拼接而成的城郊人游戏地图；
- 游戏节奏：单局时间时长短，节奏快；
- 多方位载具：拥有海陆空载具，战场区域更广阔；
- 配件通用性简化：减少玩家搜刮时间，减少玩家搜刮时间，让玩家更专注于战斗；
- 装备多样化：《使命召唤 15》则继承了《使命召唤》系列一直以来丰富的道具系统，增加了侦查车、网雷、主动防御装置、地雷、铁丝网、粘性手雷、飞斧头、感应镖、抓勾枪等。抓钩枪可以炫酷地飞上楼顶，每一个道具都让游戏的可玩性大大增加了。

虽然目前使命召唤没有做过战术竞技这类题材的模式，但其拥有良好的多人游戏设计底子与武器设计基础，基于前 14 代的 IP 沉淀和 IP 积累，将以往玩家在仅小地图对抗扩大到大型场景，在保留了传统“快餐”式射击 COD 的体验上玩到了其战术竞技的玩法，让玩家们眼前一亮。COD 战术竞技模式沿用了其多人模式中丰富的战术装备，玩家对抗时拥有较好的战术深度，队伍携带不同的战术装备与技能可相辅相成，达到装备与技能间的战术组合与搭配，让战斗时趣味性大大提高。

表 8-1 直观展现了以上战术竞技品的核心体验。

表 8-1　战术竞技品的核心体验一览

	武装突袭 2/3mod	H1Z1 King of the Kill	绝地求生	使命召唤：黑色行动 4
底层核心机制	42 人中，相互斗争，存活 1 人	150 人中，相互斗争，存活 1 人	100 人中，相互斗争，存活 1 人	88 人中，相互斗争，存活 1 人
支持核心玩法的体验	击杀的乐趣， 最终胜利的乐趣	放大击败体验，鼓励击败	突出真实，放大隐匿的紧张感	基于多年 IP 的沉淀，强调战术丰富性和快节奏刚枪体验
扩充核心玩法体验的设计	基础的规则 所有战术竞技雏形	简化生存机制，去到很多人物生存属性，使得集中点更加集中在人对人直接的对抗，玩法设计和美术设计上突出“King of the Kill”	吉利服，草丛，视距，更加符合 *Battle Royale* 小说、电影的背景气氛渲染	游戏节奏 单局时间时长短，节奏快；多方位载具；基于 IP 沉淀的装备多样化

在“基于核心机制的玩法体验”下，找准某一项专精的核心突破口，配合各个系统去突破，某一方面的体验被放大后，做出差异化。玩法差异化是为体验差异化服务的，为了差异化而差异化，不兼顾体验的玩法差异化是不成立的、不好玩的。

同时差异化的方向要和题材、美术表现相关联，这样可以达到更好的合力效果。

8.2　非对称竞技

设计的出发点：差异化的体验才是有价值的。

一个亦师亦友的好友送给我的书中规范了游戏的定义：游戏是核心规则与虚构层结合的产物（出自《体验引擎游戏设计全景探秘——Tynan Sylvester》）。而一个游戏玩家选择一款新游戏的原因，不外乎因为这一款游戏在上述的两个层面里能带给他不同的体验。

既然我写的是体验差异化里非对称竞技产品的章节，那么我会抛开《第五人格》所架构的虚拟世界，更多地去讲述在《第五人格》中提供的差异化核心战斗方面的内容。

8.2.1 定义

首先需要明确非对称竞技的定义。到现在为止，由于这个定义的涵盖面太广，我还不觉得这个名词已经达到了准确概括一种游戏类型，成为一种业内术语的程度，它更像是一个方便大家理解的说法。非对称竞技是相对于传统的对称竞技而言的。广义的竞技游戏，可以细分为 MOBA、RTS、格斗等。这些游戏有一个共同特点是双方的角色选择池同构，游戏中的胜利目标、资源获取方式以及双方能获知的信息基本相同。而非对称竞技与之相对，是上述内容中一项或多项明显不同的一种游戏类型。

由于这些在竞技中的根本元素的差异，它很容易就能达成“在核心规则层面，相较于市面上其他竞技游戏，提供差异体验”这样一个需求。但请注意，我们在创造一种新的体验时，并不是为了不同而不同，这样的思路往往会丧失游戏设计的优雅性，从而导致玩家对于这种体验在理解门槛、乐趣感知上出现各种问题。

我们来试着分析一下这种新的核心玩法的优点和缺点，以便判断在设计过程中如何去客观地处理这些天然的优势与风险。

8.2.2 非对称竞技的可能的优势

首先我们通过整理这种玩法设计的出发点来试着阐述这种核心玩法的优势所在。游戏来自于现实以及基于现实之上的想象力，而现实中的对抗双方大多是非对称的，父与子、男与女、老师和学生们、捕猎者与猎物……非同构的阵营设计解放了取材的广度，从而衍生出更多的可能性，有了更多创作的空间。

而正是基于梳理了玩法设计的出发点，我们才能更清晰地意识到在这个“差异化体验”中，非对称竞技实际上是一种“表达手法”，而真正的差异化体验是这种表达手法所表达的一种现实或现实之上的想象模拟。

所以在做这个类型的游戏时，先想好你要扮演的对抗双方是在讲述一个什么故事，而不是为了要做一个非对称竞技类型而设立出完全没有关系的两个阵营。

这是为什么有时候在公司的一些迷你项目或是游戏设计竞赛中，不提倡设计者在写方案时以做一个非对称竞技游戏作为出发点。因为在做一个新游戏时，一开始确定的不应该是“表达手法”而是表达内容。在内容确定之后，再选择合适的表达手法。一片森林中争夺地盘的飞禽和走兽的非对称对抗给体验者的代入感是很薄弱的，这个理由显得牵强，飞禽与飞禽联手但却不能和任意一个走兽并肩作战显得莫名其妙，以至于需要更详细的故事去解释。于是整个游戏变成了很明显的“一个规则与为了使用这个规则所套上的皮”。

同样，我们有时候会看到一个成熟运营的游戏里会加入市面上新的很有热度的玩法的情况。有时候这些新玩法是和游戏本身的题材契合的，双方能发生很好的化学反应，例如《猫和老鼠》和非对称竞技中的追逃类核心玩法。但大多数时候由于游戏最初设计时就是完整且一体考虑的，临时的新玩法加入后往往很难完美的契合，或是需要花费相当多的额外内容去铺垫环境，否则就很难带来这种“我手书我心”的游戏体验。例如《守望先锋》中一度直接加入的非对称对抗。

在这种时候我们要知道这样的做法更多是在玩家熟悉的游戏内容中提供了新的体验方式，它能带来的是与其他日常更新一样的新内容，以及享受市场上、社会上当前热点辐射而来的热度。它是有价值的，但是它放弃了越多与游戏内现有内容的结合与化学反应，就带来越少的质变，并且需要承受非优雅设计带来的违和感。

因此从玩法优势的思考层面来说，我们可以粗浅地总结为这个类型的产品，关注“非对称对抗”这个玩法要表达的虚拟层内容本身是更重要的。这也是《第五人格》在很多决策上选择的思考逻辑（例如选择更有代入感的 3D 视角）。因为从这个思考逻辑来说，即便是从玩家的差异化体验角度来看，《第五人格》的“恐怖竞技游戏”属性也明显要比“非对称对抗游戏”这个属性让玩家感知更为明显，“非对称竞技”更多只是表达《第五人格》所选题材的一个合适的手法。

规则本身让玩家感知乐趣的门槛往往是更高，也更靠后的——读大学时听说要开始学习高等函数和微积分就跃跃欲试的同学始终是少数。

8.2.3 非对称竞技的天然劣势和风险

再说缺点，非对称竞技的缺陷十分明显。同构、对称的竞技从双方阵营的角度来说是天然平衡的。虽然他们仍然存在着角色与角色之间的平衡，游戏过程中各种行为收益的平衡要处理，但非对称竞技在保留这些问题的同时，额外再增加了所有“非对称的部分”所带来的平衡问题，并且所有的平衡维度之间是相乘的指数级增长关系。而《第五人格》正是一个在角色选择、胜利条件、资源获取、信息获知所有维度上都非对称，即都需要额外平衡的游戏（写到这里我不禁露出了一个佛系的微笑）（见图 8-5）。

图 8-5　网易游戏《第五人格》庄园餐厅

对于这种情况：

（1）明白自己应该从哪些方面着手尝试解决。

无论是传统竞技游戏，还是非对称竞技游戏，解决平衡性的方法是通用的。

- 首先，找到可以作为通用演算货币的等价物。在 MOBA 里面有经验、金钱，在格斗里是血量，在《第五人格》中，由于双方的资源甚至胜利条件都完全不同，通用的等价物只能是时间，因为无论如何非对称，仍是一个“看谁先获胜”的游戏。再由通用的等价物衍生出双方行为的效率来演算平衡。

- 其次，如同其他竞技平衡一样，通过演算玩家可能的行为来找到平衡。游戏的变量与逻辑设置能覆盖越多的玩家行为策略，游戏的平衡性和规则乐趣做得越好。但至少要对玩家最优解行为以及玩家最通常进行的行为进行演算平衡。
- 再其次，玩家的标准行为随着游戏的阶段不同是会不断改变的，因此需要不断根据记录的数据来调整版本平衡。
- 最终，不要仅仅关注大数据平衡，还需要关注在整局平衡中玩家在一局游戏中不同时间阶段里的体验，以及调整版本平衡给玩家带来的体验。

大多数的游戏会根据后台数据、设计者大量的体验，以及有时候玩家群体中的舆论等，去形成开发者一段时间内的认知，并由此小心翼翼地去微调平衡（《第五人格》也是这么做的，如图 8-6 所示），毕竟平衡是一个微妙的设计内容，但正是因为平衡这个微妙属性的蝴蝶效应，导致按下葫芦起了瓢，也是大多数竞技游戏一代版本一代神的根源。而《DotA》2 的老粉们常常津津乐道冰蛙每次版本调整改动动辄超过三分之二的英雄，重做几十个。同为竞技游戏设计者，不禁叹服。但正是从这个层面，可以看出《DotA》2 这个游戏的平衡调整是服务于游戏体验的。无论是线上的版本还是大后期的版本，所有英雄都会遵循这个思路做统一改动，这是为什么每次英雄、物品和地图的修改覆盖面能够如此之大，也是大改之后，每次大赛所有角色仍然上场覆盖率如此之高的原因。因为它的思路是从同一个出发点（当前版本的体验）进行统一调整，而非由于不平衡局部去进行调整。这也是竞技游戏开发者们应该努力的方向。

图 8-6 《第五人格》监管者下棋

（2）心里对于这种情况有清楚认知之后，再做一些判断时的影响。

不管当前对于平衡性的解决情况如何，我们首先得认清从类型上，非对称竞技游戏相比传统竞技类游戏在平衡问题上的劣势，那么在做很多决策时，我们需要针对这方面的风险有更全面的心理准备以及决策偏向。例如：

- 首先，一个竞技游戏，赛事肩负着相当重要的作用。它会定义最接近理想最优解的玩家游戏流程，从而引导整个游戏中玩家群体的学习方向，以及大幅度影响玩家学习的速度。《第五人格》在有赛事氛围的国家和地区相比没有赛事氛围但接近热度的地区，玩家的竞技水平差异是巨大的。但同样由于这点，如果游戏的平衡性与竞技性没有达到赛事的标准，举行赛事是有风险的。前者无异于自曝其短，透过赛事的教学让不平衡的状况在游戏中带来更深的影响；后者会影响长时间高强度赛事的观赏性，透支游戏的寿命。因此在做赛事时，对于职业化、赛事强度以及在市场上的引导等等都需要根据自身当前版本的情况进行调整，慎用常规竞技游戏的直接赛事化思路。
- 其次，前面多次提到，游戏设计的系统是互相关联的，这种非对称结构带来的问题往往会影响到游戏的各个模块，带来很多想不到的问题。举个例子，在允许玩家自主选择不同阵营进行匹配的前提条件下，双方阵营喜好人数与阵营匹配所需玩家数的比值是很难刚好相同的。哪怕只是玩家有所偏好，也将影响游戏匹配的效率。极端情况下，如果由于某个理由（可能是平衡性或者任一影响玩家喜好的原因），所有玩家都选择去玩其中一个阵营。那么玩家在这个游戏中就永远不会匹配到对手了。那么由此，游戏在决策是否划分多个服务器，匹配人数出现问题的阈值设定以及解决方案，就是相较常规竞技游戏，额外需要考量的内容。

游戏中类似这样的问题还有很多，从根源类型上的差异牵一发动全身，所有的系统需要从头梳理，所有的经验也需要从这个思路中审视后再慎重使用。

8.2.4 小结

因此，粗略的根据目前提出来的优劣势总结一下，这种核心战斗类型，相比于传统竞技，是一个更注重角色扮演的竞技类型，这也是为什么 Steam 上目前的非对称竞技游戏，双方往往会有令人印象深刻的身份关系。类似于 *Who's Your Daddy* 中照顾熊孩子的奶爸；《进化》中相互猎杀的猎人与怪兽；《深海》中的潜水员与大白鲨等。

/ 核心战斗之外

如上所说，此篇章主要是在阐述核心战斗的规则如何表现虚构层，但还是需要提一句，虚构层反过来也能帮助玩家理解规则，这两者是互相辅助的，思考时需要从两个方向出发去辩证地看待。尤其是新类型、小众类型，规则重度的游戏更需要虚构层的辅助。

要注意，在《第五人格》当中，虚构层从一定程度上可以分为两层。剥离掉侦探这个故事外壳，对抗的双方是类似于“凶手”和“受害者”的两个阵营，而如果只有这两者，也是能满足玩家对于非对称对抗双方阵营的认知，也有可能完成一个完整的好游戏（《黎明杀机》就是一个现成的例子）。第一层的虚构层包装，从功能性上是辅助游戏核心玩法的概念传达。而侦探这一层的虚构层，则是在这更外一层的系统交互、新手线性体验包装。

/ 很长的结束语

在本节的开头我们说过，选择这样一种新的核心玩法的出发点是源自通过全新的核心战斗形式，满足玩家差异化体验的需求，从而解决玩家新增的问题，在市场上获得生存的空间，这是一个理性而现实的问题（典型例子是图 8-7 所示的《第五人格》）。

图 8-7 网易游戏《第五人格》

当我们进入游戏行业之后，往往最先学习的是如何从一个单纯的玩家视角、游戏热爱者视角，上升到设计者视角。在这个过程中，我们开始接触到很多业内标准化的概念，思考通过什么样的方式获得游戏的新增；用什么样的设计提升游戏的次日、三日、七日留存；通过付费率还是 ARPPU 值来提升游戏的付费数据；通过标准价值来平衡付费与寿命等，这些内容在非文案策划的模块体现得会更加明显。

这些新知识的学习、运用与熟悉是一个游戏设计者的必经之路，而且会经历一个不短的过程。这个过程往往会给初次接触到这部分的设计者"学到新知识，明白了游戏设计运行机制"的感受。但我们要明白，这些内容只是游戏设计的基础之一，国内游戏行业发展这么多年，在成熟的游戏公司体系内有大量的从业者是这样一路走来的，如果拘泥于此则很容易导致做出来的内容趋同。

作者本人之前做项目时也是上述行为的其中一员，包括现在也常常由于对于结果的追求，而在设计中出现这样的毛病。反思问题出现的原因，是因为所有以上列出的所谓"业内概念"，绝大多数是"数据"或是"指标"。一个游戏在发行后，通过这些指标，可以判断出这个游戏的吸量能力、粘性、付费能力。渠道和公司会根据这些指标来评判游戏的质量，这种做法没有问题，因为数据是理性的，它们的作用就是验证与客观反馈结果。从这一点上来看，和我们做游戏时，系统设计完成之后设立的 log 作用是相同的。

但数据是用来验证结果、发现问题的，不应该也不能够指导设计。

游戏的系统构成是复杂的、耦合的。通过反映出来的数据去调整内容，极其容易造成未反映出问题的地方出现问题。

老生常谈：只有体验能指导设计。

更具体一点，大到整个游戏，小到一个相对独立的系统或玩法模块，指导设计的所谓体验都可以拆分为：规则的乐趣性与故事的讲述体验。这也是我们回归一个玩家与热爱者的思维后，能关注到的游戏最初带给我们兴趣的原因。

游戏设计是一个永远在找平衡点的过程：进入行业后各种数据、指标、常用手法的学习是为了避免我们成为一个理想而不切实际的设计者。但这些学到的知识更多是帮我们在设计中时时自省而警醒，但绝妙而让人叫好的游戏设计是没有办法通过照本宣科来达成的，如同我在这里写的内容，更多也是提出一些常见出现问题的误区让读者避免。真正优秀有价值的游戏至少需要设计者对于自己设计的内容有远超出社会平均水准的理解和表达，这里包含了精巧规则的反复推敲，以及所属题材知识的了解与积累。人生有限，我们一个人所积累的知识又足够做出多少个游戏，而又需要学习多久才足以做出一个新的游戏呢？

想到这里往往是惶恐而充满压力的，希望以游戏设计作为自己职业的同学们对这个行业充满热爱的同时也保持敬畏。

8.3 沙盒游戏

8.3.1 什么是沙盒

/ 沙盒游戏的定义

爱玩玩具是孩子们的天性。回想一下我们小时候是如何玩玩具的？当父母买来一套儿童玩具送给小朋友的时候，他们并不会像玩游戏一样有明确的目标需要去达成。更多的时候他会根据自己的想象力来摆弄玩具，比如将积木拼成一个特别的形状，或者将橡皮泥捏成自己想象中的样子。而孩子们会沉浸于创造的乐趣中。

沙盒游戏就好像是游戏界中的玩具。放在马斯洛需求理论金字塔中来看，沙盒游戏更多的是满足玩家金字塔顶层的需求，即玩家自我实现的需求（见图 8–8）。

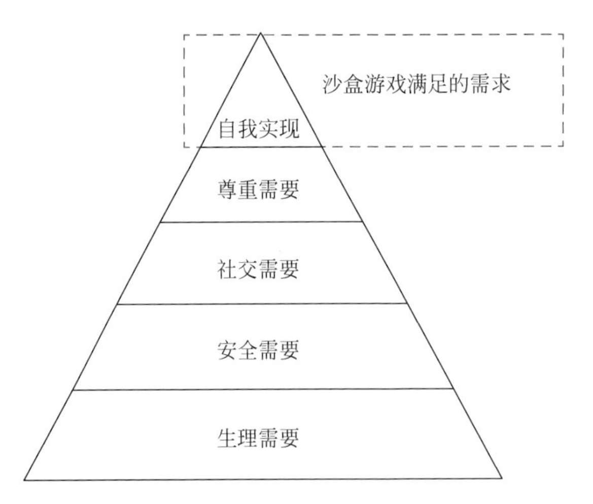

图 8-8　马斯洛需求理论金字塔

在这里，沙盒是一个形容词，并不是一个名词。我们会说这个游戏很“沙盒”，但是当我们说某个游戏是一个“沙盒游戏”的时候，这个概念很模糊。我们可以形容一个 RPG 游戏或者模拟经营游戏很沙盒，但当我们说一个游戏是沙盒游戏的时候，反而会搞不清这个游戏的实际类型，它有可能是个 RPG，也有可能是个动作射击游戏，还有可能是个模拟经营类游戏。

沙盒本质是自由、开放。在这里，我们抛去流程向、剧情向的沙盒游戏，这部分放在开放世界和新兴题材章节中讨论。本节我们只讨论带有建造和组装类元素的沙盒游戏。玩家在这类游戏中可以自己决定自己的目标，并且自由地在游戏世界规则下创造内容。

/ 沙盒游戏发展史

我们认为沙盒的概念起源于各种模拟建造类游戏，而公认的最早的模拟建造类游戏是 1982 年的 *Utopia*（乌托邦），而当时由于市面上充斥着大量的快节奏动作游戏，这款游戏的成功并没有获得广泛的关注。不过它依然为后续的上帝视角模拟类游戏打下了基础。

1989 年，Maxis 发布了《模拟城市》，与其说这是一款游戏，倒不如说它更像是一个城市设计工具，或者说是城市设计玩具。而后续的许多沙盒游戏，由于其高度自由的特点，导致它们都会更像是设计工具，而非游戏。只有能够从创造中获得乐趣的玩家，才会感受到这些游戏在游戏性方面的乐趣。

2009 年，Mojang 公布了《我的世界》首个版本，这是一款融合了探索、生存、积木搭建元素的游戏（见图 8-9）。这款游戏最初发布的时候，没有明确的游戏目的，没有剧情，没有教程，连 UI 都只能用不完善来形容，但却受到了无数青少年玩家的喜爱，成为了一款现象级产品。而《我的世界》也在未来继续不断完善、丰富内容。这款游戏本质上就是纯粹的玩具，强调纯粹的创意性，而这也正是青少年所痴迷的。在《我的世界》风靡世界之后，市场上也涌现出了大量类似的沙盒游戏，沙盒游戏这一类别得以快速发展，以建造为核心的沙盒游戏成为了游戏市场上一个重要的类别。

图 8-9　网易游戏代理《我的世界》

随着游戏终端运算能力的提升，以及游戏物理引擎的发展和成熟，沙盒游戏中的另一个分支——载具组装类游戏逐步出现。和建造类沙盒游戏玩家所产出的内容只能放置不动有所不同，载具组装类游戏在玩家通过模块拼装出成品后，还可以在游戏世界中驾驶拼装好的载具，甚至使用载具和其他玩家进行战斗。因为增加了后续的驾驶模拟体验，完成内容产出后的玩家可以通过驾驶和对战获得更多的成就感。因为载具组装强烈依赖于物理引擎的表现，这一类别直到 2010 年以后才发展起来。其中最为知名的 *Robocraft* 在 2013 年首次亮相，由于它是一款免费游戏，累计获得了数千万的下载量，大量的玩家通过这款游戏接触到了这个游戏类别。后续 2015 年首次公布，2017 年正式发售的 *Crossout*（创世战车）也在国内有了很高的曝光量。在 Steam 平台上，大量的载具组装和驾驶模拟类游戏开始出现，逐步形成规模。

/ 市场规模和用户画像

沙盒类游戏近些年来蓬勃发展，无论从游戏数量、玩家关注度，或是相关指数来看，都在不断攀升。

在 Steam 上（国外最大的 PC 游戏平台之一），沙盒类游戏的排名也比较靠前，其中，中国玩家对沙盒游戏的喜好度超过世界平均水平（Steam 排行榜）。

在国内，我们公司代理运营的《我的世界》，上线一周年总注册用户已经突破了 1.57 亿；由迷你玩研发的《迷你世界》，上线两年总注册用户也达到了 1.5 亿。

/ Steam 榜单情况

如图 8-10 所示，从整体上看，在 Steam 的榜单中沙盒类游戏已占主导位置，Top 30 中有 13 款沙盒游戏（Top10 中则达到了 6 款）。

	Top Game		Global		China		Price
			Owners	Players	Owners	Players	
4	garry's mod	Garry's Mod	29,181,987	2,109,281	-	-	$9.99
5	Terraria	Terraria	6,366,182	1,169,313	50,929	10,992	$9.99
6	TROVE GEODE	Trove	2,316,718	1,178,384	40,543	5,908	Free
7	grand theft auto	Grand Theft Auto V	2,793,035	1,065,252	280,700	116,326	$59.99
9	ARK	ARK: Survival Evolved	1,322,836	586,026	19,446	9,083	$29.99
10	SKYRIM	The Elder Scrolls V: Skyrim	9,290,491	981,901	-	-	$19.99
11	Unturned Free to Play	Unturned	16,547,008	1,289,119	314,393	38,802	Free
21	RUST	Rust	2,734,501	362,672	24,884	3,337	$19.99
25	Fallout NEW VEGAS	Fallout: New Vegas	3,842,712	360,960	-	-	$9.99
26	H1Z1 BATTLE ROYALE NEW MAP NOW LIVE	H1Z1	1,451,543	339,053	34,547	7,256	$19.99
27	DAYZ	DayZ	3,270,037	398,785	39,240	5,104	$34.99
30	ROBOCRAFT	Robocraft	7,663,517	413,333	130,280	10,209	Free
	Top 30 total				1,794,149	308,266	

图 8-10　2015 年 8 月 Steam 数据（1）

而国内用户在 Steam 平台上，沙盒用户的总拥有用户（Owners）占比超过 50%，活跃用户（Players）占比超过 70%（见图 8-11），也间接说明了在国外游戏平台中，沙盒游戏更受中国玩家的喜好。

	Owners	Players
Top30	1,794,149	308,266
沙盒类游戏	934,962	217,017
用户占比	**52%**	**70%**

图 8-11　2015 年 8 月 Steam 数据（2）

Owners 表示在 Steam 上购买游戏的人次；Players 表示过去 2 周有登录过游戏的人数。

/ 国内市场规模

从图 8-12 可见，在没有国内运营、缺乏宣传和市场推广的情况下，一些知名的沙盒类游戏也有较高搜索量。

国内常见网游百度指数		常见沙盒游戏百度指数	
LOL	551,585	我的世界	493,144
CF	235,089	Grand Theft Auto V	45,618
天涯明月刀	79,511	Terraia	31,907
上古世纪	67,910	The Elder Scrolls V: Skyrim	15,008
逆战	59,956	Assassin's Creed	10,700
梦幻西游	54,906	ARK: Survival Evolved	8,093
剑灵	46,432		
坦克世界	23,240		
使命召唤OL	14,812		

图 8-12　2015 年 8 月百度指数

对比数据可以发现，沙盒游戏第一梯队的《我的世界》百度指数与国内排首位的 LOL 相差不到 10%，其第二梯队搜索量也和主流的第二梯队网游持平，而这些沙盒游戏当时在国内都处于无人运营的状态。

可以看出，玩家对沙盒游戏的关注和兴趣是自发性的，且玩家规模不亚于国内的流行网游。

/ 沙盒游戏细分情况

对于沙盒游戏，“沙盒”本身是一个模式或者说是一种游戏元素，这个元素有着优良的“融合”属性，可以搭载其他主流游戏类型，比如角色扮演、射击、竞速、经营等等，根据核心玩法的不同，可以将“沙盒游戏”分为 3 类：“沙盒 – 创造经营”“沙盒 – 动作扮演”“沙盒 – 生存冒险”（见图 8–13）。

图 8-13　沙盒现有用户（摘录自网易游戏内部调研报告）

在沙盒现有用户中，以“创造经营”玩家最多，其次是“动作扮演”和“生存冒险”。

（1）创造经营：主要受《我的世界》影响，适应人群范围较广，受众玩家对游戏本身的“沙盒”属性有明显的认知；

（2）动作扮演：基本有 IP 作为背书，有一群热衷的粉丝；

（3）生存冒险：主要是近期热门类型，且游戏过于自由，上手门槛较高，导致用户规模较“创造经营”和“动作扮演”有明显差距。

/ 沙盒游戏细分用户画像

如图 8–14 所示，“沙盒 – 创造经营”类的玩家属性，和其他两类有较为明显的差异。

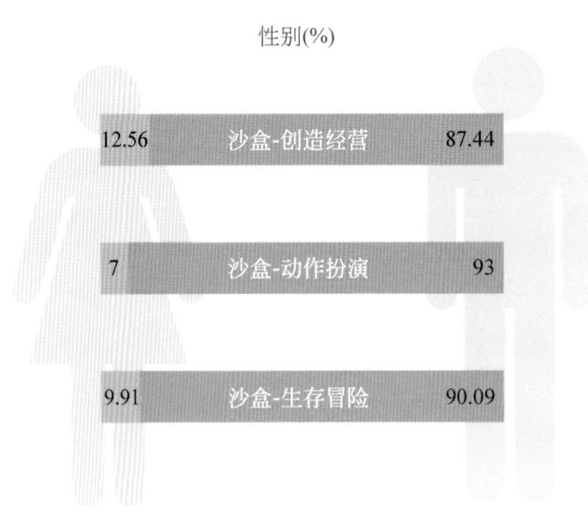

图 8-14　沙盒玩家性别比例（摘录自网易游戏内部调研报告）

从图 8–14 可见，“沙盒游戏”整体仍是以男性玩家为主。但值得注意的是，“沙盒 – 创造经营”类的游戏，相对更能够吸引女性玩家。

如图 8–15 和图 8–16 所示，“沙盒 – 创造经营”的玩家年龄也显著低于其他两类玩家，平均年龄不到 18 岁，并且其中 76% 都是在校学生。

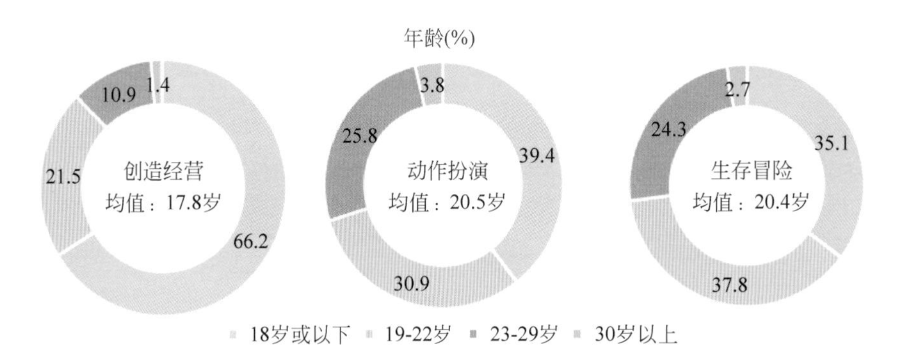

图 8-15　沙盒玩家年龄数据（摘录自网易游戏内部调研报告）

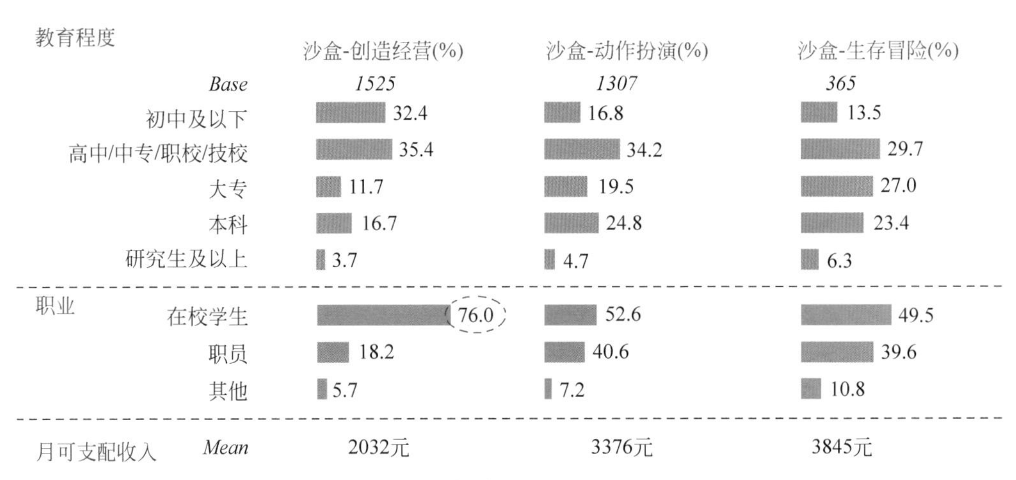

图 8-16　沙盒玩家教育程度（摘录自网易游戏内部调研报告）

/ 布局分析

从市场角度来看，“创造经营”和“动作扮演”方向相对成熟；从产品开发的角度来看，“生存冒险”和“创造经营”更容易开发和运营。

- “创造经营”是最容易触达目标玩家的群体，开发和运营难度也较低，从放眼未来的角度考虑，是最适合的布局方向。
- “动作扮演”也有较为成熟的市场，但是开发的运营难度较高，适合用已有的成功 IP 在这个方向用心打磨产品。
- “生存冒险”市场仍然待拓展，但研发 / 营收的性价比相对是最高的，适合作为创业团队的尝试方向。

三者的市场布局如表 8-2 所示。

表 8-2 市场布局

		创造经营	动作扮演	生存冒险
市场层面	规模占比	64.17%	59.53%	17.92%
		成熟度：中	成熟度：中	成熟度：低
	人群特征	· 男性为主，在校学生，平均年龄 17.8 岁； · 偏好 STG、MOBA、ACT 类游戏； · 玩过网易知名网游，目前只接触部分	· 男性为主，在职及学生各半，平均 20.7 岁； · 偏好 STG、MOBA、MMO； · 玩过网易知名网游，目前只接触部分	· 男性为主，在职及学生各半，平均 20.4 岁； · 偏好 STG、MMO、MOBA； · 玩过网易知名网游，目前接触变少
		触及难度：中	触及难度：中	触及难度：难
	游戏特征	· 平均游龄 4.0 年； · 每周平均玩沙盒 12 小时，平均和 9 人一起玩	· 平均游戏龄 5.8 年； · 每周平均玩沙盒 15 小时，平均和 13 人一起玩	· 平均游龄 7.0 年； · 每击平均玩沙盒 12 小时，平均和 11 人一起玩
		用户价值：中	用户价值：高	用户价值：高
产品层面	游戏诉求	充分利用游戏中的资源，去搭建自己的梦想	不要给我固定路线，要给我多种选择，随心体验	游戏要刺激，还要能相互击杀，玩的就是互动
		开发成本：中	开发成本：高	开发成本：中
	游戏痛点	· 没有合适的服务器； · 画面不够漂亮； · 玩法单一； · 一起游戏的朋友较少	· 连接国外服务器成本高； · 英文菜单很难懂； · 主线剧情较多； · 后续内容较少，持续游戏动力较弱	· 连接国外服务器成本高； · 英文菜单很难懂； · 外挂猖獗，无法正常游戏
		运营难度：中	运营难度：高	运营难度：中
	付费情况	· 多数玩盗版游戏，无付费习惯； · 每月最多只花几十元用于付必要的服务器费用	· 付费能力较强； · 有玩正版游戏习惯，愿意为游戏花钱； · 对于道具付费接收到较低	· 付费能力较强； · 有玩正版游戏习惯，愿意为游戏花钱； · 对于影响游戏平衡的道具收费颇为反感
		用户价值：低	用户价值：中	用户价值：中

8.3.2 沙盒游戏设计

我们认为，沙盒游戏是通过探索、创造和分享这三个独特的体验，为玩家带来乐趣的。首先我们会在本节详细地阐述沙盒游戏的核心乐趣。然后会根据核心乐趣提炼出我们认为的沙盒游戏所必须要具备的设计要素。最后，我们会为列举出一些常见的沙盒游戏中用到的游戏元素，将这些元素和核心设计要素结合后会产生出体验各不相同的独创的沙盒游戏。

/ 沙盒游戏的核心乐趣

玩家在体验一款典型的沙盒游戏过程中，会逐步通过探索、创造和分享来获得乐趣（见图 8–17）。

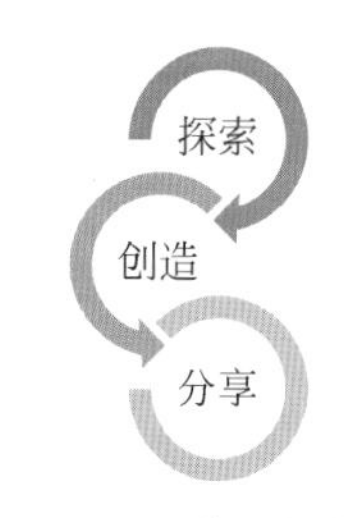

图 8-17　玩家获得乐趣的流程

游戏的本质是对真实世界的模拟。而玩家的探索则是在游戏世界中不断验证自己对真实世界认知的过程。玩家每次在游戏世界中验证自己对于真实世界规则的认知，都会获得乐趣，这就是沙盒游戏探索的乐趣。

在探索的过程中，玩家会逐步了解游戏世界内的规则。当玩家对于游戏世界有了基础的了解后，就会发挥自己的想象力和创造力，自行创造出各种独特的原创内容，并通过完成这些创造内容来获得乐趣。这就是沙盒游戏创造的乐趣。

玩家在通过花费时间、精力甚至金钱创造出原创内容后，会产生分享的诉求。分享原创内容获得其他玩家的反馈和认可，将会为玩家带来最后一部分乐趣，即分享的乐趣。

/ 沙盒游戏的设计要素

根据前面总结出的沙盒游戏的三个乐趣，我们认为要构成一个完整的沙盒游戏核心体验，需要具有以下这些设计要素：

- 细粒度创造和通用的世界运作规则，将会为玩家带来探索的乐趣；
- 玩家自定义目标，将会为玩家带来创造的乐趣；
- 分享方式的设计，将降低玩家的分享门槛，为玩家带来分享的乐趣。

1. 细粒度创造

很多游戏中都有创造元素，但是沙盒游戏中则强调的细粒度创造。所谓细粒度创造，是和粗粒度创造对应的。我们如果定义在游戏中放下一栋完整的建筑，是粗粒度创造的话，那么我们一次只能放下一块砖、一堵墙，则是细粒度创造。细粒度创造会带来丰富的自由度。而细粒度创造除了提供细粒度的模块以外，还要设定好这些模块之间以及这些模块与世界之间的互动规则，例如模块是如何互相连接起来的、不同模块连接起来会合成出什么功能等。

以《我的世界》为例，游戏中包含丰富的细粒度模块：

各种不同材质的方块，如树木、石头、沙等（见图 8–18）；

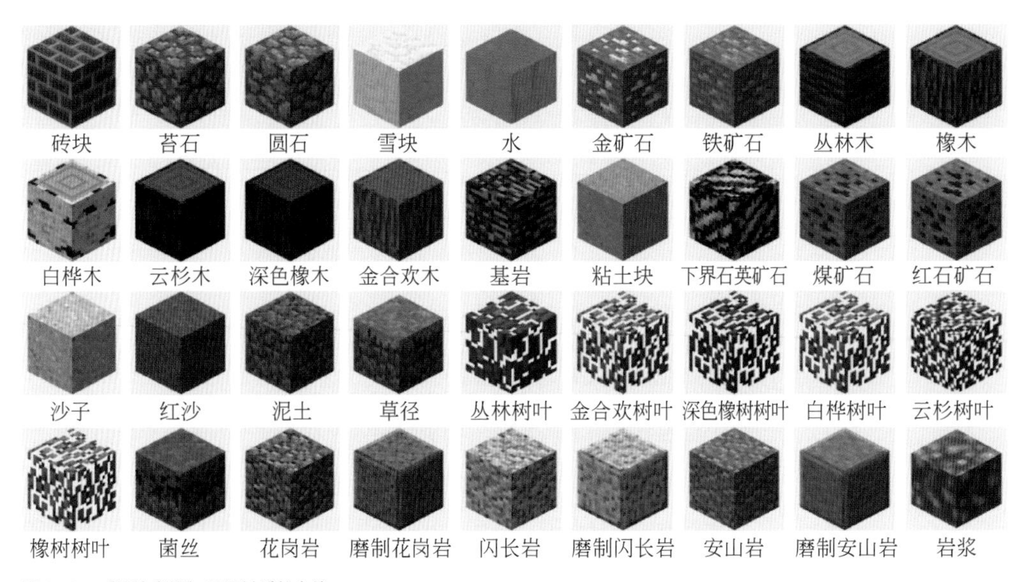

图 8-18　《我的世界》不同材质的方块

各种不同功能的功能模块，如箱子、工作台、熔炉等（见图 8-19）；

图 8-19 《我的世界》功能模块

不同材质的方块可以转化为不同的物品，如树木可以转化为木头（见图 8-20）。

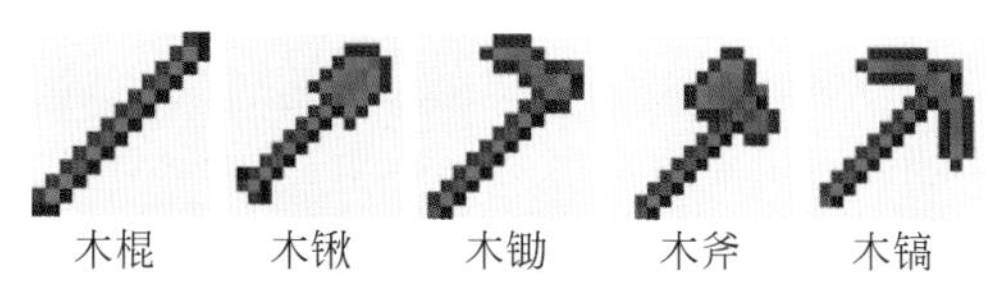

图 8-20 《我的世界》物品

而这些细粒度模块之间又有着复杂的互相作用规则，这些规则构成了游戏的创造元素：

例如方块和方块之间可以进行堆砌和连接（见图 8-21）；

图 8-21 《我的世界》建造

加工台和熔炉可以处理和合成物品（见图 8-22）；

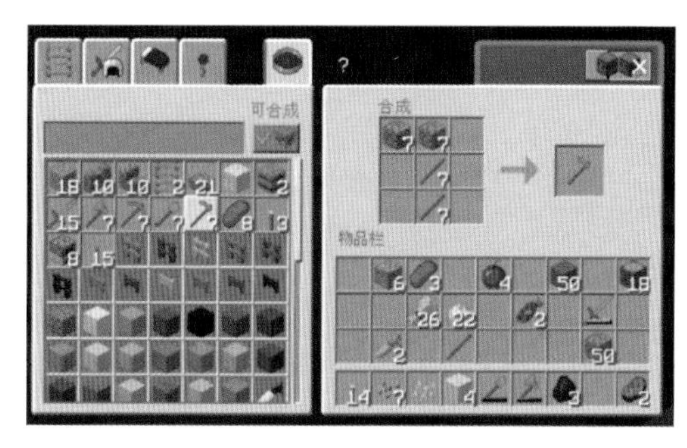

图 8-22 《我的世界》合成界面

产生的物品，如铲子、斧头等又可以重新作用于方块（见图 8-23）。

图 8-23 《我的世界》中使用创造出的工具伐木

只有具有细粒度的创造，一款沙盒游戏才具备了最基础的自由度。

2. 通用的世界运作规则

玩家在一款沙盒游戏中，除了获得创造的乐趣以外，如果能够通过游戏内的规则验证自己对于真实世界的认知，同样也会获得独特的乐趣。而这种乐趣本质上是来源于人类的探索欲。

举个简单的例子，如图 8-24 所示，如果在游戏中提供了火焰和木头材质，大部分玩家都会去尝试将木头材质和火焰元素进行组合，看看是否能够符合自己对于真实世界的认知（如木头可以燃烧），如果能够验证，玩家就会获得在游戏世界中探索的乐趣，而这样的设定越细节，玩家获得的乐趣越多。我们把上面的例子延展一下，如果燃烧过后的木头会变成木炭，燃烧的木头可以放置成为火堆用于烹饪食物，或者下雨会将燃烧的火焰浇灭。当这些设计被玩家所感知后，玩家所获得的探索乐趣将会继续加强。

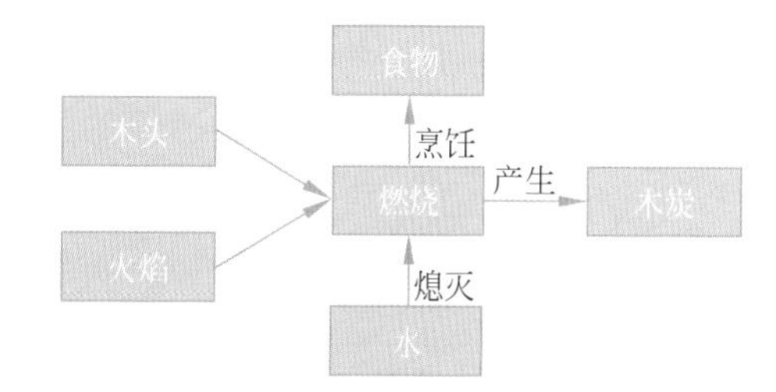

图 8-24 木头和火的作用示意图

我们可以列举出各种模拟真实世界规则的游戏设定，例如：

- 物理规则

物理规则是最常见的真实世界的经验，并且目前实现方式已经很成熟。由于物理规则是最基础的世界规则，所以对于玩家来说，他们也更容易体会到物理带来的乐趣。不仅仅是沙盒游戏，大量其他类型的游戏也都运用到了物理规则的模拟。从早期运用 2D 物理的《愤怒的小鸟》，到运用柔体物理开发的独立游戏《人类一败涂地（Human fall flat）》，这些都是以物理规则作为核心乐趣来源的游戏。

而回到沙盒游戏上，其中的载具拼装类游戏就充分利用了游戏中对于物理规则的模拟。有的游戏比较容易上手，简单的安装上底盘和轮子就能如现实中车辆一样行驶，例如《创世战车》、*TerraTech* 等，而有的游戏则强调工程原理，上手难度会高很多，但自由度也更高，甚至在游戏中可以做出宇宙飞船、变形金刚等复杂的创造内容，例如《围攻（Besiege）》。

- 环境互动

我们可以列举出两种典型的环境互动设计元素，一个是化学规则，一个是生物规则。

《塞尔达传说：荒野之息》的主创团队在介绍自己游戏开发理念的时候曾经提到过，除了物理引擎以外，他们还专注于实现了"化学引擎"，其实究其本质，化学引擎强调的就是玩家与环境的互动。例如，火焰可以燃烧树木，可以烹饪实物，但是会被水浇灭，就是一个典型的化学规则。我们还可以列举出更多的化学规则，比如水可以结冰、酸可以腐蚀金属等，这些都可以作为素材用于沙盒游戏的设计中。

生物规则最典型的例子就是畜牧和养殖，玩家可以通过和游戏中的生物进行互动，来让生物进行成长、繁殖，实现自己在游戏中畜牧的体验，这一元素在《我的世界》中也有被充分运用（见图 8-25）。当然，除了畜牧和养殖以外，狩猎也是生物规则中经常被用到的元素。生物规则更加强调对于现实世界中不同生物的行为和习性模拟，让玩家在游戏世界中验证自己对现实世界中生物的认知，以获得探索的乐趣。

图 8-25 《我的世界》养殖场

3. 玩家自定义目标

在上文我们说到过，沙盒游戏主要是满足玩家自我实现层面的需求，而玩家自我实现的方式来源于自由的创造。所以，沙盒游戏并不能如常规的流程型游戏那样给与玩家明确的目标，或者要求玩家完全按照目标来游戏。与此相反，我们需要在沙盒游戏中放开对玩家的束缚，鼓励或者引导他们用自己的方式来进行游戏，这部分我们称之为玩家自定义目标。

最初始的自定义目标方式就是完全不定义目标。比如，《我的世界》中的创造模式，在创造模式中玩家完全没有了资源的限制和生存的压力，可以自由地创造各种建筑。而这个模式也成为了《我的世界》的核心模式。《重装上阵》也鼓励用户自由创造战斗机械（见图 8-26）。

但是，大家会发现完全不定义目标，或者定义一个开放宽泛的目标，很有可能会导致部分玩家缺失方向，如果他们不去主动地创造内容，就完全体会不到游戏的乐趣，甚至会感觉到无聊。这一问题几乎所有的沙盒游戏和开放世界游戏都会遇到。这是由于开放自由和引导性是天然相悖而导致的。所以为很多沙盒游戏都在完成了自己的核心体验后，专门为游戏开发了一部分独立的内容来尝试解决这个问题。

图 8-26 网易游戏《重装上阵》玩家可以自己创造战斗机械

目前解决这个问题的方案主要分两类：

- 一类解决方案是将游戏拆分成两个独立的部分放出。其中第一部分是沙盒游戏的核心体验，这部分满足玩家自我实现的需要，给玩家充分的自由度；而另一部分则带有强大的目标性和指引性，同时兼具新手教学的作用。两部分游戏内容往往是相对独立的，设计者并不会强制玩家一定要进行第二部分的内容，因为第一部分才是游戏的核心体验；
- 第二类解决方案是将游戏的前期和后期体验分开来。前期给予玩家目标和指引，但前期很快就会结束，结束后玩家将会回归到完全自由的状态。

需要明确的是，不论上面哪一种方案，都很难解决游戏开放自由性与引导性的天然冲突的问题，这是所有沙盒游戏都要面临的难题，这也是大部分沙盒游戏都比较难上手的主要原因。

4. 分享方式的设计

沙盒游戏由于其创造性，玩家会产出很多的原创内容，这些原创内容天然适合分享。以下我们着重介绍一下如何设计玩家的分享方式，降低玩家的分享门槛，让他们更容易获得分享的乐趣。

最简单也是最直接的分享方式就是开发多人游戏模式。无论是多人合作、多人对抗，都会带有天然的分享效果。玩家的建造、拼装成果很容易被其他一同游戏的玩家感受到。同时，多人模式由于带来了社交元素，还可以有效提升玩家的留存意愿，这一点和其他类型的游戏是一样的。不过多人模式也有自己的局限性，就是无法分享给不玩这款游戏的玩家，另外，分享的内容也没有办法保存和沉淀下来。

第二种分享方式是在游戏内提供便利的分享，这也是很多沙盒游戏都会加入的分享方式。比如几乎所有在 Steam 平台上的沙盒游戏都会接入 Steam 平台的“创意工坊”。“创意工坊”中玩家可以分享自己的成果，也可以下载其他玩家分享的成果，这些成果不但可以被分享出去，还会一直保存在“创意工坊”中，被沉淀下来。在《创世战车》中，开发者为其加上了“战车博物馆”，玩家可以分享自己拼装好的战车，也可以在战车博物馆中试驾其他玩家分享的战车。目前《创世战车》的战车博物馆中已经保存了玩家们分享的数万个创意。

最后，我们也可以为沙盒游戏加入社交平台分享的功能。最简单的就是加入分享图片的功能，但是图片往往不具有很强的趣味性和传播性。所以也有很多游戏尝试将视频、包含分享内容观看的 HTML5 页面、方便导入游戏的分享内容代码等元素做成可分享的内容，大大提升了分享内容对于社交平台上非该游戏用户的吸引力。

8.3.3 常见的组合元素

我们很少会直接提供给玩家一个纯粹的沙盒玩法让玩家去体验，如之前说过的，纯粹的沙盒玩法缺乏根本的目标，可能会造成对于某些玩家乐趣的缺失。于是我们看到市面上大部分的沙盒游戏都会与其他一些元素进行组合。与这些元素结合后，沙盒游戏在拥有自由度的同时，也拥有了这些元素所天然带有的目标属性，可以让玩家更容易体会到追求目标的乐趣。我们这里仅列出几个最常见的组合元素，实际设计游戏的时候，大家也可以多尝试创新，看看还有什么元素可以和沙盒的核心玩法进行结合。

/ 生存

生存的核心目标是存活更长时间，所以生存元素加入后，我们往往会围绕存活时间设计有压力的数值，例如饥饿度、口渴度、体力等数值压力。另一方面，如果玩家死亡就会带来相应的数值惩罚，比如道具的掉落、经验值的损失等。由于生存元素和玩家对于真实世界的认知十分贴近，所以目标性特别明确，理解门槛也很低。因此很多沙盒游戏都和生存元素进行了结合，例如《我的世界》《方舟生存进化》等。比如玩家会快速地理解饥饿度的概念，并且也会很清楚如何降低自己的饥饿程度，因为这和玩家在现实生活中对饥饿的理解是一致的。

/ PVP

载具组装类的沙盒游戏大部分都加入了 PVP 的元素。这是因为载具组装在组装完成后，需要为玩家提供驾驶和测试自己载具的场合。而使用自己的载具和对手载具来一场公平对决，则是测试自己载具能力的完美场合。这类游戏中使用的 PVP 大部分都是同步 PVP，如 *Robocraft*、《创世战车》等。而也有部分游戏提供了异步 PVP，其中一名玩家可以使用自己的战车挑战对手布置好的关卡，带有更多的解谜性质，例如《围攻》。

另外，也有一部分建筑建造类沙盒游戏也加入了 PVP 元素，比如《方舟：生存进化》和 *RUST* 中加入了“抄家”的设定，玩家可以将自己搜集的资源存储在自己的建筑中，而敌对玩家则可以使用武器破坏建筑抢夺资源。

/ MOD

对于完全不提供游戏目标的沙盒游戏，让玩家自己定义并且分享游戏目标，也是一个很棒的方式。有些游戏会对玩家开放部分游戏接口，或者开放出面向玩家的游戏编辑器，让玩家可以自己修改游戏内容或者定义游戏规则，并且能够发布到游戏内社区，邀请好友一同来体验自己定义的游戏规则。Steam 平台上的《Garry's Mod》就是典型的这样一款游戏，在没有 MOD 的情况下，这款游戏可以说仅仅是一个物理模拟器，而当玩家通过 Steam 自带的创意工坊为游戏打上了 MOD，他们就可以分享自己创造的各种游戏规则，比如躲猫猫、找杀手、跑酷等，并且和其他玩家一同游玩。

8.3.4 沙盒游戏运营思路

沙盒游戏的标杆产品毫无疑问是《我的世界》，海外不同平台不同版本的销量总计达到 1 亿 4400 万份，我们公司于 2016 年宣布代理《我的世界》，产品上线 1 周年后，双端总注册用户已经超过 1.57 亿份。接下来会以《我的世界》作为代表介绍沙盒游戏的运营思路。

/ 平台化思路

沙盒游戏的运营，不能像普通的单机游戏一样，把游戏上架当做产品的终点。沙盒游戏的核心是高自由度，不仅仅是核心玩法，高自由度还体现在玩家的游戏行为、游戏的内容上。

以《我的世界》为例，玩家不只喜欢原本的单人游戏模式，对多人联机的需求也十分旺盛；游戏周边产生的内容量巨大，视频、小说、漫画、教程等，在中国版尚未上线之前，已经在各个社区活跃和成熟；甚至有不少玩家拓展游戏内容，自制 MOD、插件，并且发布到各个社区平台共享给其他玩家。

所以，除了游戏玩法本身，搭建一个承载玩家社交关系、游戏内容的运营平台，是让沙盒游戏延长运营寿命的必需手段。

/ 社交体系

针对原版《我的世界》流失玩家的 UE 调研的结果显示（见图 8-27），“经常一个人玩没意思”是玩家流失的最主要原因，而且占比远高于其他原因。自然可以看出，原版的《我的世界》缺乏一个社交体系来提高用户粘性。而单纯添加一个好友聊天系统是远不能解决这个问题的，下面会拆解分析《我的世界》手游社交体系的思路（见图 8-28）。

MC-PE版哪些方面做得不好，而让您最近一段时间不玩？（多选）

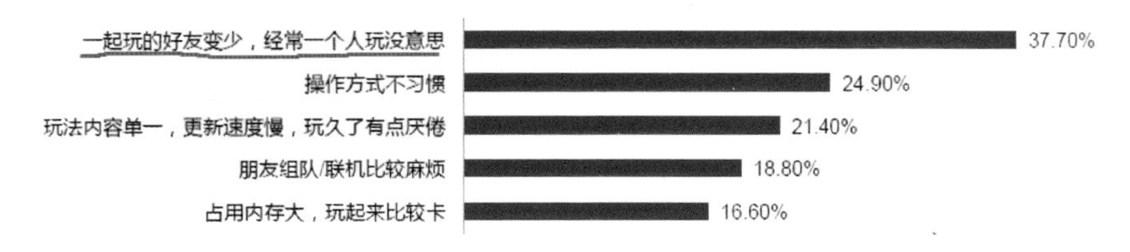

图 8-27 内部 UE 调研

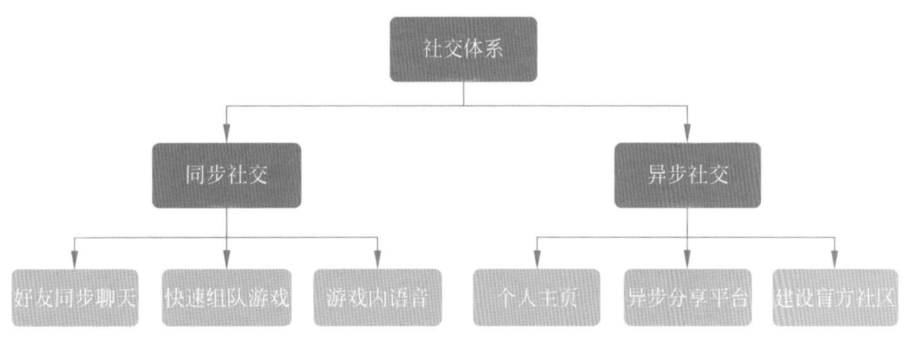

图 8-28 《我的世界》社交体系

核心思路是：以游戏体验为核心场景，围绕它分同步、异步发掘社交需求。

同步社交主要满足玩家玩多人游戏的前置、过程中需求。在启动器中建立好友关系并且可以即时聊天交流；在进入游戏前直接邀请好友组队，一起进入多人游戏；原版《我的世界》已有游戏内聊天系统，产品通过进一步发掘，添加了即时语音系统，让玩家可以更方便地在游戏中交流，尤其是在不方便打字的手游版中，体验会更好。

而《我的世界》的玩法核心就是冒险与创造，非常适合把游戏的内容拿出来跟其他人分享，而且从玩家行为中就能看出来，YouTube 上 MC 相关的视频已经被观看过数十亿次，各个媒体上也经常看到玩家作品的身影。于是《我的世界》中国版也围绕玩家在游戏内创造的内容价值，打造了各种各样的分享平台，满足玩家的异步社交需求，让玩家在非游戏时间，也能够沉淀在《我的世界》中国版的平台。

需要额外提及的是，作为异步分享平台的“新鲜事”系统，除了展示玩家好友之间的分享以外，还有一个重要的功能，就是 KOL 的发声地。玩家可以关注自己感兴趣的 KOL，启动器后台也会根据玩家的行为通过智能的算法给玩家推送可能感兴趣的KOL，KOL 可以在“新鲜事”发布消息、与玩家粉丝互动。通过 KOL 这样的头部玩家吸引，达到提高用户粘度的效果。

/ 内容运营

在中国版上线前，国内的《我的世界》玩家行为如同一盘散沙，多数都在自己玩或者和朋友玩，部分玩家分散聚集在各个社区，而多玩盒子由于拥有较为成熟的平台和运营体系，吸引了较大数量的玩家。而中国版对此的核心思路就是通过科学的内容运营，通过提供内容让玩家持续留存在《我的世界》中国版（见图 8-29）。

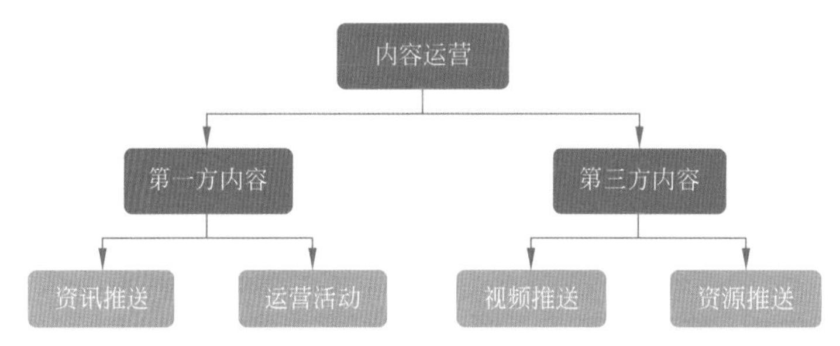

图 8-29 内容运营体系

第一方内容运营与常规的游戏运营相同，通过官方发布资讯和运营活动，有目的地提升玩家的活跃和留存。

《我的世界》的 UGC 内容十分丰富，不仅有玩家自己开发的 MOD，还有很多周边内容——视频、小说、漫画、教程等等。其中视频（包括直播）是非常优秀的内容载体，前面提过 YouTube 上 MC 的视频播放量有数十亿次，国内视频网站上也有大量的内容，比如视频上传者籽岷的总播放量也已经破了 10 亿次，籽岷自己也成为了 MC 圈子的明星，圈粉无数（见图 8-30）。

图 8-30 小朋友们爱戴的籽岷叔叔

如图 8-31 所示，《我的世界》中国版针对性的和 KOL 合作，将优秀的视频放在启动器上，并且在首页推送给给玩家，用新鲜、优秀的内容吸引玩家。

玩家开发者上传的组件资源，《我的世界》中国版会经过后台智能算法的推荐，推送给玩家，让玩家定期感受到内容的更新，并且也能够提升资源的售卖情况。

资源推荐
地心之路
Hypixel
游戏
新龙腾
游戏
Hissing Creeper
组件
地心之路
组件
专题合集
古装动画梦武侠S1
CH明明
偶像剧《流星等等我》
CH明明
欢乐谷高中连续剧S1
MC动画联盟
时代工业模组生存S2
安逸菌
生存向建筑教程
Edzo
精彩视频
查看更多
钻石复制器
刷怪笼控制工具
会怎样
超简单刷铁机

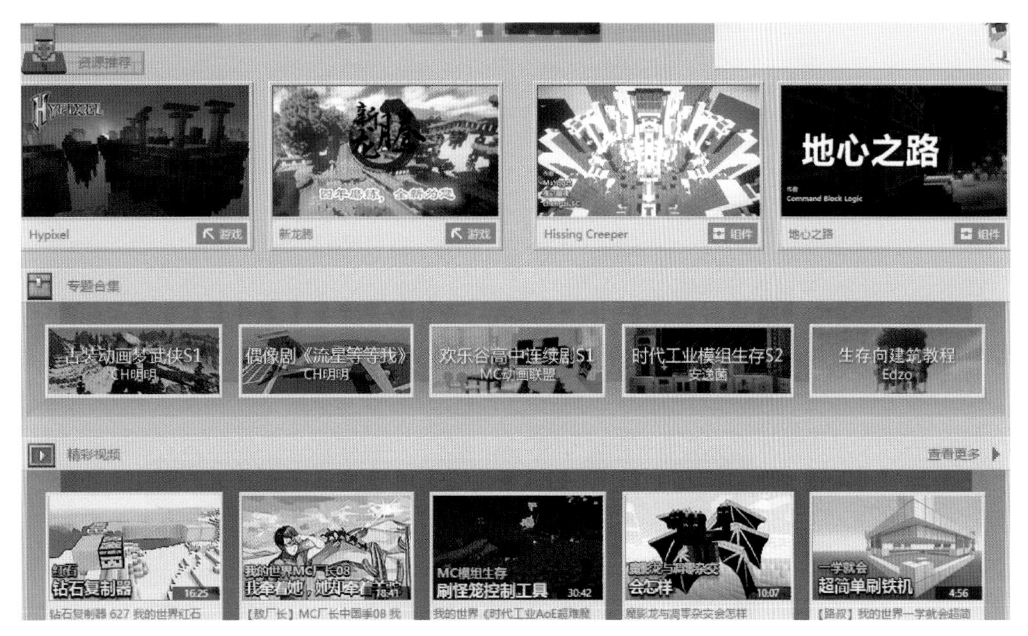

图 8-31　资源与视频推荐

/ UGC（用户原创内容）

《我的世界》这款游戏生命周期能够这么长，从 2009 年发布到现在仍然有大量玩家还在玩，虽然本身的沙盒冒险玩法的可玩性强，但是官方更新内容的速度是跟不上玩家的消耗速度的。

延长生命周期的另一个重要的原因就是：持续的 UGC。全球的《我的世界》社区一直都有开发者开发新内容，并发布给其他玩家玩。这样虽然游戏内容一直被消耗，但是持续有新的 UGC 内容填充，所以玩家会持续地玩《我的世界》（见图 8-32）。

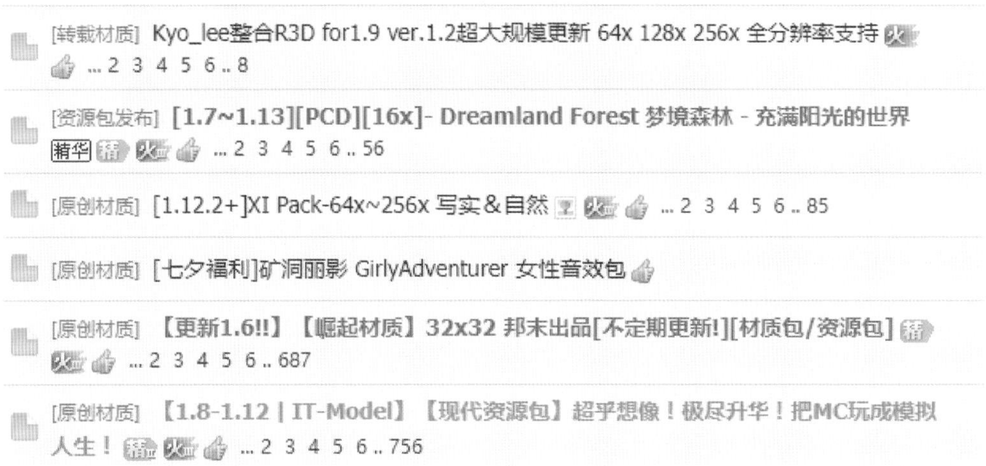

[转载材质] Kyo_lee整合R3D for1.9 ver.1.2超大规模更新 64x 128x 256x 全分辨率支持
... 2 3 4 5 6 .. 8
[资源包发布] [1.7~1.13][PCD][16x]- Dreamland Forest 梦境森林 - 充满阳光的世界
精华 ... 2 3 4 5 6 .. 56
[原创材质] [1.12.2+]XI Pack-64x~256x 写实&自然 ... 2 3 4 5 6 .. 85
[原创材质] [七夕福利]矿洞丽影 GirlyAdventurer 女性音效包
[原创材质] 【更新1.6!!】【崛起材质】32x32 邦末出品[不定期更新!][材质包/资源包]
... 2 3 4 5 6 .. 687
[原创材质] 【1.8-1.12 | IT-Model】【现代资源包】超乎想像！极尽升华！把MC玩成模拟人生！
... 2 3 4 5 6 .. 756

图 8-32　社区的 UGC

从另外一个例子：《魔兽 PRG》3 后期的 RPG 图（见图 8-33），也可以看出，提供一个方便创作的 UGC 平台，能够产生大量的内容，有效地延长游戏寿命，甚至能够产生 DotA 这样成功的独立玩法。

图 8-33　魔兽 RPG 图

/ UGC 生态模型

UGC 的重要性已经很明显了，那么核心目标就是更多、更持久地产出 UGC。而原版《我的世界》玩家和开发者群体的现状是混乱的（见图 8–34）：玩家没有统一、安全的渠道获取资源，开发者也仅仅是做完资源就发布到各个社区就完事，玩家和开发者的利益都没有办法得到保障。

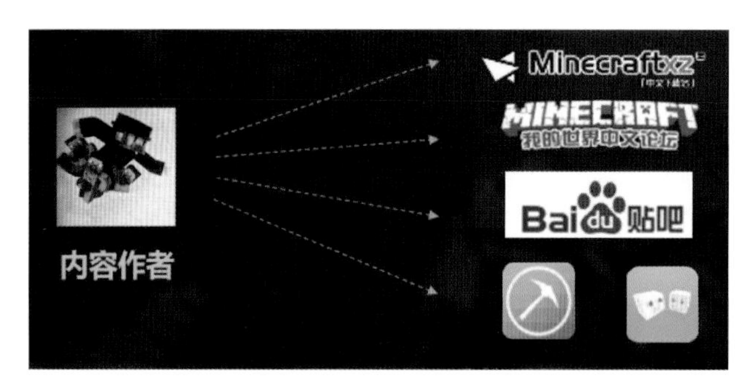

图 8-34　《我的世界》中国版之前国内开发者、玩家的状态

为了达到核心目标“更多、更持久地产出 UGC”，需要不断地刺激开发者创造内容，仅仅是用爱发电是不行的，要有途径让开发者像真正的游戏开发者一样，能够获取收入和口碑。为此，《我的世界》中国版构建了如图 8–35 一套生态模型。

图 8-35　生态模型

MC Studio 是专门面向开发者的工具，方便开发者开发组件、管理发布；资源商城是游戏内面向玩家的内容展示平台，玩家可以方便快捷地找到想玩的内容。通过 MC Studio 和资源商城把开发者和玩家串联起来，形成了良性循环的生态。

09 价值差异化
Value Differentiation

9.1 二次元游戏

9.1.1 二次元剧情塑造差异化

/ 被曲解的二次元

通常我们所说的二次元，是以 ACGN（动画、漫画、游戏、轻小说）等平面的艺术载体所表现的虚拟角色，如漫画或动画中的人物，因其二维空间的本质，而常被称为“二次元角色”，以有别于现实中的人物。

时至今日，二次元已经成为一种逐渐步入主流的文化现象，表达方法也不再局限于二维。

例如，漫改的真人电影无论在影响力还是票房方面，都表现出长久的统治力；以全息投影技术打造的虚拟偶像逐渐走进大众视野；以卡通造型为基点的虚拟社交 App 日渐流行等。

可见，以 ACGN 等载体的类型作为界定标准，早已不符合时代的要求。

另一方面，长期以来一直被看作亚文化的二次元文化，被冠以各种各样的标签，如“学生党”“弹幕”“治愈”等，甚至很多创作者也受到某些标签的误导，以为二次元创作就是堆砌标签。

实际上，无论是表达的载体，还是碎片化的标签，都无法真正定义二次元文化。

改变的是环境，不变的是精神。我们只有抛开表象，从更深的层面去理解、研究二次元文化，才能和市面上大量的流于形式的二次元作品做出差异。《非人学园》是一个经典例子（见图 9–1）。

本文中我们将从文化和艺术两个角度，来探讨二次元剧情塑造的一些特质。

/ 青春的乌托邦

二次元文化从诞生之初，就非常注重内心情感的探索。究其原因，二次元的受众群体一直是相对年轻的，敏感、率真的情感贯穿始终。

在二次元故事的构建中，情感的力量无处不在。下面就三个点来进行讨论：

（1）架空世界：无尽的异世界，青春的乌托邦。

（2）人格代入：现实的映射，真实的人性。

（3）情感驱动：共情，善于利用情感的动力。

图 9-1 网易游戏《非人学园》

1. 架空世界

我们分析了市面的大量二次元作品，发现架空世界、异世界在二次元作品中的占比很高，即使在没有异世界的作品中，仍会对现实世界进行二次设定。在一些轻小说网站上，架空异世界甚至是最主流的故事类型。

少年、少女们在架空世界里发生的种种奇遇，爱情、友情、热情相互碰撞所产生的火花，构成了二次元剧情的主旋律。今天，我们能在国内流行的几乎全部二次元游戏中，找到异世界、异想元素。

那么，二次元剧情为什么如此热衷于架空世界呢?

古典戏剧分析认为，戏剧是史诗的视觉呈现。戏剧中的舞台布置，极端化的剧情冲突，一切设置都是为了增加叙事的力量。

架空的舞台上，无论是设定框架或是极端化的剧情塑造，都可以抛除琐碎、苟且的现实，与“日常”拉开巨大的距离感。热血、真诚、梦想这些在现实题材中显得有些天真的关键字（也是热血方刚的年纪最喜欢的关键字），在异想世界中挣脱现实理智的枷锁，发挥出最大的力量，尽情唤起年轻受众共鸣。无尽的异世界，就是青春的乌托邦。

2. 人格代入

第二个点是人格代入，这一点和架空世界是息息相关的。

如前所述，我们在二次元故事中进行强设定，目的是为了增加情感表达的力量，那么就对我们所刻画的情感本身提出了更高的要求。

用户一定要能够获得更加真实可信的情感体验，让他们可以代入到故事当中。比起一个高高在上的完美英雄，一个神仙大乱斗的传奇故事，我们更倾向于刻画有人性的弱点的英雄，尽管他们具有强大的能力，在人格层面，却和我们一样有着人性的弱点，甚至是自私而复杂的人性。

以《阴阳师》中的晴明（见图 9–2）为例，表面上看起来拥有完美人格的晴明，在故事的开始就是失忆的，用户和他一起找回过去的记忆，渐渐发现一直在对抗的幕后黑手，却是“黑晴明”，也就是晴明的黑暗面人格。原来晴明也不像大家想象中那样完美!

图 9-2　网易游戏《阴阳师》角色 - 晴明

同样的，无论是日系剑与魔法中的大量“废柴男主”，还是美漫中的平民超级英雄，我们都能够在现实生活中找到类似的人格原型，甚至投射到自身的烦恼和弱点。

正如逃离现实和归回现实这一对矛盾体是青春永远的困境，架空的世界与现实的人格，也是二次元不变的主题。

3. 情感驱动

我们做好了上述两点后，现在我们拥有：

（1）一个基于二次元强设定的架空世界，提供了故事舞台；

（2）一些基于现实人格，同时又有超强力量的角色。

看起来我们已经拥有了一个二次元故事的基础设施，那么我们接下来要做的，是给这个故事提供驱动力。

我们选择的故事驱动力，是情感。所有的二次元故事，都一定是情感驱动，而非某种“社会现实”“历史背景”。

通过情感驱动的故事，就必须和用户达成共情，建立情感的共鸣。换言之，就是要在情感上打动人心。

故事的进程不一定是完全符合逻辑，通过沙盘推演创造出来的故事，但我们希望是基于情感驱动的故事。二次元故事荒诞又动人，正是因为主角们总是在做看似不合常理，却符合内心情感认同的选择。

正如少年漫经常出现的终极提问，选择全世界还是选择心爱的女孩？

这个经典提问本身足够残酷也足够浪漫。不管主角给出的答案是什么，这两者之间能让年轻的主角（观众）为之动摇，就足以证明情感驱动对角色塑造的重要性。

情感驱动，共情，情感上的认同，是赋予角色说服力，赋予故事力量的捷径。

/ 千禧艺术

二次元文化在我国的兴起，与千禧一代的成长历程高度重合，这期间也正是互联网等现代科学技术高速发展的年代，技术的发展与艺术的表达相辅相成。

我们姑且创造千禧艺术这个概念，从艺术创作的角度来浅析二次元文化。我们的观点是，千禧艺术具有实验主义和经典主义的两面性。

- 首先是实验主义。和过去所有的艺术形态不同，千禧时代的艺术，和技术的高速发展是相互绑定的。从二维手绘漫画，到二维工业动画，到三维建模二维渲染，到全息投影。二次元文化因为受众的年轻化，对新技术的接受程度远远超过其他。这也就决定了，二次元文化的表达方式一直在高速进化，各式各样的实验作品，很快就能够转化为工业标准。除了二次元文化，也没有其它任何艺术形态，会拥有 ACGN 这样多种多样的载体。
- 经典主义和技术层面恰好相反，从艺术层面，我们看到，大部分在商业上取得高度成功的二次元故事，叙事特征中从未抛弃经典理论，甚至谈得上复古。在这些二次元产品的创作过程中，经典主义的叙事手法被广泛运用。

如图 9-3 所示，这是经典的“英雄之旅”故事模型，在剧本创作中被广泛使用并得到验证。

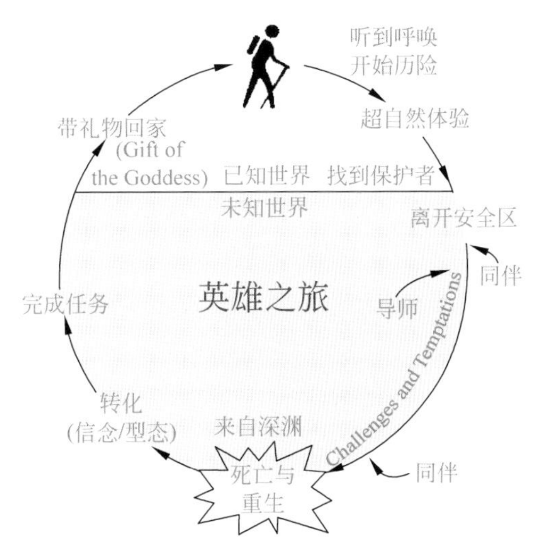

图 9-3 《英雄之旅》故事模型（Campbell, J. (2008) The hero with a thousand faces (Vol. 17): New World Library）

越是经过时间考验的，越是经典的、越有可能形成 IP 的动漫作品，从叙事技术的角度，往往更加传统。

以《火影忍者》《进击的巨人》《海贼王》为代表，乃至更早期的《七龙珠》《犬夜叉》，几乎所有的剧情节点都能在英雄之旅模型中找到验证。

以火影忍者为例，鸣人每次遭遇挑战——击败对手——变强的过程，就是一次小的英雄之旅循环，导师、同伴加入的时机、剧情转换的节奏，都非常经典。经典叙事的技巧，为这些商业作品带来了稳定的框架保障。它们的成功也证明，受众从未厌弃这种经典节奏。

相反，也有大量反例存在，很多二次元作品反复卖梗、卖杀必死、堆砌片段，丢失了叙事的节奏，导致作品在体验过程中割裂、失真。

/ 总结

从文化角度看二次元剧情塑造：构建架空世界舞台，强调真实的人格代入，以情感来驱动故事。

从艺术角度看二次元剧情塑造：兼具实验主义和经典主义的特点。

以上就是在进行二次元剧情塑造中，避开大量标签，成功做出差异化的作品的一些经验。

9.1.2 二次元角色塑造差异化

/ 角色的成长与变化

一成不变的角色是让人难以信服和投入感情的，角色必须有自己的经历和变化，才能让人感受到角色魅力。角色的性格，必定是他 / 她经历了自己的过去，逐渐成长为了我们所看到的样子，因此，去深挖角色背后成长与变化的故事，对于塑造角色是非常重要的一点。如图 9-4 所示的对大天狗的“过去”的塑造，大天狗是游戏中人气极高的角色，始终展现出来的是冷傲、固执、渴望变得强大。可是他对“大义”的执着一直没有清晰解读，甚至产生了玩家认为他“中二”、搞笑的副作用。因此，对大天狗儿时的故事进行深挖，是展现大天狗角色成长与经历的一个很好的切入点。

图 9-4　漫画《阴阳师 - 崇天高云物语（少羽大天狗篇）》

“少羽大天狗”是儿时的大天狗，与成年后的强大、坚定截然不同的是，儿时的大天狗非常弱小，甚至连背后的羽翼都孱弱无力，少羽大天狗的内心因此感到自卑，怀疑自己无法成为真正的大妖，但他依旧坚持着向崇天高云发起挑战。在反复的失败后，少羽大天狗也曾有过对自己的怀疑，但最终在“奏者”的鼓励下解除了内心的忧虑，重新向崇天高云挑战，而他曾经孱弱的羽翼，也成功地在挑战中蜕变成了强大有力的羽翼，稚嫩的少羽大天狗终于拥有了力量，逐渐成长为了强大的大天狗。

从少羽大天狗成长为大天狗，经由“由弱及强”的蜕变、克服内心懦弱最终成长的情节，塑造了大天狗这个角色成长的历程，在玩家对他成年强大时期崇拜的同时，也让玩家去怜惜、喜爱他儿时的弱小，并对他的成长经历产生代入感。大天狗不再是原来那个高高在上、固执冷傲的强大妖怪，他曾经弱小的过去，让这个角色更加丰满。

/ 人物之间的羁绊

每个角色都不是独立的存在，在羁绊的产生、加强和破碎中，角色的性格得到更好的展示。如酒吞、茨木之间的羁绊，一直非常受玩家欢迎，而茨木为何对酒吞如此“迷恋”、酒吞却对茨木的情谊极少回应，也一直是让玩家非常好奇的点。因此，对酒吞、茨木之间的羁绊的深入挖掘是一个非常关键的切入点（见图 9-5 和图 9-6）。

图 9-5　网易游戏《阴阳师》角色 - 酒吞童子

图 9-6　网易游戏《阴阳师》角色 - 茨木童子

在“鬼切绘卷”中，描述了酒吞童子与茨木童子过去的故事，展现了与现在的酒吞、茨木完全不一样的两人。过去的酒吞不再是现在的整日消沉、醉醺醺的状态，而是强大的鬼王；过去的茨木也并非像现在这样展现出对酒吞的追逐和崇拜，反而是争强好胜、且并不承认酒吞是自己的“挚友”。在大江山退治中，酒吞被斩首，茨木意识到了失去挚友的痛苦，茨木浴血奋战，以失去一条手臂的代价夺回了酒吞的首级，令酒吞童子复苏，然而此时的酒吞童子已经损失了过去的力量和记忆——也包括曾经视茨木为“挚友”的记忆。而经历了这一系列事情的茨木，明白了这段友情在自己心目中的分量。这便是游戏中酒吞、茨木二人羁绊的由来。

二人之间的羁绊，并非只局限于角色的对白或行为，茨木脚上挂着的铃铛也成为了这段往事中非常重要的一个道具：昔日强大的鬼王酒吞童子赠与茨木的铃铛，是酒吞主动称呼茨木“挚友”的开始；而在酒吞丢失了力量和记忆后，这串铃铛始终在茨木的脚上发出声响，似乎在反复提醒着茨木二人并肩作战的过往。

经由酒茨过去的羁绊，玩家理解了本游时间线上酒茨之间“不平等”的关系，也对这两个角色今后可能存在的发展产生了好奇。

/ 角色性格与动机

一个吸引人的角色，应该是多面性，而非扁平化的。角色拥有多样而多变的性格，随着玩家对其的认识加深，或是随着时间、剧情的推移，角色的性格也随之发生了变化。立体化的角色不再是单纯以“好人”“坏人”这样的标签去区分，而是从人物自身的立场、观点与经历，去揭示这个人物的各个方面。

纯粹的反派人物也可以成为非常有魅力、受到玩家喜欢的存在，对反派人物的塑造，并非是要避免这个人物的“绝对黑化”，而是从他的经历和选择中，去发掘他在性格形成与变化中的合理性。但刻意在每个反派人物的身上都强加一个“反差的弱点 / 萌点”，又会将人物变得扁平化，玩家逐渐会形成一种“这个反派人物身上必定有萌或软弱的一面”的误区。

角色创作的立足根本，归根结底是角色动机。只有动机与性格、行为匹配，才能塑造出丰满可信的角色。否则，玩家只能通过流于表面的标签去理解人物，马上又因为角色立不住而厌弃流失。

/ 日式的“物哀”与“残缺美”

“物哀”通过对自然、对人生的情感体验，以人生无常、短暂易逝为基调，带着淡淡的哀愁，对于世事无常、宿命的必然有着深刻的理解。《阴阳师》以日式和风为背景，因此，日式文化中的“物哀”是《阴阳师》的角色故事中非常重要的一点。

许多角色的命运都与事物的无常联系在一起，给人以呼应的美感，如众多被当作祭品献祭给八岐大蛇的巫女，在角色的刻画中，用樱花的美丽和脆弱来类比她们的命运，她们喜爱樱花盛开时的美丽，但她们生命消逝时，却如同樱花飘落一般脆弱、无法挽回。花瓣的意象和角色的命运交织在一起，让玩家对于角色的悲剧性有着更为深刻的认知。

《阴阳师》中罕有真正得到幸福美满的角色，许多角色处于一种“爱别离、求不得”的遗憾和残缺中。“残缺美”在遗憾中，更能令人感受到美丽的脆弱、世间万物的无常，因此对于角色自身也有更深刻的代入和认识。

/ 传说与二次塑造

《阴阳师》中的角色均取材于日本传说，而如何在尊重传说原形和二次创作中寻求平衡，则是塑造玩家喜爱的角色的关键（见图 9-7）。在传说中，妖怪往往面目可憎、性格残暴，如日本传说中的著名妖怪酒吞童子。居于大江山的酒吞童子嗜酒好色、无恶不作，纠结了一伙恶鬼，私自修建了铁铸的宫殿，晚上潜入富豪家中偷窃财宝，并且掳走妇女和儿童作为他们的口中食粮。这样的形象和人设难以引发玩家的喜爱，因此在二次创作中，提取了酒吞童子“强大”“嗜酒”“鬼王”等元素，塑造出一个具有王者风范、强大而冷静的大妖。

图 9-7 《阴阳师》角色

9.1.3 阴阳师同人文化价值差异

在介绍《阴阳师》同人圈前，需先了解一个概念——“御宅族”。御宅族通常是 ACG 圈信息源的创造者、传播者，御宅族中的 KOL，往往以画师、写手、汉化网站搬运工、UP 主等身份在圈子中活跃，并且在二次元圈层中处于核心位置，具有极强的创作文化和信息传播能力。御宅文化已经形成了比较稳定的信息文化载体和传播通道，使得核心御宅族的 KOL 效应能对外扩散。型月的构建者奈须蘑菇曾经也是同人圈小有名气的御宅族，靠着自己的创造力和 KOL 效应不断传播着型月系列同人作品，最终 FATE 成为日本同人界三大奇迹之一。而我们要了解到的同人粉丝群体，就是御宅族的重要组成部分。故一个 IP 产品重视同人圈层，对于增强 IP 在二次元的价值和传播度具有极大的助力。

粉丝研究常常将粉丝看作一个同质性很高的群体，然而事实并非如此。在“粉丝”的名称之下，存在不少种特点各异的粉丝群体，同人粉丝就是其中之一。同人粉丝群体有着自己独特的粉丝特征：考究癖、收集癖、审美洁癖、创造力、向外辐射力和厨力（情感化）。

官方欲推动 IP 的同人产业发展，需要做到的核心为知己知彼：官方内容层面使得设计的角色更有同人创作空间、官方引导层面最大程度利用 KOL 效应传播 IP 文化。

/ 如何设计同人人气角色——注重人设，打造角色的同人“萌”点

同人圈有一些固定的高人气萌点，三无、腹黑、傲娇、猫娘等，每部 ACG 作品都免不了出现此萌点相关的标签化角色。此类角色的优势即可快速吸引一批该喜好的粉丝，《阴阳师》最初设计人设时，也根据立绘外形给角色贴上风格化的标签。大天狗的清冷中二、茨木的狂傲忠犬、萤草的羞涩纯真，这些明显的性格也为角色早期积累了第一批同人粉丝群体。

在设计新式神前，我们会研究该妖怪在传说中的故事和形象，增加一些满足考究癖的彩蛋。以式神鬼切为例，鬼切传说中是一把斩鬼之刃，其最有名的传说便是斩断妖怪茨木童子的手臂以及三次更名。剧情中我们保留了鬼切斩断茨木手臂的剧情，并把历史中鬼切的三个别名“友切”“髭切”“狮子之子”运用在其技能上，作为彩蛋供考究癖玩家挖掘。

此外，但由于同人圈中同类型角色过多，久而久之角色的独特性便会降低。因此，后期需要从另一个维度丰富角色的人设——推出 SP 式神，“去标签化”。SP 式神为现有式神的某种特殊形态，可能是幼年时期或是黑化状态。以 SP 小天狗为例，高贵又强大的大天狗，幼年却是个因翅膀太小而被欺负哭的小少年（见图 9-8），引起了大范围亲妈粉的怜爱。一时间小天狗相关的同人产出甚至超过大天狗本体，仅一张插图在微博就有近 8000 转发量，这也为同人粉丝开辟了新的创作空间。

图 9-8　网易游戏《阴阳师》角色 - 少羽大天狗

/ 如何创作同人粉喜欢的剧情——相爱相杀后的一颗糖，甜过一直泡在蜜饯

很多官方会奇怪，粉丝一直喊着要发糖，发过后 CP 人气反而没有得到更高的提升。试想如果一个人一直吃糖，就算再喜欢也会腻，所以需要注意官方剧情投放的节奏，以及翻转变化。

一般玩家看剧情更多看重剧情推进中的关键信息点，而同人粉丝则更着意挖掘剧情中角色的情感纠葛。一般来说，角色的情感设定越复杂，同人粉就会看得越爽。纯粹的爱或纯粹的恨都抵不过由爱转恨、恨的终结还是爱。糖与刀换着来的混合双打，才能一直抓住玩家的神经，避免玩家因为长期雷同的节奏而麻痹。

/ 同人圈痴迷的剧情——爱恨纠缠的角色情感

以式神鬼切的剧情为例，我们希望与其他作品中的鬼切做出突破，所以提出了“斩鬼刀本就是恶鬼”的概念，他本是妖怪却被主人欺骗为刀刃付丧神，刀下流淌着无尽的同族鲜血，得知真相的鬼切陷入癫狂，斩断了与旧主的羁绊。亲手杀死旧主后，鬼切在痛快、癫狂之下，竟还有一丝深深的遗憾，如果让他重新选择，也许他还是想当那个主人身边的正义之刃（见图 9-9）。

此剧情一方面使这个角色会更具争议、冲突点，更有张力。另一方面，其悲惨的身世和与主人源赖光相爱相杀的羁绊也令同人粉丝喜闻乐见，“光切”CP 出现一个星期内 lofter 的 tag 量就达到 2000 以上，并持续稳定增长。可见一个 IP 产品在沉淀期依旧可以通过角色魅力，不断掀起新的同人浪潮。

图 9-9 网易游戏《阴阳师》角色 - 鬼切

/ 同人市场的现状及限制——腐向的热潮下，其他同人应怎么推

我们查看 LOF 榜单数据、P 站收藏量、推特关键词时发现，貌似近些年能大火的 CP 都是 BL？市场大环境下，各官方纷纷布局了各式 BLCP 占领腐向市场，其他同人真的推不起来了吗?

不、更多时候是因为常见的霸总软妹套路，这么多年来大家都看腻了。

这时候应该抛弃套路，挖掘新鲜的角色模型，以下举两个例子：

- 模糊性别：FGO 新推出的英灵嬴政，性别为朕，这种模糊的概念致使玩家纷纷玩梗。古剑奇谭三的女主角云无月为性别可自选的妖怪，粉丝笑称喜欢上了“真 · 女装大佬”。
- 反套路：一般小言霸总看腻了，何不尝试女霸总 X 羞涩宅男。女霸总自信、多金，宅男脱线、生活自理能力差、需要被照顾。女霸总在宅男面前表现出的独立与自由也会激发女玩家内心的认同感。

/ 官方如何引导同人——官方需有坚定的立场，支持同人但不能被其干扰

部分官方对于同人的推动方式为——你要什么我就给你什么，但官方真正要做的是对这种行为说不。

官方要懂得众口难调，可能 60% 的人喜欢 CP1，40% 人喜欢 CP2，这时不能因为 CP1 人多而全全被其的舆论掌控，完全失去了 CP2 的粉丝群。

官方自始至终要做到的是坚定立场，按原计划的官方内容推进，不能被其干扰。

只有这么做，才能给同人圈最大的安全感。

试想如果一个官方是按同人人气发展剧情的，会是一个怎样的场面? 因为女二号人气更高，致使男主角从与女主的婚礼最后一刻冲出来，跟女二深情表白。半年后新推出的女三号人气更高，男主与女二号离婚后投入女三号怀抱。从此这部作品的同人圈没有一家会觉得安心，每时每刻都在担心自家的角色因人气下降而被官方改剧情拆 CP。

从长远角度来看，官方需要做的是：

从一开始设定好该角色的同人圈定位、人物性格和关系网，此后坚定的走下去；

官方可以给予同人最大的支持和引导，但双方也都需要有自己的空间，互不打扰。

到目前为止，《阴阳师》同人生态创造的价值在国内手游界不断取得亮眼的成绩。同人经营上，也给国内同人文化萌芽时期提供了较高的参考价值。《阴阳师》同人经济的成功不是偶然，官方优秀的内容与正确引导，给予了同人文化更好的孵化环境，最终同人文化反哺 IP。官方赋能再造下，《阴阳师》的同人生态仍具有无限可能。

9.1.4 二次元的社交系统构建价值差异

社交系统是网络游戏必然拥有的一个系统。此前，很多重社交的游戏多为传统 MMO 类型，导致行业内可能存在一个误区：即二次元卡牌不需要社交。其实从我们此前类比各游戏的数据调研和阴阳师的社交化尝试结果来看：无论是二次元还是三次元，无论是何种类型游戏，玩家对于游戏内社交的需求都是一直存在的，而且并不比其他游戏的社交需求弱。

从社会学角度来看，人类作为群居动物，几乎没有人会想孤独的度过一生。同理，游戏作为一个现实世界映射的虚拟世界，玩家同样有社交需求。不过由于游戏类型的不同，并不是所有游戏的玩家对于社交的需求都是一致的。有些游戏的玩家更喜欢结婚、金兰、集体正向社交，而有些游戏的玩家更倾向 PK、团战的合作对抗类社交。《阴阳师》(见图 9-10)作为一个二次元卡牌游戏，我们的玩家与其他游戏的社交需求也有很大不同。从玩家层面分析，阴阳师玩家的核心是二次元群体，但是因 IP 和美术表现具有破次元的吸引力，《阴阳师》还吸引了广大泛二次元玩家和非二次元玩家。因此，《阴阳师》的社交需求其实就是综合了这些玩家实际的社交特点。在《阴阳师》的社交系统构建中，我们也是在根据玩家组成和比重来构建《阴阳师》独特的社交环境。

图 9-10 《阴阳师》场景赏析

/ 核心向玩家社交需求满足：将社交与内容创作分享结合

阴阳师的玩家核心群体是二次元玩家。在《阴阳师》上市之初，中国的二次元市场可以说还是非常小众的，如果没有当时游戏玩家和二次元爱好者在社交网络上的自发安利，《阴阳师》的热度是无法冲得那么快，那么高。二次元作为一个个性鲜明的年轻群体，有自己独特的话题，同时二次元玩家有着源源不断的创作和展示欲望，这些资源对我们来说是非常珍贵的，因此我们在游戏内也希望可以尽量去满足他们的这部分内容创作和展示分享的愿望，通过优质内容作为载体，产生玩家之间的交互。

首先，我们在游戏中支持了聊天发送图片和保存表情的功能，提供了让玩家的展示个人创作和搬运喜欢的内容到游戏中与大家分享的平台。在开放第一天，聊天环境中还是很保守的，比较多的内容是欧气截图分享，然而渐渐的马上就出现了预想中的玩家自制阴阳师表情包、精美的阴阳寮招人海报、组队快捷招募图片等各种 UGC 创作，整个社交聊天氛围一下子被带动了起来。

经过上面的尝试，初步印证二次元玩家的创造和分享欲望是很强烈的。于是接下来，经过半年的准备，我们在游戏中推出了友人帐的平台，提供给玩家一个更广泛、可交互、可沉淀的内容展示平台，让各种大触、KOL、斗技大神、还有很多尚未被发掘出来的创作者有机会展示自我，获得更多成就感，同时满足其他玩家的新内容吸收需求，进而找到与自己兴趣相同的玩家，形成社交机会。友人帐一经推出后，一些老牌 KOL 迅速吸了更多的粉丝，同时也涌现出了很多新的很有创意的玩家，或者创作同人连载《阴阳师》小说，或者分享游戏玄学经验，甚至还有自发举办《阴阳师》趣味竞猜比赛的玩家。因为友人帐是一个纯游戏内的平台，因此玩家完全不用担心自己发布的游戏内容无人理解，一些含蓄的二次元玩家也不需要担心会被非圈子内的人误解排斥，大家社交交互的氛围相比其他外部平台更加友善和谐（见图 9-11）。

图 9-11　友人账上线

此外，二次元玩家对于式神是有着自己非常强烈的情感，因此不同于微信微博等大众化社交工具，《阴阳师》的友人帐专门为每个式神创建了式神友人帐。从式神特点和背景出发，并配合一些活动，以式神口吻发布一些内容和通知。比如对弈竞猜活动开始时，友人帐中就以通过式神弈和青蛙瓷器发手帐的方式进行活动通知和热度维系。相比维护公告上正规冷漠的文字，友人帐的语气会更轻松愉快，同时可以加入一些俏皮的对话，让游戏变得更加有“人情味”。实际上线后，我们收到的效果远远超出预期。每期式神友人帐，都能获得玩家大量的点赞和留言。式神友人帐将崽们更加生活化，让式神变得有血有肉起来，玩家将自己对式神的情感寄托在与式神的留言中，不仅满足了玩家与崽进行交流的需求，也进一步增加了玩家对于式神的认可。

特别需要指出的是，在友人帐的运营中，我们发现，与《梦幻西游》《剑侠情缘 3》等传统 MMO 游戏不同的是，阴阳师玩家十分抵触个人的自拍内容，更喜欢分享交流游戏内的行为或者游戏相关的内容。因此在图片审核时，我们也会非常注意这一点，尽可能维护玩家心中希望拥有的那种单纯的二次元平安世界。

/ 非核心向玩家社交需求满足：将社交与成长结合

除了上文所介绍的核心二次元和泛二次元玩家之外，《阴阳师》有非常多的非二次元玩家，他们对于二次元内容创作兴趣不大，对于某些式神的情感也不是那么强烈，他们或因画风被吸引，或因热度而下载尝试。在游戏中，相比讨论各种 CP、皮肤，他们更在意数值的强弱和概率的高低，所以如何调动这部分玩家的社交积极性，使他们也能形成社交圈子，巩固游戏社交链呢？我们决定将社交与多数玩家都利益相关的数值结合，进行成长类社交化探索。奥尔特曼和泰勒的社交渗透理论提出，人际关系的建立和发展过程包括定向、情感探索、情感交流和稳定交往四个阶段，是一个由浅入深的过程，游戏中的成长类社交也是基于此规则进行设计。

由于游戏类型原因，组队关系是阴阳师最基本的社会关系。系统设定组队将获得额外经验奖励或消耗更少体力，引导玩家自发的组队进行活动。组队也是游戏内核心玩法的基本承载形式。传统游戏的组队社交多发生在同服，但是同服组队无法避免一些问题，比如老区的新玩家很难组到合适的人、不同区服的线下好友无法一起组队等。因此我们的程序同学通过技术突破，实现了跨区好友和跨区组队，打破了服务器的壁垒，扩大了玩家接触的圈子，也以此为基础从中形成更加完整的社会关系。

在组队和好友系统作为基础的情况下，为了进一步满足玩家情感交流和实现社交沉淀，我们又推出了亲友系统和师徒系统，投放随机 SSR、专属头像框等丰厚奖励，用利益作为驱动，进一步加强社交凝聚力和沉淀。

在集群社交上，《阴阳师》虽然没有强制玩家加入阴阳寮，但是如果不加入的话，就无法获得便捷的祈愿式神碎片这一稀有道具、也无法获得各种阴阳寮福利、甚至无法使用结界卡获取经验，以至于不能快速成长（见图 9-12）。阴阳寮是促使玩家形成组织关系的重要系统，区别于其他游戏的自发组织，阴阳师中的阴阳寮设定更强调互帮互助和友善的特性。日常任务可以通过与寮

图 9-12　阴阳寮宴会

友组队通关任意副本完成，这种设定一方面减轻了玩家负担，另一方面也为玩家在寮内寻找副本固定队友提供了机会。阴阳寮组织中功勋和职位的设定，提供给玩家提升寮内影响力和综合实力的虚拟目标，是虚拟社会影响力的重要体现。此外，在阴阳寮中还提供了各种协助功能，比如寮红包等，让玩家之间的社交更加正向和积极。活跃玩家迅速聚集并快速发展，顺位寮开始崛起。

如果各种版本更新和活动是一次性内容消耗刺激玩家活跃的话，社交系统一直是内容消耗后，最有效和最高性价比延续游戏寿命和玩家粘着力的方式。通过我们的数据调研，有社交行为的玩家，无论是日活、付费还是留存，都是绝对优于非社交玩家的。社交系统的架构和维系永远不是一劳永逸的事，随着玩家结构变化，以及游戏数值和活动的改变，玩家的需求也会与之前不同，社交系统同样要随之进行迭代更新。基于目前阴阳师在社交化上的尝试和结果，我们也会坚定继续做社交的决心。《阴阳师》目前在社交率和社交模块化上的成果都比较显著，但是在社交沉淀和社交可靠性上仍有一定空间（见图 9–13）：

图 9-13　《阴阳师》社交牵引力图

由图 9–13 可见，《阴阳师》玩家之间的社交关系图中仍有一些尚未形成稳定关系的点，主要形态依赖一些大 V 和 KOL，中间的关系并不牢固。要实现这个目标需要从以下两个方面入手，即形成高质量可沉淀的小型群组社交。初步是以下两个方向：一个是优化老带新的体验，让新玩家可以以一些老玩家为核心紧密围绕起来；另一个是强化目前的亲友关系，迎合二次元的喜好，引导其成为更亲密的 CP、契约家族关系等。后面我们会进行这两个方向的尝试，希望可以给玩家提供更多交互机会和社交便利。

9.1.5　二次元的活动设计价值差异

/ 二次元游戏活动设计的特点

首先谈谈二次元游戏活动设计的特点，以手游《阴阳师》为例，我们的活动设计更加重视内容包装而非数值规则，重视视听感受而非交互体验。具体来说，我们认为，来玩《阴阳师》的玩家所希望接收到的，应该是《阴阳师》这个题材下，日式和风文化的视听体验，就像一盘美味的馅饼，它的外面包裹的是符合日式传统文化的外皮，而内里的馅，则是这一文化下所体现的精神内核以及人文表现。玩家的饥饿感更多地来自于对自己喜欢的新鲜内容上的索取，至于规则和数值，则是保持馅饼持续可口的佐料。

一味地用眼花缭乱的规则和数值陷阱，让玩家沉迷其中的活动，在我们看来，并不是符合二次元游戏的合适模型。而通过活动形式、使用合理的数值和规则包裹，进行文化和价值传输的活动，才是真正二次元玩家所喜欢的。

举例来讲，如图 9–14 所示，《阴阳师》中有一个叫做“为崽而战”的大型 PVP 活动，在设计的过程中，我们弱化了该活动“玩家之间通过 PVP 争夺段位和排名”的数值体验核心，同时加入了“代表各个式神出战，争取名次”的内容包装，在活动的各个细节设定上也尽量增加玩家与游戏中式神之间的情感链接和带入，同时增加同阵营玩家之间的交流和归属感。最终目的，都是希望通过情感上的共鸣体验来弱化冷冰冰的规则带来的疏离感。

图 9-14 为崽而战

/ 从更有“内涵”的出发点进行活动设计

进行活动设计前，需要明确设计的核心出发点，该出发点可能是以下几项：

（1）“为数据服务”，即拉升付费、保证活跃或者提升在线时长；

（2）促进玩家间社交，包括良性社交（合作与共斗）和恶性社交（对战和仇恨）；

（3）补足游戏系统设计缺陷，调整数值平衡，例如通过活动缓解肝度和某项资源的投放缺失；

（4）提供话题和讨论素材，促进同人和泛文化的核心内容；

（5）丰富世界观，提供剧情，营造气氛和沉浸感。

其中，从上至下，越往上的出发点越强调功能性。从这些出发点设计的活动，更多情况下活动只是不得不做的例行公事，这些活动的设计点只着眼于游戏本身。根据这些出发点进行活动设计，可能更多时候会将精力着力于规则的设计是否能够达到数据上的目的、投入产出比是否符合预期，以及界面的操作是否符合玩家习惯等。不是说这些不重要，但这些看似重要的东西，只能在短期内满足玩家的基础需求，而并不能有效切实地提升游戏品质，和满足玩家更深层次的需求。

而越往下的出发点，则越有“内涵”。所谓的“内涵”是个比较抽象的说法，指的是相比于数据，更容易沉淀下来的一些内容。从有“内涵”的出发点进行设计的活动，往往能在活动结束很长一段时间后，还能够作为游戏 IP 的一部分，被记住和提起。我们在设计《阴阳师》中的“追忆绘卷”（见图 9-15）活动时便使用了这一理念。在“追忆绘卷”活动中，玩家需要通过参与游戏各项玩法（抽卡、副本等）来获取绘卷碎片，并通过全服所有玩家一同捐献碎片的方式来解锁绘卷视频（风格化包装的式神故事介绍视频），每幅绘卷解锁后，所有参与了解锁的玩家，都可以根据贡献排名获取对应的解锁奖励。单纯从游戏设计者的角度来看，“追忆绘卷”活动更像一个变相的抽卡保底机制，但是从玩家角度来看，解锁的绘卷视频带来了很多世界观和剧情内容，解锁的过程也显得真实和令人沉浸。在体验这个活动的过程中，玩家的经历更加容易被记住和沉淀下来。

图 9-15　追忆绘卷

/ 合理的包装让数值体验更加平滑

《阴阳师》的游戏设计和其他游戏有一点不同，当我们想要设计一个活动时，我们首先会找一个与之符合的“设定”，这个“设定”可能是一个日本的传统节日，例如“夏日祭”或“花火会”，也可能是任意一个日式和风元素和娱乐，例如“捞金鱼”“gacha 扭蛋”，甚至可能是二次元的

图 9-16　庭院深秋

一些比较流行的文化符号，例如“男子力大比拼”等。通过这个设定，我们给予活动合适的包装，再配合嵌套对应的玩法，使活动以一个较为立体的形象与玩家见面。

这样一来，玩家对于活动的第一观感就会显得很合理，玩家会认为自己是在一个真实的世界里，这个世界中有各式各样的时令（见图 9-16），有各式各样的节日和细节，这个世界没有突兀的面板和冰冷的规则。

同时，我们需要知道的是，玩家在游戏之外，也有其他的知识和信息获取渠道，当玩家在游戏内获取的信息在其他地方得到验证时，玩家对游戏的真实认同也会更加深刻。例如之前看玩家的微博留言，他在阴阳师游戏中参与了“夏日祭”活动，而后在观看电影《你的名字》时，电影中也出现了同样的节日，他觉得十分真实，这就是合理优秀的包装带来的效果。甚至以后的任意时刻，当玩家看到“夏日祭”这个节日时，就会第一时间记起这个曾经玩过的游戏。而这时，包装带来的改变，就不仅仅局限于游戏内了，而更多的是一种文化 IP 的思维灌输。

另外，一个合理的包装，可以淡化“开发组和游戏设计者”的角色存在。当玩家在玩一个游戏时，无时无刻不去想“这都是开发组设计的”，那他就很难有沉浸的体验了，而面对各种规则文字和 UI 面板时，玩家很难不去思考这是一款有设计者的游戏。解决这一问题的方式之一就是使用合理的包装。例如我们在有一期的“对弈竞猜”活动调整中，将活动入口的 NPC 由“青蛙瓷器”更换为“弈”，同时进行了一定的奖励下调，玩家对此的讨论更多的是“吐槽”新来的弈老板黑心和一些随之而来的梗，而跳不出游戏讨论开发组。

/ 让玩家以更加多元的角色参与到活动之中

二次元玩家是一个很广的群体，在这个群体中也有更细化的群体划分，有最核心的“御宅族”，有具有强大传播能力的“核心二次元”，有数量庞大的“泛二次元”，还有掌握有一技之长的意见领袖（KOL）等，所以一个好的活动或系统设计不应该将所有玩家无区分地统一对待，而应该为其设定各自合适的角色和定位。

举个例子，我们曾用了很长时间做过一系列的同人活动，其中一个子活动叫做“百绘罗衣”（见图 9-17）。在活动中，拥有绘画和设计能力的玩家可以为式神绘制皮肤原画，并进行投稿，而游戏内的其他玩家，则可以对所有作品进行投票以决定该活动最终的各项奖项。

图 9-17　网易游戏《阴阳师》百绘罗衣活动

在这个活动中，我们将玩家通过其自带属性划分为三类：①拥有设计能力的玩家；②可以主导流量的社交向玩家；③其他无特殊能力或意向的玩家。这三类玩家在活动中都可以找到各自合适的定位和参与方式。同时，这样的方式也为活动在游戏圈层外的传播带来了很大的帮助。

类似这样的活动设计方式还有很多，从这个思路进行拓展，你就会发现，游戏的活动设计更像是经营一个大的偶像公司，你需要将旗下的明星与对应的粉丝进行匹配，从而做到资源和流量最优化配置和平衡。

/ 通过活动丰富世界观和剧情

每个重视背景设定和剧情的游戏都希望自己的“故事”真实可信，而真实可信的基础有两个：一是框架庞大；二是细节丰富。

框架庞大方面主要靠主线剧情和常驻功能的包装来表现，而细节丰富方面，我们不可能为了增加细节设定，就将所有能体现和补足细节的内容都做成剧情或者常驻功能，那样会导致游戏过于庞杂，极度影响玩家体验。那么，使用活动形式来表现，就很合理和讨巧了。

那么，活动适合表现什么类型的世界观内容呢？个人认为，活动适合表现“事件”和“回忆”，以及主线剧情之外的“番外剧情”，这些内容可以复数形式多次出现在游戏中，只要每次更换文案内容，就可以给玩家带来无穷无尽的乐趣，同时，对于补足世界观，也是十分有用的和有效。

9.1.6 二次元的付费设计价值差异

本文就二次元玩家群体的特征，以及二次元游戏付费设计的实践与思考进行展开，分享一些经验与总结。

二次元游戏玩家是一类有着鲜明特质的群体，他们各自在二次元领域有着或多或少的积累，受唯美内容（角色和故事）的影响很大，这种经历使得他们往往更注重事物的品质是否精致，设定是否符合自己的喜好，其口味格外挑剔，会略带偏执的去为爱付出，厨力就是此类情感的一种直接体现。在游戏中，“内容”是对他们最大的吸引点，这也促成了二次元游戏与常规类型的游戏的根本差异。

/ 二次元玩家与普通玩家游戏追求的差异

传统游戏中，驱使玩家投入时间精力并产生付费动机的，往往是“自我强大”这一根本需求。无论是为了攻克更高阶的副本、赢的炫耀型奖励亦或是在 PVP 中出人头地，本质上都是玩家的一种自我实现，大多离不开数值养成。而二次元玩家，一旦认可了游戏的品质和设定，他们对于内容的喜爱程度会明显的高过使自身“变强”的数值系统，付费动机也会显著的向内容部分倾斜。这里提到的内容，包括人物角色、伙伴、游戏场景、情节、外观及外观进化、声优、音乐、界面等，这其中又以角色可以最大程度地汇聚玩家的情感，达成价值认同。

在此不赘述如何精雕细琢游戏的品质和角色的魅力，以抓住挑剔的二次元用户的目光，而在这之后的，自然而然的应该沿着玩家的这一喜好特征，充分围绕内容进行付费设计。在游戏框架的搭建上，也应该把内容作为最终的追求导向点，无论是从玩法直接产出内容，或是附带产出的数值进一步助力内容获取，都应该贯彻让玩家可以清晰追求其所喜爱的内容这一核心目标的思路。

以角色为例，在传统游戏中，角色通常可以作为引子，在获取后开启后续的长线养成系统，不断刺激玩家对变强渴望，持续挖掘付费；而在二次元游戏中，角色会被大量的收集型玩家当做追求的终点，后续单纯的数值养成不容易产生玩家情感的升级，吸引力较低，细致的数值养成则大多时候只能吸引到占比不多的玩法型玩家。但养成部分也并非完全不重要，其中涉及角色卡面 / 形象变化、功能质变等可以直观感知的关键节点，玩家同样会比较关注。数值辅助内容产出，是比较符合二次元群体的模式。对玩家群体的清晰定位，和对内容与数值相互关系的认知，有助于避免我们在进行付费设计时因小失大。

/ 二次元游戏内容与付费设计思路的差异

如前文所讲，内容是二次元游戏的核心，也是付费设计需要最重点依托的部分。与传统类型游戏需要时刻避免玩家养成到顶，从而毕业没有目标不同的是，二次元游戏中的内容资源，在玩家投入足够努力（氪金与肝）的情况下，是应该准许达成毕业的。这是因为玩家和核心诉求就是内容，将其设定成消耗相对“稳定”的成本来获取（根据对应内容的品质进行定价），是一种最容易被接受的模式。过度的防毕业机制、求而不得，会让厨力向的玩家崩溃，失去继续游戏的动力。在进一步思考这种稳定模式时，我们先看一个有趣的现象。

运气是二次元群体中的一种独特文化，“欧”与“非”成为极具传播力的标签，这是伴随抽卡（扭蛋）模式而来的。无论是角色、外观、剧情片段甚至到装备等数值道具，都可以包装成抽卡进行投放。相比于明码标价的付费方式，抽卡这种带有随机体验的方式，能够营造一种即便是简单的获取目标内容，也使玩家仿佛经历了一种通过艰难险阻、努力达成的感觉，从而使玩家在一开始获得目标内容之时，便与之建立情感牵伴（见图 9-18）。

图 9-18　网易游戏《阴阳师》召唤式神

此外，抽卡模式相比于简单粗暴的直接售卖，显得更为优雅精致；相比于藏在各个系统中的复杂网络式投放模式，又更为清晰简洁；而一些经过设计的抽卡表现，能为之增加品质感和仪式感，因此二次元玩家普遍接受并喜爱这种模式。但另一方面，随机性带来的不稳定，与我们希望营造的“稳定获取”模式相背离。设想一名真爱党玩家，在付出自己所有的努力后依旧没能获得他喜爱的内容项，仅仅是因为运气不佳所致，这会带来多么大的负面体验。因此，在内容项投放时，给到明确的保底，是一个非常有必要的设定。

在《阴阳师》中，有多种保底机制，如非洲阴阳师达成奖励、累积概率 UP、神龛兑换等。其中绘卷玩法是一个比较优秀的设计，它为核心付费玩家提供了运气不佳时的稳定获取新式神的办法，也为投入型玩家提供了可以通过肝来达成获取新式神碎片（从而获得祈愿资格）的途径，有效地在保留运气带来的正向体验的同时，较大程度的降低了负面体验。在玩家逐渐获得并消耗当前内容时，不用盲目担忧系统的深度，应该重点将玩家导向检验型玩法，来对其获得的内容进行价值反馈，进一步培养情感，避免脱离内容本身的数值养成。最后，在众多内容项中，需要认清的是角色在其中的核心地位，避免付费设计与角色脱钩。

数值模块相比于内容，在二次元游戏中处于“辅助”地位，这一点与传统游戏类型有着显著的差异。从二次元玩家群体特性出发，数值一旦与内容脱钩，就不容易产生有效追求，而如果玩法过于依赖数值，则会被玩家认为逼氪，形成恶性循环。在此情况下，我们需要探索适合数值承载的功能及面向的玩家群体，以此来指导付费设计。

二次元游戏中的数值养成，虽然不适合完全决定内容产出，但可以用于提升玩法效率，起到增速器的作用。玩家通过氪金的途径，可以以较低的性价比急速获取内容，也可以通过数值养成，提升肝这条线路的效率（省肝或增产），来抵充氪金需求，平衡自己的经济实力。数值提供了降低肝度与节省开支的作用，可以对这些功能点进行充分的付费挖掘，而核心的自我满足感和炫耀感，则可以更多的交由内容来承载。数值面向的玩家群体，集中在对玩法感兴趣的顶端玩家，和需要精打细算的付费能力受限的玩家。

相比内容部分付费设计大开大合的思路，数值模块需要在紧密贴合内容的基础上“精打细算”，作为内容背后的最后一段养成线，要肩负起稳定游戏寿命的职责。可以采用设置一定的准入门槛（避免非目标玩家过早接触数值系统），前期高效但有收益上限，中后期收益边界衰减明显的策略。数值在玩法中的投放，则需要严格控制其产出效率和总量。否则，一旦时间维度和付费维度的拆分不够清晰，容易使肝与氪两个玩家群体都产生不满。

/ 二次元游戏长线运营与活动中的付费设计差异

与传统游戏侧重深度养成不同，二次元游戏拥有大量内容产出，因此核心的养成线一般可以倾斜到横向。付费设计上可以最大程度的挖掘收集需求带来的价值，让玩家不断追求内容反馈并享受收集满足感的同时，认同自身的投入。

养成系统需要尽量贴靠角色设计，这样在养成过程中能进一步地培养情感，再由不断通过玩法收获到的养成反馈，给到玩家全方位的优秀的养成体验，如《阴阳师》推出的流金系列皮肤（见图 9-19）。在养成系统中的付费设计，也应该向服务型功能倾斜，如降肝增效，促进社交互动，提供差异化体验等，不应过于放大纯粹变强式的数值养成点的重要性和不可替代性。只有玩家认可价值的内容，才是得到心甘情愿且可长久维系的付费认同，而玩法中过于苛刻的设立门槛、强求数值，很容易产生逼氪等负面情绪，对玩家忠诚的培养往往适得其反。

图 9-19　阴阳师主角流金系列皮肤

在配合活动的付费设计上，也应优先顾及氛围营造、情感搭建等方向，让玩家在活动玩法中能有更沉浸舒适、畅快淋漓的体验。此外，二次元游戏中各种内容的价值要更为注重其保值性。很多时候，玩家是发自内心的喜爱游戏中的某个内容，才为之付出了大量心血，不宜在之后的投放中，让他的获取难度产生较大的衰减，一方面会让玩家觉得之前的努力不值，另一方面也会在未来推新内容的时候产生价值信任危机。这一点在活动中尤其要注意，不能为了追求短期效果，而进行过度放利，比如低获取难度的返场限定道具或低折扣发放资源，这样会破坏玩家对特定内容和某些资源原本获取条件的认知，更严重的甚至会抑制玩家对游戏情感的培养。

二次元玩家是一个带着赤诚之心、热情且具有创造力的群体，也是一个感性敏感、追求公平和自我的群体。对待他们，我们在设计付费之时，也要最大程度的坦诚相待，尊重玩家。只有彻底体会到玩家爱的根源，才能做出真正好的游戏。

9.1.7 二次元的运营体系价值差异

2016 年《阴阳师》上线之初，作者有幸参与到这个顶级 IP 的游戏运营工作，两年下来将总结的一些所见所闻所想，和大家分享一下。

虽然文章的标题是“二次元的运营体系价值差异”，但实际上《阴阳师》团队内部从来没有刻意迎合二次元用户去设计我们的产品，只是独特的设计吸引来了一批二次元的用户。

因此本文更多是从《阴阳师》游戏的运营团队视角去阐述，经验部分未必能套用到所有的二次元游戏，更多是探讨和启发。

/ 阴阳师在卖什么

要搞懂《阴阳师》是怎么运营的，要搞懂两个事情，第一个事情，就是首先要搞懂《阴阳师》在卖什么。从销售数据来看，其实很容易能发现，《阴阳师》80% 的收入，来源于抽卡——也就是获得式神角色（见图 9-20）。

图 9-20　网易游戏《阴阳师》抽卡

《阴阳师》和其他游戏品类不一样的其中一个很关键的点，是《阴阳师》的多角色体系。对比传统 MMO，一般是以主角视角代入游戏，因此玩家的情感联结更多是和主角本身产生的，进而辐射到其他的内容。而《阴阳师》（以及一些“二次元”游戏），则是围绕一个一个式神（卡牌角色）来进行配套设计的。譬如《阴阳师》的一个卡牌角色，标准配置就有“式神传记”“式神立绘”“觉醒皮肤”“声优配音”等。而部分式神更加会出现在主线剧情中，甚至以章节主视角的形式加以塑造。除此以外，部分重要的式神还会配合“超鬼王（BOSS 战斗）”“绘卷（故事化动态插画）”“平安奇谭（故事化 RPG）”来进行预热。配合上卡牌游戏常用的稀有度分级制（阴阳师里面是 SSR/SR/R/N），以及一些式神本身于传说中的大妖怪背景背书，自然而然就能获得玩家的喜爱了。总的来说，全方位塑造角色提高其价值，才能最有效地实现其商业价值。

这里说的商业价值，不仅仅限于销售式神所带来的价值。玩家对式神的热爱，往往会延伸至游戏外。因此除了直接的抽卡收益，游戏运营中另外一笔不错的收入来源于式神的周边。虽然对比游戏本身的收入而言，这也许未能赶上，但实际上却展现了式神价值所在——玩家乐意为围绕我们所塑造的式神的内容而买单。以此思路延伸，推出围绕式神其他维度的衍生作品，运作得当也将获得成功。像《阴阳师·平安物语》《百鬼幼儿园》《没出息的阴阳师一家》等延伸的动漫作品，像《平安绘卷》的音乐剧（见图 9-21），像《决战！平安京》的 MOBA 游戏，都是此思路下的产物，而未来也有更多的布局。所以，在我们设计新式神的时候，极尽所能地推高其人气就显得尤为重要了。因为这样，才能创造出后面一切可延伸的商业价值。这也是为什么一些重要式神，技能的强度在发布当期往往会略微更 op 一些的道理。因为这是一个一切围绕“式神”来运转的商业模式。

图 9-21　音乐剧《平安绘卷》

有时候，会觉得运营《阴阳师》就像是在从事明星经纪人的工作——不断地挖掘新星并推高他们的人气，然后转化为商业利益。但是，随着运营日久，很快我们会发现一个悖论，就是卡牌游戏要不断地创收，需要不断地推出新式神，但玩家人数不变的情况下，新式神又会冲淡了老式神的人气——所以 SP 式神的概念就应运而生了。所谓 SP 式神，其实就是某些人气式神的变种卡，既是新卡，但同时也不是新式神。譬如大天狗这个式神在玩家间人气非常高，我们在后续的运营中推出一张 SP 新卡——少羽大天狗，这样我们推出了一张新卡获得了当期收益的同时，大天狗的设定也补充得更完整更立体了。

当然，作为式神的明星经纪人，也不能只关注新式神的人气，维持老牌热门式神的人气，以及发掘有潜力老式神也是日常操作之一——这就是涉及需要持续进行的平衡性调整工作了。为此，我们设计了一个后台，可以随时查看到某式神在各个玩法中的出场率，以及一些其他辅助判断的数据（譬如 PVP 里面的胜率，以及正在做的在 PVE 玩法里面的输出量等）。根据这些数据，我们很容易发现一些“板凳”式神，并且会对其进行定期的平衡性调整，务求让我们希望捧的式神，都能有合适的就业岗位（合适的出场情景）。

关于平衡性调整，有一点非常需要注意——就是“削弱要慎重”，我们多次踩坑后的血与泪的总结，就是能通过加强解决的问题，绝对不削弱。因为，如同粉丝一般，玩家几乎无法接受自己的偶像被冷落被不公平对待，每一次削弱带来的必然是一次腥风血雨的舆论危机。不过话虽如此，加强也是一门艺术，在 PVP 里面我们确实是可以通过加强一个式神去压制另外一个过强的式神，但要注意我们的 PVP 环境是个网状结构，任意一点的变更所影响的必然是全局。有时候我们的调整虽然达成了我们目的，但伴随而来的一系列连锁效应，可能会超乎我们的想象，因此单点的加强更多时候只能用于解决板凳式神的就业问题，而不太能用来解决压制过强式神的问题。

上面的还只是涉及 PVP，而去到 PVE 领域，就更加无法通过单点加强一两个式神来解决问题了。因此对于这些过强的式神，更多时候是需要整个环境缓慢的“膨胀”来逐渐追平的。当然如果事态已经去到万分危急的地步，已经等不及我们去慢慢解决，这时候直接削弱倒是一个最有效的办法，这也是我们曾经采用过的办法。事实上，更好的做法是，我们在设计之初就做好式神强度的规划，如果是补完某一块需求的式神，强度适中即可，如果是新一代标杆式神，则需要注意强度膨胀的幅度。同时我们也需要注意铺设更多需求的土壤，譬如设计更多不同的应用情景，这些情景注意预留目前式神无法完全满足的需求空间，这样也是在为后续新式神的推出铺平道路。

图 9-22 是《阴阳师》神乐，我们在运营时就持续关注着她的出场率及玩家评论等，以便及时和小心调整。

图 9-22　网易游戏《阴阳师》角色 - 神乐

/ 阴阳师的玩家

要搞懂《阴阳师》是怎么运营的，第二个要搞清楚的事情，是面向的市场群体——也就是我们的玩家。从玩家性别结构上来看，阴阳师有将近一半的玩家是女性，这在国内游戏市场来看是相当高的比例。同时，阴阳师的玩家人数规模也很大，并且集中在表达欲望最强烈的年轻圈层。这些因素，共同决定了《阴阳师》玩家群体的传播力非常非常非常的强（从微博上热搜的频次就可见一斑）。有句老话叫好事不出门坏事传千里，在《阴阳师》的运营过程中得到了充分的诠释。一旦我们有任何工作上的闪失，一定是一轮微博的爆破。这决定了我们做任何事情都要谨慎、谨慎再谨慎，小心，小心再小心。不过再谨慎再小心，都无法完全避免出问题，尤其是在团队尚未成熟情况下。为了应对这种情况，我们团队坚持在做以下几件事情：

（1）设立快速响应机制；

（2）设立舆论监控机制；

（3）设立抢先体验服；

（4）拉近玩家和策划的距离、用户导向、真诚；

（5）做到言而有信。

- 关于快速响应机制

对于一些隐蔽的问题，在传播初期其实是一个指数增长的模型，从问题发生到广泛传播，实际上留给我们的时间很少很少。而当前网络环境的自由快速和宽松，对于这种口口相传的内容，几乎是无法通过任何的公关手段去遏制的。这就要求我们在发现问题后，传播发生的初期，尽可能快速地将问题在第一时间解决掉，每争取提前一小时，传播的量级也许就是下降了一个指数级别了。因此，问题能立即解决的我们绝对不等 1 个小时，能当天解决的绝对不拖延到明天，事态能扼杀在萌芽阶段最好，不行也至少给到玩家积极解决的印象——这是《阴阳师》团队对待问题的应有态度所在。

- 关于舆论监控机制

针对每周发布公告后的几小时舆论风险集中爆发期，我们安排有专人监察输出舆论情况的评估报告，这也是为了给我们的快速响应机制提供基础。事实上，最重要的其实不是专人去监控，而是每位策划自己都会主动去各大舆论集散地去收集玩家的意见。一方面是关注自己负责的内容，另外一方面发现有其他同事负责的内容有问题，也会相互告知，打好协防——这是《阴阳师》策划团队必须具备的求生技能。

- 关于抢先体验服

我们对外标记了两个抢先体验服，任何有风险的内容都会在这个服务器上提前 1 周放出让体验。这个服务器并不限制注册的人数，并且也开放付费，务求使得其生态更接近于我们的正式服务器。一方面，一些不太容易通过小范围测试发现的问题，可以在这两个服务器上得到充分的测试和快速的曝光，以便我们进行解决。而即便发生问题，也可控制在一个相对较小的范围内发生，避免广泛影响到全部的玩家。另外一方面，一些不合适的内容也可以在该环境下得意识别，并且安排从版本中予以剔除。

- 关于拉近玩家和策划的距离

人天生会对未知的事物产生恐惧，加上卡牌游戏独特的概率算法，以及幸存者偏差的影响，很多时候玩家之间互相传递的信息会更多偏负面。举个例子，就是新式神发布时，为了不惹众怒，第一时间抽到了新式神的玩家一般不会选择在公众场合发布喜讯，以免被认为是晒欧气，甚至一些论坛还会将类似的行为定义为违规进行删帖。于是，玩家能看到的，就只有留下来的一片运气不佳的非洲玩家怨声载道的抱怨，就会产生“这个游戏有一只不知名的幕后黑手——就是邪恶的策划”的想法。为了应对这样的情况，我们这边做了不少努力，譬如通过现场面对面的方式和玩家沟通，又或者通过大神和玩家直接的沟通，又或者录制视频和玩家沟通。总而言之，就是抓住一切机会，开放玩家直接联系策划的方式，让玩家的不满有宣泄的渠道，同时也能得到直接的回应。

- 关于用户导向

在运营的过程中，我们给团队定过这样一个要求，就是做市面上最宠玩家的游戏，期望大家在提到《阴阳师》的时候，都会表示这是一个福利很好，玩家说了算的游戏，以此作为阴阳师和很多其他游戏的一个区隔。落到实际的执行层面，就是用户导向。内容的好坏，以用户的反馈好坏来评定。所以，玩法上线前，请内部高玩（GAC）或邀请外部玩家（UE 邀请）进行试玩和给出评估报告，这很重要。负责策划每个设计出去后，收集和分析玩家的舆论情况，很重要。每次活动结束后的用户调研或数据分析，很重要。预判玩家需求，适时地给到全民的福利，这很重要。但更重要的是，让阴阳师这支上线后迅速组建起来的队伍，尤其是前线的策划队伍，了解、学习、认同用户导向的价值观，并且将其落实执行到工作中的每一步，这个最为重要。

- 关于真诚

真诚，是要求阴阳师运营团队对待玩家的基本态度。有时候我们迫于无奈要做出一些艰难的决定，虽然我们知道是有利于游戏长远发展，但玩家不一定能够接受，这个时候就更加需要我们真诚地和玩家沟通。不过，更多的时候我们面对的不是一个一个玩家实体，所以实际的沟通，更多是要转化为舆情分析，以及针对舆情制定调整方面，并且落实到执行，快速给到玩家一个交代。用实际行动进行沟通，远比只是动动嘴皮子来得有效。

另外一个方面，阴阳师团队也一直坚持一个原则，就是不暗改，即便玩家有误会，也坚持真诚。举个例子，阴阳师里面御魂投放的最主要途径，八岐大蛇副本 10 层，从开服至今实际上没有暗中调整过一次掉落率，虽然玩家觉得官方在关键的投放上一定会暗改，虽然我们确实也有需要改动的压力，但是，我们并没有去这样做。而即便将来要去进行调整，也是一定是一次公开的调整。

- 关于做到言而有信

这个应该不难理解，就是字面意思。原因很简单，因为策划的言行上千万双眼睛看着，说了什么，要没做到，一定会有人记得，然后反复念叨。久而久之，开发组的公信力没有了，玩家自然不会护着开发组了。所谓得民心者得天下，在运营《阴阳师》这款游戏的过程中，可以说是十分贴合了。有时候，说一万句，也没有做一件实事来得有价值。我们相信，多做实事，玩家总能看到的。

除此以外，接触多了我们也会发现，其实玩家大部分都是可爱而善良的，并且很多还乐于表达他们的多才多艺。所以很多才艺活动顺理成章可以举办起来，譬如式神的皮肤创作大赛、譬如式神传记故事的插画大赛，譬如线下的 COS 活动等。一方面，通过组织引导，玩家们创作的内容配合着官方的内容，实质性地逐步占据了“妖怪文化”的市场，现在随便百度搜索一个式神的名字，如源博雅（见图 9-23），排在前面的全部都是《阴阳师》的资讯了。另外一方面，玩家也能感受到参与感和一起共创这个 IP 的感受。对于增强粘度是有很大的好处的。

图 9-23　网易游戏《阴阳师》角色 - 源博雅

文末，还是想表达一下，目前积累的经验，其实也没有丰富。在跟我们的玩家打交道以及兼顾商业利益这个事情上，我们仍然在修炼。以上所谈，也只是这段时间运营的一些所见所想。

9.2 女性向游戏

9.2.1 什么是女性向游戏

其实，女性向游戏的范畴很难界定，从广义上来说，很多类型的游戏都有大量女性玩家受众。

以中国市场来说，比如音乐类游戏《劲舞团》《QQ炫舞》，MMO类的《剑侠情缘网络版3》《一梦江湖》，二次元类的《阴阳师》，单机古风RPG《仙剑奇侠传》系列和《古剑奇谭》系列，甚至MOBA类《王者荣耀》都有很大数量级的女性玩家。但总体来说，这些游戏并没有比较明显的女性向特征，他们都是面向大众的游戏，但因为其某些特性（比如画风，比如剧情，比如可玩性）打动了女性玩家，让其争取到了很多女性玩家的喜爱。

而如果说得特别狭义，中国玩家（比较早的一批）接触到的女性向游戏，来自日本的女性向单机，其始祖，是光荣公司于1994年推出的，在SFC上发行的《安琪莉可》。

之后，光荣公司又发行了《遥远时空中》和《金色琴弦》两个系列作品，与《安琪莉可》共同被称为“新罗曼史”系列。

由此，奠定了日系女性向单机游戏的基调：重人设，大脚本量，注重声优，一般都有相当大的剧情脚本量。一般来说，剧情表演偏AVG模式。

除了光荣新罗曼史系列有自己的系统之外，很多日本公司出品的大量女性向游戏，放弃了可玩性，只做剧情脚本和人设。

日系女性向游戏，又分“乙女向”和“耽美向”，顾名思义，前者以BG男女恋爱为主，后者以BL男性之间的情感为主。乙女向有相当多的全年龄向作品，耽美向中R18作品较多。

在乙女向作品中，IDEA FACTORY发行的《薄樱鬼》《AMNESIA失忆症》系列，Broccoli发行的《歌之王子殿下》系列，都是日本销量名列前茅的作品。

而因为有PC破解版的原因，中国玩家更熟知并且好评更多的日本乙女游戏，则是Aromarie的推理剧情大正风的《蝶之毒华之锁》。

《蝶之毒华之锁》的主线采取了不同一般乙女游戏的推理题材，并伴以新旧交错时代的日本大正风情，在中国核心玩家中拥有较好的口碑。必须补充的是，该作作为一款偏“病系”的R18游戏，其中有大量的较偏执情感，并且人气最高的“里官配”真岛芳树的真实身份是个毒枭。过多的敏感元素，使之不可能在国内广泛推广。

就我自己，我很欣赏中间的推理解锁线《女侦探》，这条故事线跳脱了与各位男主的恋爱感情，女主勇敢地主动去破解发生在自己身边的悬疑命案。

而结局中她能够坦荡地与罪魁祸首真岛芳树正面相对，一切结束后，又能摆脱华族大小姐的身份，开始成为职业女性，让整个游戏剧情的品格拔高了一个层级。

而耽美向中，被中国玩家熟知的应该是 Nitro 社的 Nitro+CHiRAL 子品牌（很有名的“爱的战士”虚渊玄就是 Nitro 社的脚本），N+C 四部曲《咎狗之血》《Lamento》《SWEET POOL》和《Dramatical Murder》在中国玩家中拥有相当高的人气。

2005 年的《咎狗之血》人设和场景，在十几年后的今天看来，依旧大胆而充满张力。

在“女性向”的题材中，N+C 敢于在保证角色“帅气”和“女性能接受的美男子”之外，硬核地使用“犯罪都市”“废墟和黑暗”这些元素来做一个核心受众是女玩家的游戏，在今天看来，也非常有胆识并具有创作冒险性。

而 N+C 2012 年的作品 *Dramatical Murder* 中，敢于使用女性向极少出现的科幻题材，游戏创造了一个被各种高科技包围的未来世界，并大胆地使用了智能伴侣、莱姆游戏等有趣的科幻元素，在世界观元素上有非常强的创造力和独特性。

综上看来，大家可以发现，日本的女性向单机游戏，拥有以展现主角和男性角色的恋爱关系为主，注重人设、声优和剧情，弱游戏性的特点。

而之后，日本的女性向手游发展起来后，在乙女、耽美题材之外，出现了一种男角色养成类，即在游戏中，玩家主角没有明确性取向和性别因素，依靠男性角色卡牌成长和陪伴，培养玩家，让玩家产生感情。

这类养成类手游，一般采取弱化游戏剧情，更注重卖人设和声优的路线，主流类型是弱玩法、主要卖卡面和声优的日系卡牌。

在日本女性向手游市场，养成类女性向手游《刀剑乱舞》和《偶像梦幻祭》有着非常优秀的成绩。

以 Nitro+C 担纲人设的《刀剑乱舞》（初始是个页游后来转了手游）为例，《刀剑乱舞》的人设、初期美术都做得非常有特点。日本刀剑拟人的创意也颇具历史感，但总的来说，与日本女性向单机对比，《刀剑乱舞》本身的文本量是偏少的，游戏方更多希望玩家根据人设自己去做衍生。

在基础人设和美术做得比较优秀的前提下，《刀剑乱舞》非常成功，当年无论在日本还是中国同人圈，都产出了很多优秀的同人作品，对人设的丰富和补完起到了促进效果。

而之后，在日本风靡一时的女性向手游，是乐元素的《偶像梦幻祭》。

《偶像梦幻祭》的美术水平非常高，玩法较弱，主要卖点是玩家对角色的爱，他的成功说明日本玩家对美术的看重。

对比后来的《恋与制作人》，《偶像梦幻祭》的剧情可读性相对中国大众是比较弱的，人设只依靠美术没法马上深入人心。

同时《偶像梦幻祭》的活动肝度很高，排名获取 SSR 机制对玩家不够友好，SSR 成长难度高于后来在国服表现不错的 *FGO*，都成为他“初期劝退”的重要原因。

在《偶像梦幻祭》在日本的成功之后，大量女性向手游都走卖纸片人偶像的路线。

而近来，部分韩国游戏也进入了中国玩家视野，车厘子公司的单机 *Mystic Massager* 以论坛对话式的游戏模式带给了玩家强烈的代入感，同样是一部以剧情和对角色的爱为核心卖点的游戏。

说回中国游戏界，在国内的大部分人看来，“女性向游戏”并不是日本的狭义乙女和耽美游戏，而是“一看男生就不太可能去玩”，目标鲜明，用户是女性的游戏。

这几年来，中国比较成功的女性向游戏品类，集中在以《暖暖》系列为主的换装类，《熹妃传》为代表的特殊角色（宫斗）扮演类，以及《恋与制作人》为代表的女性向（其中较多的是乙女类）卡牌品类。

我们集中以这三类游戏来分别分析，说一下女性向游戏与其他大众游戏有什么核心差异。

9.2.2 女性向游戏的特色

/ 换装类游戏

先说换装类游戏，实际上《暖暖》系列算是在换装类做出了一个前所未有的成绩，相对很难超越(《暖暖》系列在日本欧美都有不错的成绩，说明在换装类，这系列产品有相当不错的国际竞争力)。

换装类游戏的核心永远是“衣服美丽”，“满足大家对最华丽衣服的梦想。”用游戏制作的术语来说，核心就是美术资源的胜利。

《暖暖》系列发展到《奇迹暖暖》，以它的世界观将衣服扩展到日常服饰、古风、童话王国、奇幻世界、中性帅气、原始野性、未来科幻等各个方面，几乎囊括了你所有能想到的服装品类。

《奇迹暖暖》的衣服几乎可以囊括少女对任何次元和背景下各种华服的想象。

所以，其他换装游戏无论怎么细分，都在《暖暖》系列的囊括之内，相对也比较难做出成绩来。

虽然很多玩家在诟病暖暖的配装玩法纯数值，经常会搭配出很奇怪的衣服才能得到高分，但我并不觉得，在评分机制上做出改善，是换装类的核心卖点。

我尝试过不少其他换装游戏，我发现很多游戏其实在评分玩法和机制上都做得很用心(比如《来自星星的你》的换装评分玩法就用了很多心思)，然而换装用户真正选择的永远是最漂亮的那一款。

也有不少换装游戏在换装中加入了强世界观、强剧情和乙女可攻略类玩法，收效也很一般。

因为我自己也算个换装品类用户，从我自己的需求以及从各个产品尝试的情况来看，换装类玩家的核心关注点真的不在评分机制，不在世界观剧情和可攻略男性角色，就在“衣服漂亮”。

就我自己而言，如果让我选择一款换装游戏，美术资源足够美丽一定会占到选择因素的70%，搭配玩法舒适有趣占20%，世界观和剧情顶多只算10%。

从内容制作上来说，如果希望在换装类有所突破，首先要做的，就是让美术资源品质完全超越市面现有产品，并且需要能量产资源。

/ 特殊角色扮演类游戏

说到手机上的角色扮演游戏，大家会想到非常主流的MMO。但与普通角色扮演游戏不同，以《熹妃传》为代表的宫斗类游戏，给玩家设定了更强更特殊的角色代入。

换句话来说，比较主流的手机MMO，甚至包括端游的MMO，大部分时候，玩家也不会真用游戏里扮演的那个职业(门派)角色来互相交流，而是走的三次元身份交流路线，甚至之后会衍生为奔现(从网上走到现实)，狗血818小三原配之类偏三次元的社交事件。

从游戏策划的角度上来分析，《熹妃传》的游戏系统架构，其实类似传统数值膨胀类卡牌+传统MMO玩法，并没有太多特殊之处。但他的独特性，在于整个游戏的包装，采用了一个更强的特殊角色扮演，所有的玩家进入游戏后，所有的氛围、玩法、系统都让玩家觉得自己是个“在宫廷里的妃子”，而其他玩家是“别的妃子”，大家都在后宫中生活，因争宠而互相争斗。

这种强代入感的特殊角色扮演游戏，让我想到了DOS时代全崴资讯C&E公司制作的《皇帝》。这个单机游戏的核心玩法也是策略征战，但他整个游戏中有科举取士，选拔妃子，临幸妃嫔，生孩子，微服出宫，练习骑射等皇帝生活的方方面面。玩家一局打下来，确实感觉到自己体验了一个皇帝的一生。

《熹妃传》也是找准了一个这样的题材，游戏并不希望玩家想到三次元的自己，而是全身心地去扮演一个妃子，享受后宫生活。而非常有特色的“掌嘴”玩法，以及用妃嫔晋升品级来代替升级等，都是在营造浓重的后宫氛围，以及加强“我就是后宫妃子”的扮演代入感。

熹妃传对玩家的称呼，哪怕是非常硬的纯系统指引，也永远是“小主”，强调玩家的角色扮演感。

特殊角色扮演类游戏，看起来似乎有很多可发展的方向，但“宫斗”题材，不但是强角色扮演，而且，本身具有强角色扮演后的社交性。

强角色扮演的社交性游戏，与网络上的“语 C 圈”有些相似。

语 C 是以文字为载体，通过环境渲染、语言陈述、动作描写、心理描写等多方面来演绎角色。说得更通俗一点，是一群人在角色扮演各种非现实角色。

“后宫类”也是语 C 中非常常见的原创题材，并且，当这个题材适用到游戏中后，容易用美术传达，并且很快能让玩家理解和代入角色。

说白了，强角色扮演的题材很多，但能够同时做到强角色扮演又在这个扮演中拥有很强的社交性的，可选的就不多了。

我打个比方，明星文和霸总文，都是女性向网文和漫画中常见并且受欢迎的大类型，但这类的角色扮演并不具有本身的社交性。

比如一个玩家扮演的是明星，其他玩家扮演的也是明星，但一旦将这些明星放到游戏聊天频道里，代入就非常奇怪——毕竟，在我们的普通认识里，偶像们的日常并不是经常一起聚在微信群聊天。

但妃子们不一样，在大众对宫斗戏的认知中，各位小主就是都在后宫里，抬头不见低头见。

所以游戏中做了玩家们的聊天社交也显得非常符合角色扮演背景。再加上“宫斗”一直是后宫剧的核心主题，所以游戏核心以玩家之间的 PVP 宫斗为主题，也完全符合玩家认知，被核心玩家所接受。

如果希望制作新的女性向特殊角色扮演类游戏，找准题材是非常重要的第一门槛。

题材需要让女性玩家觉得新鲜且乐于接受自己扮演的角色，同时，也需要具备角色扮演后的社交性。

这类的玩家玩的核心是，扮演与现实中完全不同的人，在游戏世界中社交；值得沉浸的扮演感，以及能让核心受众感到愉悦的游戏内社交显得极为重要。

/ 女性向剧情卡牌类游戏

这一类，以《恋与制作人》在 2017 年年末掀起的热潮开始，但实际上，稍微宽泛点来看，之前的《梦王国与沉睡的 100 王子》《偶像梦幻祭》《刀剑乱舞》以及《梦间集》都属于这类游戏。

撇开画风偏好，从资源内容上来说，我觉得前四款游戏的游戏品质也相当高，并不明显低于《恋与制作人》。

而《恋与制作人》与其他游戏核心区别的一点，就是这款游戏，非常认真地将剧情内置入手机游戏本体，而不是靠 IP 或者游戏外的东西来塑造角色，引发玩家对纸片人角色的爱。

这里分享一个日本女性向手游的套路：日本女性向手游与单机不同，她们偏向不将大量游戏剧情直接置入游戏内，用游戏内容去引发玩家对角色的爱，而是更多利用 IP，或者营造“这个角色在你身边，时时刻刻”的氛围（比如先出漫画、动画、单机游戏，有很多联动和广告），让外围来包围游戏，让三次元的纸片人影响到手机游戏。

这种方式在日本有一定可行性，第一是因为日本作为动漫输出大国，动漫影响力本来就非常之高；第二是因为日本国土面积比我国小，经济发展程度高，城乡差距小，要做到“包围你的身边”远比我国容易。

更坦率一点，在中国一二线和三四线城市差距明显，以及接收信息渠道完全不同的情况下，要做到全面的“包围你的身边”非常难。

所以，将游戏内容尽量内置于游戏本体，不要指望游戏外 IP 给你的角色带来爱和塑造，是比较聪明的做法。

《恋与制作人》其实非常冒险，因为他做了一个赌博。在他之前，没有人认为游戏的核心是剧情。而他将游戏核心赌在其他人忽视的“剧情代入感”这一点上，对业界特别在意的“玩法”，却做了简单处理。

《恋与制作人》这款游戏，无论是游戏剧情，还是一直被盛赞的“朋友圈”“电话短信”模式，都是为了加强剧情代入感，让玩家觉得——这些纸片人是真的，是值得我去爱的。

虽然外界对这部作品剧情的诟病颇多，但这个游戏主创确实是知道，所有的表现模式，是为内容服务的，其核心，是卖出内容，让玩家对纸片人产生爱。

朋友圈和电话短信模式只是让进入的人一时新鲜，重要的是，这些表现模式，都服务于塑造角色，让四个纸片人形象变得生活鲜明，并且，营造了与女主（玩家）的恋爱代入感。

《恋与制作人》将我们身边常用的朋友圈和电话短信引入游戏，很多厂商都认为“朋友圈”“电话短信”系统是《恋与制作人》成功的关键。作者认为这些系统只是手段，他将自己的内容传达到玩家心里，让玩家爱上纸片人，才是成功关键。

作为一个从业人员，作者也能明显感觉到，《恋与制作人》对人设的把控是比较严格的，要求所有制作人员高度统一。每个角色的性格、爱好、身份、什么梗可以用什么不能用，感觉在最上层都有统一统筹，才不会导致大量脚本剧情铺量后，角色性格模糊，定位冲突。

而在整体剧情和人设上，相对日系乙女剧情，《恋与制作人》也确实相对接地气。产品主创在努力平衡四个角色的萌点与类型，并且尽量让每个角色都讨人喜欢。

日系单机有些时候哪怕是世界观和剧情本身十分出彩，却往往会有几个可攻略角色完成度很低，而且经常会有中年男性可攻略角色的出现。在角色平衡，角色本身完成度和角色设定符合中国玩家审美上，《恋与制作人》做出了优势。

如果要制作新的女性向卡牌游戏，核心还是要解决“爱从哪里来”的问题。

用什么办法让玩家喜欢上游戏中的角色，永远是角色向卡牌游戏需要解决的首要和最核心的问题。

/ 女性向游戏和大众向游戏的差异

从上面几个品类，可以看出女性向游戏与大众向游戏的差异。

- 首先，女性向游戏更加注重美术资源的精美。女性玩家对“美”的敏锐超过男性玩家，对于平庸的美术资源相对不愿意买账。
- 其次，女性向游戏更注重游戏代入感，这点上，跟二次元游戏有类似之处。

目前市面上以内容取胜的女性向游戏，基本都比较注重游戏本身的代入感，而不是纯三次元社交（比如《恋与制作人》的朋友圈，也都是文案策划撰写的，纸片人与玩家的互动内容，而不做纯三次元玩家与玩家的互动）。

就目前所见，没有代入感、鼓励纯三次元社交的女性向游戏没有非常成功的作品。我个人分析来看，应该是女性向游戏的玩家都是女性，而真的喜欢网络三次元社交的女性，大部分还是对异性更感兴趣，毕竟与同性在游戏里社交，互相了解彼此的三次元生活，不是特别符合大众的基本心理。

更坦率一点，一是大部分玩家都是异性恋，二是女玩家在男玩家多的游戏里还有性别红利，所以，女性向游戏去做游戏内三次元社交，具有天然劣势。

- 第三，女性玩家更愿意接受剧情。

女性玩家比二次元宅男玩家对剧情的关注度更高，而这些女玩家也很容易引发讨论、同人产出和自传播。

在女性向游戏中注重剧情性价比远高于其他游戏。

- 第四，弱玩法，玩法的上手难度过高，会筛选玩家。

女性向游戏的玩法都偏简单。女性玩家接触大众游戏较男性玩家少，新手偏多，所以可能会无法马上掌握较复杂的游戏玩法操作。

玩法如果上手难度和学习成本过高，会对玩家进行大量筛选。

9.2.3 女性向游戏的制作要点

女性向游戏这个课题本来就是非常宽泛的，类型也很多，而且，除了目前在国内成功的类型之外，未来也许也会出现很多不同的、全新类型的女性向游戏。

所以，在这类游戏的制作选题上，不应该具体去说“应该做什么”，而是“应该去注意什么，在什么地方下工夫”。

/ 有趣的题材意义很大

女性向游戏的选题，对游戏本身的影响很大。

因为女性向游戏具有重代入感，轻玩法的特性，拥有一个独特的、有趣的题材，可能是直接影响游戏成败的关键。

在题材选择上，不推荐过分迷信 IP，当然，有合适的 IP 可以为这个游戏聚拢第一波核心受众，但其有两个弊端：第一是玩家群有可能受制于 IP，受制于 IP 本身的核心受众而无法发展；第二是目前来看，中国的女性向游戏还是拼游戏本身内容的，内容本身非常难做，根据 IP 衍生出优秀的内容，其实是命题作文，提高了难度。

举个比较明显的例子，《歌之王子殿下 · 闪耀之星》这款女性向手游，因为《歌之王子殿下》是日本的大 IP 而在日本有一定热度，但其本身内容品质和内容量都不算出彩，在中国的成绩非常平庸。

有趣的、有创造力的原创题材，在女性向游戏中，可以成为聚拢玩家的核心亮点。

/ 题材衍生要可以落地

游戏讲究落地和可执行性，“拍脑袋”的灵感不可能成为一款游戏。

当你想到一个有趣题材后，首先需要去思考的，是“如何落地”，“怎样呈现为游戏后味道不变”。

以 DOS 游戏《皇帝》来打比方，这个单机游戏的核心乐趣是你可以体验皇帝的一生。你可以一局又一局扮演皇帝，可以勤政爱民当个明君，也可以昏庸只混后宫当个酒肉皇帝。

但《皇帝》这个游戏的核心乐趣，要玩几个小时或者几十个小时后，能得到结局，在短暂时间内扮演了皇帝，体会到一个皇帝真实的一生。

而网游化的《叫我万岁爷》，需要将一局扮演拉长到无限时间，而中间也感受不到其他的特殊扮演乐趣，几乎就流失了原作题材的核心卖点和核心乐趣。

女玩家喜欢“养成类”“经营类”游戏。因为经营养成的单机里，乐趣常常来自“瞎搭配”和“随机性”，而网络游戏则需要玩家追求更高的数值，并且数值往往要与付费挂钩，在强数值的冲击下，单机向的经营养成游戏乐趣不复存在。

所以如果要做经营题材的女性向游戏，还是要解决“网络游戏强数值下的经营乐趣”在哪里的问题。

如何将你的灵感和创造性进行组装，然后用可以执行的玩法和剧情将其落地，是女性向游戏制作中，非常重要的一环。

在将灵感转化为游戏的时候，一定会有所取舍。记住，只有能够执行的灵感和创意才是有意义的。

/ 找到“玩游戏的女性群体”

至少在我身边，有能力有资金去追求大牌时尚的女性基本都非常现实，不怎么玩游戏。将这些人定为核心玩家，等于把游戏受众定为“从不玩游戏的人”，游戏宣传能吸引她们去玩的可能性非常低。

这个道理可类比电视剧《微微一笑很倾城》的导量优势，其实这部电视剧在电视剧类也不算收视特别高，但因为电视剧的主题是游戏，看这部电视剧的人都是对游戏感兴趣的女性，这些人被导入游戏，接受游戏的可能性就比普通现充高。而其他在青春剧，职场剧中强行植入游戏的导量和留存，都会远低于这部作品。

“玩游戏的女性群体”留存和付费习惯会好于“喜欢网上活动”的女性群体，而“在网上追剧，看漫画、看小说”，有一定网络产品使用经验和付费习惯的群体，也是绝对好于纯现充、网络付费仅限于淘宝买实用品的群体。

/ 美术风格很重要，但也要注意能落地

美术是题材的第一传达，游戏本来就是可玩可视的娱乐，不要寄希望于文字传达。

你的题材和你想传达的有趣内容，应该用直接的美术来传达给玩家。而且，相对纯大众游戏来说，美术风格希望能有创意，唯美，有一定特异性。

大众游戏的美术风格有些惯性，比如 3D 高于 2D，可以动高于不可动，写实比例高于 Q 版，追求精度和次时代表现，而忽略具体细节。

女性向的美术方向在尊重这些大规律的同时，相对更注重细节。对于女玩家而言，走心的美丽本身，以及细节的精致，会高于普通的游戏标准（这点跟核心二次元游戏也有点相似）。

换句话说，女性向更尊重美术细节和审美，而不是美术技术。

打个比方，如果你做换装游戏，一个建模粗糙，衣服穿模的 3D 换装游戏是不可能打败一个衣服精细美丽，搭配层次舒服的 2D 换装游戏的。

同理，在《恋与制作人》之前，曾出现很多款以 2D live 可动为卖点的游戏，但因为其核心卖点没有抓到足够多的玩家，2D live 可动并不能给游戏加分，反而是并没有使用 2D live 技术的《恋与》后来居上。

再打个比方，如果想要制作 3D 模型的卖男性角色的游戏，第一要点不是“3D”可动这个概念，而是美术建模能力是否能够达到让男性角色“一眼心动”的程度。对于角色的人体，脸部，3D 动态的刻画要求都非常高，并非普通大众游戏的“好看”层级，而是要“精细、细节好看、好看到充满幻想”。

因为女性向游戏有“创造性”本身这个要素，其在美术精度和细节的要求远远强于一般游戏，会导致他在制作时找不到铺量型的美术供应商。

而资源如何铺量，又如何去把控核心资源达到玩家需要的品质，是该类游戏美术执行的难点。

/ 降低玩法难度，多关注沉浸感和代入感

因为“女性向游戏”本体就是个大筛选，一旦玩法有较高上手难度就会进行进一步的筛选。所以，易上手性和可能产生的阻碍程度。

简单而有趣的玩法会让女性向游戏如虎添翼，但过难上手，或者本身无聊的玩法，只会让游戏对玩家的筛选更大。

又比如某些游戏为了增加“可玩性”而采用简易战棋、太古达人之类的玩法，这也减慢了游戏节奏，然而没有增加游戏乐趣，其实对游戏整体没有加分而在降分。

而正面例子是《熹妃传》的掌嘴玩法，拆分来看是非常简单的 UI 表现和音效表现，但正是这个玩法凸显了“宫斗”的基调，能让玩家比较直接的感受到“宫斗”过程中的快感。

女性向游戏从美术、剧情和玩法上都更多地强调沉浸感和代入感，所有的玩法、美术资源和剧情都应该为“主题”服务，为你想传达的代入感和情感服务，如女性角色的立体化塑造。（见图 9-24）。

图 9-24　网易游戏《天下手游》女性角色

女性向游戏并没有任何定数。

所有可以落地的创造性点子都可能成就全新的成功女性向游戏。

注重情感体验，多关注沉浸感和代入感，注意题材和想法的创新性，以及关注内容品质的质量，是这类游戏的成功的重要因素。

也希望在未来岁月里，能看到更多更优秀的女性向游戏。

出海与全球化
Going Overseas and Globalization
/10

10 出海与全球化
Going Overseas and Globalization

手游出海发行与运营，按照时间线梳理，主要可以分为以下几个方面：前期筹备，客户端和服务器准备，营销与发布工作。下面分别进行介绍。

10.1 前期筹备

产品出海时，可以选择代理发行或者自行发行。一般来说，我们进入陌生的海外市场时，选择合适的发行商，是利大于弊的。这里也就以代理发行为例，说明我们筹备阶段的主要工作内容。

筹备期主要有 3 个方面的内容：一是选择合适的发行商，二是确定发行合同，三是项目和人员对接，确定合作规则和排期。

10.1.1 发行商选择

选择合适的发行商时，首先考察合同出价的条件以及推广力度的保证；其次，发行商在特定海外地区的成功产品经验也是一个重要考察点，最好是有对应题材和类型产品的成功推广运营经验；再次，考察发行商商务、运营、市场等团队的成熟度，海外当地的各方面资源情况，一般来说，临时组建的团队具有比较大的风险，需要着重注意。

10.1.2 发行合同确定

确定发行合同时，主要关注点有商标与著作条款、付费与分成条款、停运条款、推广相关保证条款、本地化相关条款以及数据安全相关条款，具体可以与公司的法务部门进行沟通，《荒野行动》的海外发行即遵循以上要点（见图 10-1）。

图 10-1　网易游戏《荒野行动》

10.1.3　项目和人员对接，确定合作规则和排期

不同于国服自研，主要干系人是研发团队和职能部门。海外发行的情况下，不仅多了上下游，国服开发团队、海外版代理方，还需要频繁与更多职能部门合作。干系人管理是保证项目高效运行的一个重要环节。

在项目启动的时候，首先需要确认干系人表，包括职位、联系方式、负责内容，并同步给团队全体成员。管理干系人时，要注意其在项目中的权力与利益的匹配程度：高权利高利益需要重点管理，而高权力低利益的核心需要令其满意，低权力低利益的需要进行监督，而低权力高利益的一方需要随时告知其项目进展。

其次，需要确认项目对接内容，确认研发和发行商需要对接的内容和各项预期和初步计划。在此基础上，召开启动会议、召集相关各方、确认开发内容整体范围、优先级和排期计划、上线预期以及合作基本规则。

合作的基本规则，核心是明确分工和合作流程，包括各个环节接口人和相关权限的需求。商务方面，主要职责是合同相关内容重要内容沟通管理，以及 SDK 的排期与跟进。这个过程，关键内容要注意及时同步，统一口径对外。代理商方面，需要明确本地化资源提供方式，测试职责，运营职责。尽可能双方互相了解对方的公司架构以及项目制作流程，更加合理地确定各环节的对接流程。

在确认排期时，一般遵循以下六个原则：①根据经验数据、本地化需求的量级以及项目组的人力，初步预期本地化制作完成时间；②根据海外版市场的发布时机，对排期计划做一定调整；③提前确定外部测试的计划，以及对于整体排期的影响；④预留一定弹性空间，对风险做防范；⑤如果是多个海外版并行开发，需要做综合评估，排期计划考虑错开制作高峰，平行穿插各项制作；⑥国服基准版本的确认：根据对接的时间点，以及国服的版本制作情况，确认合适的并且能够拉开一定制作时间的基准版本。确定后尽量不要变更，否则会带来较大的额外工作量。

10.2 客户端和服务器准备

这个过程中，主要有 4 方面的工作，包括多语言、海外发行 SDK 接入、包体准备和服务器规划部署、时区管理。

10.2.1 多语言开发

多语言是一个相对单纯但是需要很多耐心细致的工作。

首先，根据自己的发行区域确定需要翻译的语言种类，如果是全球发行，需要准备的语音种类很多，可以有所侧重，不用一开始追求大而全；其次，需要产品整理需要翻译的文本，并在海外发行相关同事的配合下，测试并确定翻译供应商。这个过程最好能够找到相应母语的同事，进行简单的协助判断，选择最适合产品特点的翻译风格；此后，需要和对应的供应商确定稳定的翻译校对流程，这对于上线后每周需要稳定维护的产品尤为重要，否则一旦出纰漏，整个维护周期都会受到影响。对于产品中的常见名词，需要建立并维护一个术语库，保证翻译结果是一致且合理的。翻译相关资料，一般使用网易提供的 FTP 上传各项项目资料，共享的需要双方编辑的文档可以使用 Google 文档进行协同管理。

再次，就是程序同学开发多语言框架和相关的程序功能，如语种切换、缩放、换行、文本筛选替换工具，多语言包分拆 patch。从程序角度看来，多语言处理，思路就是把文本换成 id 的映射关系需要注意线上运行过程中新增文本，需要保证客户端在服务端之前生效，否则会出现短暂的乱码。各种多语言相关的功能中，缩放和换行是为了应对不同的语种在字符宽度、单词长度的不同，保证最好的展示效果；文本筛选和替换工具主要是用于提高相应产品同学的工作效率；多语言分拆 patch 则可以很好地缩减 patch 的大小，是很重要的工作。

10.2.2 海外发行 SDK 接入

海外发行 SDK 主要包括以下几个主要方面：

（1）接入登录、支付、分享渠道，包括 Facebook、Google、Twitter、Messenger，这个过程主要是从相应的渠道拿到参数，进行配置与测试；另外，东南亚和拉美都需要接入第三方支付（注：第三方支付的内容随着时间的推移，根据苹果政策会随时发生变化，应该与时俱进进行更新）。

（2）接入 Appsflyer（记录主要玩家行为，主要用于买量分析），网络检测工具 detect tools，海外网络优化工具，舆情反馈工具以及用于收集 Traceback 和 crash 的 Appdump 接入，海外玩家的基本行为，设备和网络情况，玩家高频言论都需要从这些工具获得信息，帮助产品确定相关策略。

（3）直播接入 Facebook Live、Twitch、YouTube Live，可以说是当前非常重要的展示和宣传工具。

（4）还可以根据需要接入广告相关工具，如 Google Admob、Facebook audience network。

图 10-2 所示的《第五人格》的海外 SDK 接入基本覆盖了以上四个方面。

图 10-2　网易游戏《第五人格》

10.2.3　包体准备和服务器规划部署

包体准备方面，主要技术同仁的工作比较多，一些策略选择上需要和产品配合。海外最大的两个渠道是 AppStore 和 Google Play。这里比较推荐 obb 的方式，因为海外网络不稳定，patch 失败率较高，而采用 obb 的方式，则可以利用 Google Play 部署的网络，成功率更高。

而在整个打包的过程中也有遇到一些问题，这里简单分享一下。

（1）编译好的 release 版本的客户端除了加壳加密，一定还要记得进行签名。

（2）mac 更新后打包出现了 no attribute 'python_2_unicode_compatible' 的报错，需要更新 python 的 six 库到最新的版本，但是更新后并没有生效，原因是 mac 系统的 python 优先使用了自带的第三方库插件，需要将 python 的 six 库引用设置到更新后的目录。

（3）iOS 提审时，iOS 包中的 Icon 有一张是 1024×1024 像素大小的，用于 App store 展示，因为 Apple 要求不能有 Alpha 通道，否则不能上传到审核后台。

服务器规划上，需要考虑游戏的核心玩法，比如实时射击游戏，玩家对网络延迟忍耐度较差，由于地理距离造成的最小延迟无法避免，因此需要在核心区域分别部署服务器，并从游戏内引导玩家进入最优服务器。

10.2.4 时区管理

全球发行游戏时，时区管理是一个比较重要的方面，是我们平时开发国内游戏时不会注意到的问题，这里提出来单独说明。主要分为以下几个方面：跨时区策略、冬夏时令处理、时间戳、服务器时区、活动时区。

/ 跨时区相关

处理跨时区事宜时，有以下四个注意事项：

（1）各种赛季结算，如果服务器有跨多个时区服务，需要注意选取的结算时区和客户端提示是否一致。

（2）跨越多时区、用户分布很广的版本，需要进行分大区的服务器部署。对应地要对用户进行分区和引导，默认推荐登录不同的区服，有利于降低游戏延迟，增加玩家间沟通。

（3）服务器时区跨度较大时，要考虑到用户作息习惯，以用户所在地区时间作为衡量标准。

（4）跨时区多语言版本制作时，要考虑到语音翻译显示的问题，比较简单的方法是只播放语音不提供文字翻译。

/ 冬夏时令

当游戏进入欧美地区发行时，需关注冬夏令时切换。跨越夏令时、冬令时的活动，需要提前考虑到这一点，最好能够在转换之前完成结算。

/ 时间戳

多时区玩家共服的情况下，检查各种玩法说明、提示语中，是否有写死的时间，至少应标明时区。对于写死时间戳的代码，相同时间戳在不同时区转换出来的时间是不一样的，需要修改成按照时区来计算。

/ 服务器时区

同一个服务器支持不同地区的玩家登录，需要客户端和服务端均按照同一时区计算时间。

当检测到客户端设备的本地时区与服务器时区不一致时，则考虑时间相关的玩法中客户端表现是否有异常。通常情况下，可将本地机器的时区也调至发行当地的时区，模拟当地的情况。

/ 活动时间相关

游戏中活动，常常与玩家利益息息相关，对游戏在玩家中的口碑有重要影响，所以要尽量避免开发组时区处理不当，造成不好的用户体验。在全球发行时，主要有以下五个方面需要注意：

（1）检查各种有固定的刷新 / 开启 / 结算时间节点的功能玩法，时间是否正常。

（2）邮件系统显示时间、每日签到刷新时间、活动开启结束时间等，确保为发行地区当地时间。

（3）为适应跨时区玩家，需修改限时活动的开启时间，需要在上线前或活动放出前就将活动时间调整至所有玩家的非睡眠时间。

（4）游戏中会显示很多时间：活动开启时间、奖励发放时间、排行榜刷新时间等，均为服务器时间。活动的开启和关闭，要注意服务器时区和客户端显示时间是否一致。

（5）对于某服中非该服务器时区的玩家，对于一些时间的描述会有一定理解成本，需在文本中加以说明。

图 10-3 所示的《神都夜行录》在上线 App store 和新活动上线的过程中都处理了很多跨时区问题。

图 10-3 网易游戏《神都夜行录》

10.3 营销与发布工作

营销与发布相关工作主要涉及游戏名称、Icon 和 Logo 的测试、选择和注册、海外社群和海外官网建立、苹果和 Google Play 推荐的准备、营销活动准备、提审事宜、各国政策注意事项以及发行策略。

10.3.1 游戏名称、Icon 与 Logo

海发的游戏名称、Icon 和 Logo 对产品上线时吸量能力影响较大，因此在前期准备时，需要根据发行地区进行多轮、充分的测试。

10.3.2 海外社群与官网建立

海外社群则是我们积累第一批种子用户的地方，需要和玩家保持一定频率的互动，并且产品同学需要定期关注社群内的意见建议。游戏内客服系统，以及各类社区平台，都需要对玩家的问题进行及时关注以及解答，尤其是Facebook以及iOS和Google的商店评论，需要提升玩家满意度。

海外官网则和国内官网定义类似，是官方最权威的发声平台，可以针对发行地区，提供相应的语言选择。

10.3.3 推荐准备

（1）App Store推荐申请，建议至少提前一个月准备Test Flight包，提前准备原始素材制作申请推荐素材，同时需要准备不同的账号。

（2）Google Play推荐申请，需按谷歌推荐要求，进行准备和开发。谷歌推荐结果会有明确结果，至少会告知是否得到推荐。注意按照Google推荐的要求开发完成内容后，及早给Google审核，并且及时处理不合规内容。

10.3.4 营销准备

确定明确的上线点时间计划，以及导量预期、导量节奏。

定期同步营销计划，从产品的角度，保证营销方案能够体现产品的特色，并且跟产品所要表达的内容一致。

推广的持续时间，以及是否加大力度，是否停止推广的数据判断条件需要明确。

营销素材准备需要及时跟进，营销素材需要提供多套，根据用户喜好情况及时更新迭代。

营销素材的储备需要考虑非常长的周期，在海外导量期间需要的素材数量远远超过国内的水平，所以前期游戏制作的时候需要考虑资源可复用性。

10.3.5 平台提审

平台提审要将素材提交给苹果和Google Play两大平台（见图10–4）。

图10-4 App Store、Google Play提审

（1）苹果提审：预留大概一周的时间。保底包可以不止一个，早点提一个走通一下流程，预估一下大致时间也是有帮助的。累计patch到一定程度的时候，可以考虑也换一个整包，这对新增玩家的留存有所帮助。有条件的情况下，甚至可以每次更新都换包。

（2）Google Play提审：这边提审均为机审，一般在上线前，提前1~2天提审即可。但也有可能出现异常情况，建议重要的版本尽量早些提审。

提审素材：提交的素材要谨慎，不要涉及色情、血腥的内容，也不要展现直接的杀戮，比如用枪对准或者射击人的图片。整体来说Google Play的推荐审核要求和细致程度要比App Store严格很多。

10.3.6 各国（地区）政策注意事项

（1）中国台湾地区资安审查：根据提供的规范文档，进行逐条修改。重要是各平台的相关服务器都使用境外服务器。

（2）韩国相关政策：游戏中存在玩家间可用现金购买虚拟货币进行交易的情况，该游戏等级需要调整为未成年人不允许玩的 18 禁等级。但韩国游戏管理委员会又规定如果是 18 禁游戏无法上线 App Store。这需要制作间接转换方式。

（3）日本相关政策：日本玩家充值购买游戏内物品时，需要填写年龄，到达法定年龄后，才能购买游戏内容的物品。另外，日本市场的“资金结算法”存在很多关于抽卡和概率披露的法律规定，需要认真应对。

（4）欧盟相关政策（GDPR 合规）：欧盟隐私保护法，根据公司整体的规范进行相关处理，主要是用户协议、实名认证、权限获取等涉及个人隐私的敏感内容。

《明日之后》（见图 10-5）在海外发行之前就对当地的法律法律作了相关调查。

图 10-5　网易游戏《明日之后》

10.3.7 发行策略

中国台湾地区和韩国比较相似，只有 1、2 个中心城市，人口集中，因此在中心城市发力，线上线下短时间内集中推广，产生爆发效应，配合开服运营活动，尽量在上线初期，排行榜能获得高位，有更多曝光的机会。

韩国和日本地区，事前登录预约占比较大，需要在各个预约网站做好上线前的宣传，积累种子用户。

欧美地区没有渠道测试，直接上线几个小国家，代替外部测试。通过在个别地区上线，不断做产品与运营优化，到一定阶段后再正式推广。